Vroni Herrmann

Die Funktion von Glukose im Lebenszyklus von Legionella pneumophila

Vroni Herrmann

Die Funktion von Glukose im Lebenszyklus von Legionella pneumophila

Die Bedeutung von Glukose als Kohlenstoffquelle für Aminosäuren und Polyhydroxybutyrat für Legionella pneumophila

Südwestdeutscher Verlag für Hochschulschriften

Impressum/Imprint (nur für Deutschland/only for Germany)
Bibliografische Information der Deutschen Nationalbibliothek: Die Deutsche Nationalbibliothek verzeichnet diese Publikation in der Deutschen Nationalbibliografie; detaillierte bibliografische Daten sind im Internet über http://dnb.d-nb.de abrufbar.
Alle in diesem Buch genannten Marken und Produktnamen unterliegen warenzeichen-, marken- oder patentrechtlichem Schutz bzw. sind Warenzeichen oder eingetragene Warenzeichen der jeweiligen Inhaber. Die Wiedergabe von Marken, Produktnamen, Gebrauchsnamen, Handelsnamen, Warenbezeichnungen u.s.w. in diesem Werk berechtigt auch ohne besondere Kennzeichnung nicht zu der Annahme, dass solche Namen im Sinne der Warenzeichen- und Markenschutzgesetzgebung als frei zu betrachten wären und daher von jedermann benutzt werden dürften.

Coverbild: www.ingimage.com

Verlag: Südwestdeutscher Verlag für Hochschulschriften GmbH & Co. KG
Heinrich-Böcking-Str. 6-8, 66121 Saarbrücken, Deutschland
Telefon +49 681 37 20 271-1, Telefax +49 681 37 20 271-0
Email: info@svh-verlag.de

Zugl.: Berlin, Humboldt-Universität, Dissertation, 2011

Herstellung in Deutschland:
Schaltungsdienst Lange o.H.G., Berlin
Books on Demand GmbH, Norderstedt
Reha GmbH, Saarbrücken
Amazon Distribution GmbH, Leipzig
ISBN: 978-3-8381-3212-9

Imprint (only for USA, GB)
Bibliographic information published by the Deutsche Nationalbibliothek: The Deutsche Nationalbibliothek lists this publication in the Deutsche Nationalbibliografie; detailed bibliographic data are available in the Internet at http://dnb.d-nb.de.
Any brand names and product names mentioned in this book are subject to trademark, brand or patent protection and are trademarks or registered trademarks of their respective holders. The use of brand names, product names, common names, trade names, product descriptions etc. even without a particular marking in this works is in no way to be construed to mean that such names may be regarded as unrestricted in respect of trademark and brand protection legislation and could thus be used by anyone.

Cover image: www.ingimage.com

Publisher: Südwestdeutscher Verlag für Hochschulschriften GmbH & Co. KG
Heinrich-Böcking-Str. 6-8, 66121 Saarbrücken, Germany
Phone +49 681 37 20 271-1, Fax +49 681 37 20 271-0
Email: info@svh-verlag.de

Printed in the U.S.A.
Printed in the U.K. by (see last page)
ISBN: 978-3-8381-3212-9

Die Funktion von Glukose im Lebenszyklus von *Legionella pneumophila*

Dissertation

zur Erlangung des akademischen Grades

doctor rerum naturalium
(Dr. rer. nat.)

im Fach Biologie

eingereicht an der

Mathematisch-Naturwissenschaftlichen Fakultät I
der Humboldt-Universität zu Berlin

von

Dipl.-Biol. Vroni Herrmann

2011

Natur liebt es, sich zu verbergen.

Heraklit von Ephesus

Abkürzungsverzeichnis

%	Prozent
°C	Grad Celsius
[1,2-$^{13}C_2$]Glukose	Glukoseisotopolog mit ^{13}C-Atomen an den Positionen 1 und 2
[U-$^{13}C_6$]Glukose	Glukoseisotopolog mit ^{13}C-Atomen an allen sechs Positionen
[U-$^{13}C_3$]Serin	Serinisotopolog mit ^{13}C-Atomen an allen drei Positionen
α	anti (bei Antikörpern)
A	Ampere
Abb.	Abbildung
ACES	N-(2-Acetamido)-2-aminoethansulfonsäure
ad	auffüllen auf
Amp	Ampicillin
APS	Ammonium-Persulfat
ATP	Adenosion-5'-Triphosphat
BCYE	*bufferd charcoal yeast extract*
bp	Basenpaare
bzw.	beziehungsweise
ca.	circa
CaCl	Calciumchlorid
CD_3OD	deuteriertes Methanol CH_3OH
$CDCl_3$	deuteriertes Chlorform $CHCl_3$
CDM	chemisch definiertes Medium
cDNA	*complementary DNA*
cfu	*colony forming units*, Kolonie-bildende Einheiten
cm	Chloramphenicol
CO_2	Kohlendioxid
CsrA	*carbon storage regulator A*
D_2O	deuteriertes Wasser H_2O
DNA	Desoxyribonukleinsäure
dNTP	Desoxynukleotidtriphosphat
dot/icm	*defect in organelle trafficking/intracellular replication*
EDW	Entner-Doudoroff-Weg
EDTA	Ethylendiamin-tetraessigsäure Dinatriumsalz
FTIR	Fourier-Transformations-Infrarotspekroskopie
ER	Endoplasmatisches Retikulum
et al.	*et altera*, und Andere
EtOH	Ethanol
$Fe_4(P_2O_7)_3$	Eisenpyrophosphat
Fe_4NO_3	Eisennitrat
$Fe(NH_4)(SO_4)_2$	Eisenammoniumsulfat
g	Gramm
g	mittlere Erdbeschleunigung
GC/MS	gekoppelte Gaschromatographie/Massenspektrometrie
h	*hour(s)*, Stunde(n)
H_2O_d	destilliertes Wasser
H_2O_{dd}	bidestilliertes Wasser
HCl	Chlorwasserstoff
IPTG	Isopropyl-β-D-thiogalactopyranosid
IR	Infrarot
k	kilo
kan	Kanamycin
kb	Kilobasen
kD	Kilodalton
KCl	Kaliumchlorid
KH_2PO_4	Kaliumhydrogenphosphat
KOH	Kaliumhydroxid
l	Liter

LB	Luria Bertani
LCV	Legionella *containing vacuole*
M	Molar
m	milli
mA	Milliampere
MeOH	Methanol
$MgPO_4$	Magnesiumphosphat
$MgSO_4$	Magnesiumsulfat
MIF	*mature intracellular form*
min	Minute(n)
mM	Millimolar
MOI	*multiplicity of infection*
mRNA	*messenger RNA*
MS	Massenspektrometrie
n	nano
Na_2HPO_4	Natriumhydrogenphosphat
Na_3-Citrat	Natriumcitrat
NaAc	Natriumacetat
NaCl	Natriumchlorid
NADH	reduziertes Nicotinamiddinukleotid
NADPH	reduziertes Nicotinamiddinukleotidphosphat
NH_4Cl	Ammoniumchlorid
nm	Nanometer
NMR	*nuclear magnetic resonance*, Kernresonanzsprektroskopie
OD_{600}	Optische Dichte bei 600 nm
PBS	*phosphate buffered saline*
PCR	*polymerase chain reaction*
PHB	Polyhydroxybutyrat
ppGpp	Guanosin-3',5'-bispyrophosphat
PPW	Pentose-Phosphat-Weg
RACE	*rapid amplification of cDNA ends*
RNA	Ribonukleinsäure
rpm	rounds per minute, Umdrehungen pro Minute
RT	Reverse Transkription
SDS	*sodium dodecyl sulphate*, Natriumdodecylsulfat
Sec	*general secretory pathway*
Tab.	Tabelle
TAE	Tris-Acetat-EDTA
Tat	*twin-arginine translocation*
TBS	*tris bufferd saline*
TEMED	N,N,N',N'-Tetramethylethylendiamin
Tris	Trishydroxymethylaminomehtan
tRNA	Transfer-RNA
Tween20	Polyoxyethylen(20)-sorbitan-monolaurat
V	Volt
vgl.	vergleiche
WT	Wildtyp
X-Gal	5-Brom-4-chlor-3-idoxyl-β-D-galactopyranosid
YEB	*buffered yeast extract*
z. B.	zum Beispiel
z. T.	zum Teil
µg	Mikrogramm
µl	Mikroliter

Inhaltsverzeichnis

Zusammenfassung

Legionella pneumophila ist ein Gram-negatives, ubiqitär verbreitetes Proteobakterium, das neben natürlichen Süßwasserhabitaten auch Kühltürme, Warmwassersysteme, Whirlpools oder Klimaanlagen besiedelt. Die Replikation findet dabei in Protozoen wie *Acanthamoeba castellani*, statt. Über Aerosole sind die Bakterien zudem in der Lage, humane Alveolarmakrophagen zu infizieren, was zu fataler Pneumomie, der so genannten Legionärskrankheit, führen kann. Schon früh wurde bekannt, dass Aminosäuren die wichtigsten Kohlenstoff- und Energiequellen der Spezies darstellen. Im Gegensatz dazu wird Glukose zwar aufgenommen, jedoch nur marginal verstoffwechselt und gilt daher nicht als Energiequelle.

Die Ergebnisse dieser Arbeit bestätigen die Erkenntnis, dass Serin eine Kohlenstoffquelle für Aminosäuren in *L. pneumophila* darstellt. Es wird zudem belegt, dass *L. pneumophila* für die Aminosäuren Isoleucin, Leucin, Phenylalanin, Tyrosin, Histidin, Prolin und Valin auxotroph ist. Um zu zeigen, dass *L. pneumophila* innerhalb der Replikationsvakuole auf vorhandene Aminosäuren des Wirts zurückgreift und diese direkt in Proteine inkorporiert, wurde ein Fraktionierungsprotokoll entwickelt. Während Serin bisher als auxotrophe Aminosäure galt, kann erstmals demonstriert werden, dass die untersuchte Spezies die Fähigkeit zur *de novo*-Biosynthese dieser Aminosäure besitzt. Die vorliegende Arbeit zeigt zudem erstmals, dass Glukose für die Biosynthese von Aminosäuren sowie Polyhydroxybutyrat (PHB) verwendet wird. Die Glukoseverwertung findet dabei hauptsächlich in der post-exponentiellen Wachstumsphase statt. Der Entner-Doudoroff-Weg (EDW) kann als Haupt-Katabolismusroute von Glukose identifziert werden, wobei generiertes Pyruvat über Acetyl-CoA in einem vollständigen Citratzyklus oxidiert wird. Ein Deletionsstamm des EDW zeigt gegenüber dem Wildtypstamm in nährstoffarmer Umgebung deutlich verminderte Fitness nach erfolgreicher Replikation innerhalb *A. castellanii*. Anhand der Ergebnisse dieser Arbeit lässt sich also belegen, dass Glukose eine wichtige Funktion für den Lebenszyklus von *L. pneumophila* besitzt.

Die bis dahin putative Glukoamylase GamA wird in dieser Arbeit erstmals als das verantwortliche Enzym für die Stärke- und Glykogenhydrolyse von *L. pneumophila* charakterisiert. GamA wird Typ II-abhängig sekretiert und ist auch intrazellulär in *A. castellanii*-Wirtszellen aktiv. Außerdem wird gezeigt, dass exogene Stärke durch *L. pneumophila* als Kohlenstoffquelle für die Biosynthese verschiedener Aminosäuren verwendet wird. GamA ist gemeinsam mit dem stromaufwärts liegenden, putativen Transkriptionsaktivator YozG in einem Operon kodiert. Der Transkriptionsstartpunkt kann im nicht-kodierenden Bereich zwischen *yozG* und *gamA* identifiziert werden. Außerdem wird demonstriert, dass YozG sowohl im 5'-DNA-Bereich von *gamA* als auch im eigenen putativen Promotorbereich bindet und die Hydrolyseaktivität von GamA reguliert. Es werden zudem Argumente

für die Hypothese erbracht, dass YozG neben seiner Funktion als Transkriptionsaktivator auch als *cis*-aktives Element fungiert.
Die Arbeit zeigt des Weiteren, dass Glukose eine wichtige Funktion als Kohlenstoffquelle für die Biosynthese von Polyhydroxybutyrat (PHB) besitzt. Dabei findet die PHB-Akkumulation ausgehend von Acetyl-CoA bereits während des spät-exponentiellen Wachstums statt und steigert sich in der stationären Phase. Eine verminderte PHB-Menge im EDW-Deletionsstamm wird als Erklärung für die verminderte Fitness in nährstoffarmer Umgebung diskutiert. Die Ergebnisse dieser Arbeit demonstrieren zudem, dass noch weitere Kohlenstoffquellen sowohl für PHB als auch Aminosäuren existieren. Aufgrund einer putativen Verbindung zwischen β-Oxidation und PHB-Biosynthese wird vermutet, dass es sich hierbei um Fettsäuren handelt.
Die Ergebnisse dieser Arbeit zeigen, dass *L. pneumophila* neben Aminosäuren auch Glukose sowie die natürlich vorkommenden Glukosepolymere Glykogen und Stärke als Kohlenstoffquellen zur Biosynthese von Aminosäuren und PHB nutzt und dass diese Synthese zur Fitness der Spezies beiträgt.

Schlagworte: *Legionella pneumophila*, Glukose, Metabolismus, Glukoamylase, Polyhydroxybutyrat

Summary

Legionella pneumophila is a Gram-negative proteobacterium found in natural fresh water environments as well as in cooling towers, whirl pools, warm water, and air conditioning systems. The replication takes place in protozoa such as *Acanthamoeba castellanii*. Via aerosols, the bacteria are able to infect human alveolar macrophages causing a fatal pneumonia known as Legionnaires' disease. It was soon discoverd that amino acids are the most important carbon and energy sources for this species. In contrast, glucose is assimilated but only marginally metabolized. Consequently, it has not been considered as an energy source.

The results of this study confirm that serine is a carbon source for amino acids in *L. pneumophila*. Additionally, it is proven that *L. pneumophila* is auxotrophic for the amino acids isoleucine, leucine, phenylalanine, tyrosine, histidine, proline, and valine. A fractionation protocol was developed in order to show that *L. pneumophila* uses amino acids of the host cells to incorporate them directly into proteins. While serine was until now considered to be an auxotrophic amino acid, it can be shown for the first time that the examined species is able to synthesize serine *de novo*. Furthermore, this work demonstrates for the first time that glucose is used for the biosynthesis of amino acids and polyhydroxybutyrate (PHB). The glucose catabolism mainly takes place during the post-exponential growth phase. The Entner-Doudoroff pathway is identified as the predominant pathway for the catabolism of glucose, generated pyruvate being oxidized via acetyl-CoA in a complete citrate acid cyle. In a nutrient-depleted environment, after replication has taken place in *A. castellanii*, a deletion strain of the Entner-Doudoroff pathway exhibits strongly reduced fitness as compared to the wildtype. The results of this work confirm that glucose plays an important role in the life cycle of *L. pneumophila*.

In this work, the glucoamylase GamA which was until now putative is characterized as the enzyme responsible for the starch and glycogen degrading activity of *L. pneumophila* for the first time. GamA is secreted via the Typ II secretion system and is active *in vivo* in *A. castellanii*. In addition, it is demonstrated that *L. pneumophila* uses exogenous starch as a carbon source for the biosynthesis of several amino acids. GamA and the putative transcription activator YozG located upstream are encoded in the same operon. A transcription start can be identified in the non-coding region between *yozG* and *gamA*. It is shown that YozG binds to the 5' region of *gamA* as well as to his own putative promoter region and that it regulates GamA activity. Furthermore, arguments are provided to support the hypothesis that YozG is not only active as a transcription regulator but also as a *cis*-active element.

Moreover, this work provides evidence that glucose is an important carbon source for the biosynthesis of polyhydroxybutyrate (PHB). The PHB accumulation via acetyl-CoA starts in the late exponential phase and increases in the stationary growth phase. As an explanation for reduced fitness of the

Entner-Doudoroff deletion strain in nutrient-depleted environment, a reduced amount of PHB is proposed. The results of this work further demonstrate that there have to be additional carbon sources for PHB and amino acids. On the basis of a putative link between β-oxidation and PHB biosynthesis it is conjectured that these metabolites are fatty acids.
The results of this work prove that *L. pneumophila* uses not only amino acids but also glucose and the natural glucose polymers starch and glycogen as carbon sources for the biosynthesis of amino acids and PHB and that thereby the fitness of the species is increased.

Keywords: *Legionella pneumophila*, glucose, metabolism, glucoamylase, polyhydroxybutyrate

1 Einleitung

1.1 *Legionella pneumophila* als Krankeitserreger und Umweltbakterium

1976 kam es zu einem Ausbruch schwerer Pneumonie in einem Hotel in Philadelphia, bei dem 146 der anwesenden Legionäre hospitalisiert werden mussten und 29 verstarben (Fraser et al. 1977). Im darauf folgenden Jahr wurde der Krankheitserreger erstmals isoliert und beschrieben (McDade et al. 1977), und seitdem konnten immer wieder lokal begrenzte Ausbrüche auf *Legionella pneumophila* zurückgeführt werden. Die Spezies *L. pneumophila* wurde 1979 innerhalb der neuen Familie der *Legionellaceae* klassifiziert (Brenner et al. 1979), die eine Gattung mit inzwischen über 50 Spezies und 70 Serogruppen umfasst (Benson und Fields 1998; Fields et al. 2002; (Diederen 2008). *L. pneumophila* gehört zur Gruppe der Gram-negativen Proteobakterien, ist unipolar flagelliert und ubiquitär in aquatischen Habitaten verbreitet, wo es die Fähigkeit zur Biofilmbildung besitzt (Rowbotham 1980; Fliermans et al. 1981). Die Replikation findet dabei in Protozoen wie *Acanthamoeba-* und *Harmanella*-Spezies statt (Rowbotham 1980; Swanson and Hammer 2000). Neben natürlichen Süßwasservorkommen wurde *L. pneumophila* in Kühltürmen, Warmwassersystemen, Whirpools und Klimaanlagen nachgewiesen (Flannery et al. 2006; Moore et al. 2006). Werden über diese Vektoren kontaminierte Aerosole durch den Menschen eingeatmet, können die Bakterien die Alveolarmakrophagen infizieren und die so genannte Legionärskrankheit verursachen, eine atypische, oft fatale Lungenentzündung (McDade et al. 1977; Horwitz and Silverstein 1980). Die Serogruppe 1 verursacht dabei die meisten Krankheitsausbrüche (Fields et al. 2002; Harrison et al. 2007). In einigen Fällen entwickelt sich auch das weniger schwerwiegende und selbst-limitierende Pontiacfieber, das mit Grippe-ähnlichen Symptomen einhergeht (Glick et al. 1978; Kaufmann et al. 1981). Die Replikation innerhalb von Protozoen und die in humanen Makrophagen gleichen einander in vielerlei Hinsicht (Gao et al. 1997; Segal and Shuman 1999; Fields et al. 2002). Eine Mensch-zu-Mensch-Übertragung wurde bislang nicht beobachtet (Molofsky and Swanson 2004).

1.2 Der Lebenszyklus von *L. pneumophila*

Der Lebenszyklus einer Spezies ist das Ergebnis einer langen Evolution, verstanden als Prozess der Spezialisierung und Anpassung an seine natürliche Umgebung (Hoffman et al. 2008). *L. pneumophila* besitzt einen charakteristischen zweiphasigen Lebenszyklus mit Wechsel zwischen einer replikativen und einer stationären Wachstumsphase (Molofsky and Swanson 2004). Die replikative Phase ist gekennzeichnet durch hohe metabolische Aktivität und Proteinbiosynthese mit einhergehender Replikation. In der transmissiven Phase hingegen sind die Bakterien flagelliert und hochvirulent. Der Wechsel zwischen diesen beiden Phänotypen gewährleistet eine optimale Anpassung an sich ändernde

Umweltbedinungen wie Tempertaur, Osmolarität und Nährstoffverfügbarkeit (Molofsky and Swanson 2004).

Nach Phagozytose der Bakterien durch Protozoen oder humane Alveolarmakrophagen gelangen die Bakterien in eine Vakuole (Oldham and Rodgers 1985) und verhindern die Ansäuerung und Reifung dieses Phagosoms (Molofsky and Swanson 2004). Stattdessen wird die Vakuole mit Ribosomen und ER-Bestandteilen umgeben (Baskerville et al. 1983; Oldham and Rodgers 1985; Swanson and Isberg 1995; Abu Kwaik 1996; Tilney et al. 2001; Kagan and Roy 2002; Shin and Roy 2008). Eine entscheidende Rolle zur Etablierung dieser LCV (Legionella *containing vacuole)* spielt dabei das Typ IVB-Sekretionssystem Dot/Icm (Berger et al. 1994; Roy et al. 1998; Shin and Roy 2008) (siehe unten). Die günstigen Nährstoffbedingungen innerhalb der Vakuole bewirken die Induktion von Genen für Proteinbiosynthese, Metabolismus und Replikation sowie die Repression von transmissiven Genen (Molofsky and Swanson 2003; Bruggemann et al. 2006). Nach mehreren Replikationszyklen bei sinkender Nährstoffverfügbarkeit differenzieren die Bakterien zurück in ihre transmissive Form, welche in das so genannte MIF-Stadium (*mature intracellular form*) übergehen kann, das durch Polyhydroxybutyrateinschlüsse sowie Antibiotika- und pH-Resistenz längeres Überleben in der Umwelt ermöglicht (Garduno et al. 2002; Faulkner et al. 2008). Die Bakterien verlassen ihre Wirtszellen durch Lyse (Oldham and Rodgers 1985; Gao and Kwaik 2000) oder in Membranvesikeln (Berk et al. 1998). Sie sind nun hochvirulent und in der Lage, neue Zellen zu infizieren. Auch *in vitro* (in Kulturmedium) zeigt *L. pneumophila* ein typisches biphasiges Wachstum, das sich durch Induktion oder Repression von über 1000 Genen sowie durch phänotypische Veränderungen nachweisen lässt (Molofsky and Swanson 2004; Bruggemann et al. 2006). Mit Übergang in die stationäre Phase beginnt die Flagellenexpression; die Bakterien werden cytotoxisch und ihre Resistenz gegenüber UV-Licht, Hitze sowie osmotischem Stress erhöht sich (Byrne and Swanson 1998; Molofsky and Swanson 2004). Der Wechsel zwischen exponenieller und post-exponentieller Wachstumsphase in Kulturmedium spiegelt daher zu großen Teilen die Differenzierung von der replikativen zur transmissiven Phase innerhalb von Wirtszellen wider (Molofsky and Swanson 2004).

Der Phasenübergang wird sowohl intrazellulär als auch *in vitro* streng reguliert. Eine Schlüsselfunktion beim Übergang in die transmissive Wachstumsphase nimmt dabei die Akkumulation des Alarmons ppGpp (Guanosin-3′,5′-bispyrophosphat) ein (Hammer and Swanson 1999; Zusman et al. 2002; Molofsky and Swanson 2004), ein unter Bakterien weit verbreitetes Signalmolekül bei Nährstoffmangel oder Stress (Molofsky and Swanson 2004; Magnusson et al. 2005; Braeken et al. 2006; Potrykus and Cashel 2008b; Srivatsan and Wang 2008). Das Molekül beeinflusst die Bindung der RNA-Polymerase an spezifische Promotoren direkt oder über alternative Sigmafaktoren, um entweder die Transkription von Genen zu aktivieren oder zu inhibieren (Heuner et al. 2002; Heuner and Steinert 2003; Jacobi et al. 2004; Molofsky and Swanson 2004; Potrykus and Cashel 2008b). Der Transkriptionsfaktor DksA (dnaK *suppressor protein*) potenziert diese ppGpp-Regulation und die

globalen transkriptionellen Veränderungen werden als „stringent response“ bezeichnet (Potrykus and Cashel 2008a; Potrykus and Cashel 2008b; Dalebroux et al. 2010).
Gram-negative Bakterien wie *Escherichia coli, Salmonella spp.* und auch *L. pneumophila* regulieren ihren ppGpp-Spiegel über die ppGpp-Synthetase RelA und die bifunktionale Synthetase/Hydrolase SpoT (Potrykus and Cashel 2008b). Bei Aminosäuremangel bewirken ungeladene tRNAs die Synthese von ppGpp durch ribosomal-gebundenes RelA, während in der exponentiellen Wachstumsphase SpoT als ppGpp-Hydrolase fungiert. Da die Hauptenergiequellen für *L. pneumophila* Aminosäuren sind (Tesh et al. 1983); siehe unten), ist dieser Befund bei *L. pneumophila* nicht überraschend (Dalebroux et al. 2009). Jedoch ist SpoT bei Inhibierung der Fettsäurebiosynthese ebenfalls in der Lage, ppGpp zu synthetisieren, wenngleich auf einem niedrigerem Niveau (Dalebroux et al. 2009). Als Signal dienen dabei die kurzkettigen Fettsäuren Formiat, Acetat, Propionat und Butyrat sowie die mittelkettige Hexansäure (Edwards et al. 2009). Die Regulation durch SpoT erfolgt vermutlich durch eine Interaktion mit dem Acyl-Carrier-Protein (ACP) (Dalebroux et al. 2009; Edwards et al. 2009). *L. pneumophila* ist somit in der Lage, die verfügbaren Aminosäuren und Fettsäuren der Wirtszelle innerhalb der Vakuole zu registrieren und/oder auf Veränderungen im eigenen Stoffwechsel, wie zum Beispiel Störungen im Citratzyklus, zu reagieren (Edwards et al. 2009). Fehlen sowohl RelA als auch SpoT, ist die Replikation von *L. pneumophila* in Makrophagen stark beeinträchtigt, da es zu keinem Phasenwechsel mehr kommen kann (Dalebroux et al. 2009).
CsrA (*carbon storage regulator*) ist ein Protein, das mRNA bindet und so deren Stabilität und Translation reguliert. Es wurde zuerst in *Escherichia coli* als Regulator der Glykogenakkumulation beschrieben (Romeo et al. 1993; Yang et al. 1996). Inzwischen ist bekannt, dass CsrA viele Transkripte der post-exponentiellen Wachstumsphase reguliert, darunter solche des Kohlenstoffmetabolismus, der Motilität, der Biofilmbildung und der Adhärenz (Sabnis et al. 1995; Wei et al. 2000; Wei et al. 2001; Jackson et al. 2002). In *L. pneumophila* reprimiert CsrA in der exponentiellen Wachstumsphase die transmissiven Marker Motilität und Pigmentproduktion (Fettes et al. 2001). Der Antagonist zu CsrA wird als CsrB bezeichnet, eine nicht-kodierende RNA, die CsrA in mehreren Kopien binden kann und so die CsrA-Repression der post-exponentiellen mRNA-Spezies unterbricht (Romeo 1998). Man geht davon aus, dass eine erhöhte ppGpp-Konzentration das Zwei-Komponenten-System LetA/LetS aktiviert und der aktivierte LetA-Response-Regulator über die Induktion eines bisher unbekannten CsrB-Homologs die CsrA-Repression aufhebt (Fettes et al. 2001; Molofsky and Swanson 2003; Albert-Weissenberger et al. 2007). Dies führt in *L. pneumophila* zur Expression der post-exponentiellen Marker wie Zellverkürzung, Pigmentproduktion, Hitze- und osmotische Resistenz sowie zur Ausprägung der Virulenzfaktoren Cytotoxizität, Motilität und Verhinderung der Phagosom-Lysosom-Fusion (Fettes et al. 2001; Molofsky and Swanson 2003; Albert-Weissenberger et al. 2007). PpGpp aktiviert außerdem den alternativen Sigmafaktor RpoS, der unabhängig von LetA/LetS die Transmissionsfaktoren Motilität, Natriumsensitivität und die Umgehung des lysosomalen Wegs

induziert (Bachman and Swanson 2001). Es besteht also eine enge Verzahnung von Nährstoffverfügbarkeit und Virulenz in den pathogenen Bakterien

1.3 Die Sekretionssysteme von *L. pneumophila*

L. pneumophila besitzt eine Vielzahl an Sekretionssystemen, von denen das Typ II- und das Typ IV-Sekretionssystem Bedeutung für die Virulenz der Spezies besitzen. Das Typ II-Sekretionssystem Lsp (Legionella *secretion pathway*) ist essentiell für die intrazelluläre Replikation in verschiedenen Amöben, humanen Makrophagen und Mäusen (Hales and Shuman 1999; Liles et al. 1999; Rossier and Cianciotto 2001; Rossier et al. 2004). Es ist außerdem für die Persistenz in Biofilmen sowie für das Wachstum bei niedrigen Temperaturen von Bedeutung (Soderberg et al. 2004; Lucas et al. 2006; Soderberg et al. 2008; Soderberg and Cianciotto 2010). Die Sekretion über dieses System findet in einem zweistufigen Prozess statt, bei dem der Transport über die Cytoplasmamembran Sec- oder Tat-abhängig geschieht (Cianciotto 2005; Rossier and Cianciotto 2005; Johnson et al. 2006; De Buck et al. 2007). Beide cytoplasmatischen Transporter wurden bereits in *L. pneumophila* identifiziert (Lammertyn and Anne 2004; De Buck et al. 2007). Mindestens 20 Proteine werden von *L. pneumophila* über dieses Sekretionssystem transportiert, unter denen sich eine Vielzahl an Enzymen befindet (Hales and Shuman 1999; Liles et al. 1999; Aragon et al. 2000; Aragon et al. 2001; Aragon et al. 2002; Flieger et al. 2002; Rossier et al. 2004; Banerji et al. 2005; DebRoy et al. 2006). Unter ihnen konnten die Chitinase ChiA identifiziert werden, die für die Mausinfektion bedeutend ist (DebRoy et al. 2006) sowie mehrere Aminopeptidasen, Proteasen und Phosphatasen (De Buck et al. 2007; Rossier et al. 2008; Cianciotto 2009).

Viele bakterielle Pathogene besitzen Gene für Typ IV-Sekretionssysteme, mit denen Effektorproteine direkt in Wirtszellen injiziert werden können (Sexton and Vogel 2002; Hubber and Roy 2010). Das Dot/Icm Typ IVB-Sekretionssystem ist das wichtigste Virulenz-assoziierte Sekretionssystem in *L. pneumophila* (Molofsky and Swanson 2004). Nach Aufnahme in die Wirtszelle wird dieses aktiviert und es werden mindestens 140 Effektorproteine in die Wirtszelle injiziert (Ensminger and Isberg 2009; Hubber and Roy 2010). Die Translokation der Substrate erfolgt dabei ohne periplasmatische Zwischenstufe. Deletionsmutanten haben einen Defekt in den *dot-* (*defect in organelle trafficking*) und/oder *icm-* (*intracellular multiplication*) Genen (Marra et al. 1992; Berger and Isberg 1993). Das Sekretionssystem ist unter Anderem notwendig für die Phagozytose der Bakterien, die Etablierung der replikativen Vakuole, die Verhinderng der Apoptose sowie das Verlassen der Wirtszelle (Zink et al. 2002; Molofsky and Swanson 2004; Albert-Weissenberger et al. 2007; Molmeret et al. 2007; Shin and Roy 2008; Ensminger and Isberg 2009). Eine zweite Subklasse bilden die Typ IVA-Sekretionssysteme. Diese zeigen Homologien zum Vir-System von *Agrobacterium tumefaciens* und werden in *Legionella* als Lvh (Legionella vir *homologues*) bezeichnet (Christie and Vogel 2000). Sie ermöglichen den DNA-

Transfer zwischen verschiedenen *Legionella*-Spezies (Glockner et al. 2008) und spielen eine Rolle für die Wirtsinfektion bei niedrigen Temperaturen (Ridenour et al. 2003).

Für *L. pneumophila* wurde außerdem ein putatives Typ I-Sekretionssystem (Lss) beschrieben, für das bislang jedoch noch kein Substrat bekannt ist (Jacobi and Heuner 2003; Albert-Weissenberger et al. 2007). Zudem ist der Flagellen-Apparat von *L. pneumophila* homolog zu den Komponenten eines Typ III-Sekretionssystems, das für *Yersinia enterolytica* beschrieben wurde (Lee and Schneewind 1999; Albert-Weissenberger et al. 2010). Neben dem Transport der Flagellenuntereinheiten können dort auch andere Effektorproteine über die Membranen transportiert und in Wirtszellen injiziert werden (Cornelis 2002). Für *L. pneumophila* Paris wurde *in silico* zusätzlich ein Typ V-Sekretionssystem identifiziert (Cazalet et al. 2004; Albert-Weissenberger et al. 2007).

1.4 Der Stoffwechsel von *L. pneumophila*

Metabolismus (Stoffwechsel) umfasst die Aufnahme, den Transport und die chemische Umwandlung von Stoffen in einem Organismus sowie die Abgabe von Stoffwechselendprodukten an die Umgebung. Durch die Bereitstellung von Energie, Cofaktoren sowie Ausgangsverbindungen für den Anabolismus ist der zentrale Kohlenstoffmetabolismus das biochemische Rückgrat aller lebenden Zellen (Hua et al. 2003). Um sich innerhalb von Wirstzellen erfolreich zu etablieren und zu replizieren, müssen intrazelluläre Pathogene ihren Metabolismus an die dort verfügbaren Nährstoffe und physiologischen Bedingungen anpassen. Dies erfordert eine enge Koordination von Metabolismus und Lebenszyklus. Es ist außerdem wahrscheinlich, dass pathogene Bakterien den Wirtszellkatabolismus zu ihren Gunsten beeinflussen (Eisenreich et al. 2010). Intrazelluläre Bakterien sind heterotroph, das bedeutet, sie benötigen mindestens eine organische Kohlenstoffquelle zur Generierung von Energie und Intermediaten für den Aufbau von Zellstrukturen (Munoz-Elias and McKinney 2006; Eisenreich et al. 2010). Bisher untersuchte Spezies waren dabei nicht auf ein Substrat beschränkt, sondern reagierten flexibel, wenn die bevorzugte Kohlenstoffquelle nicht mehr verfügbar war (Eylert et al. 2008). Hierfür benötigen diese Bakterien effiziente Transportsysteme, um mit der Wirstzelle um Nährstoffe konkurrieren zu können (Eisenreich et al. 2010).

Die ersten Studien zum Stoffwechsel von *L. pneumophila* wurden in Kulturmedien durchgeführt. *L. pneumophila* wurde dabei als strikt aerober Organismus charakterisiert, für dessen Wachstum 4 % O_2 und 2,5–5,0 % CO_2 sowie ein pH-Wert von 6,9 optimal sind (Feeley et al. 1978; Pine et al. 1979; Mauchline et al. 1992). Als terminaler Elektronenakzeptor dient Sauerstoff; eine Gärung findet nicht statt (Hoffman 1984). Im Folgenden wird zunächst die Bedeutung von Aminosäuren für den Stoffwechsel von *L. pneumophila* dargestellt, anschließend werden die Eigenschaften des Citratzyklus, der Mineral- und Vitaminbedarf, die Besonderheit der Polyhydroxybutyratspeicherung und abschließend die Verwertung von Glukose und Polysachariden skizziert. Dabei soll im Besonderen die enge Verbindung von Stoffwechsel und Virulenz deutlich werden.

1.4.1 Aminosäuren als wichtigste Energiequellen

In frühen Studien zur Kultivierung von *L. pneumophila* wurde rasch klar, dass dieser Organismus auf eine Vielzahl von Aminosäuren angewiesen ist (Pine et al. 1979; Warren and Miller 1979; Tesh and Miller 1981). Später identifizierte man in den sequenzierten Genomen verschiedener *L. pneumophila*-Stämme eine große Zahl von Peptidasen und Proteinasen sowie Aminosäuretransportern (Cazalet et al. 2004; Chien et al. 2004; Glockner et al. 2008). So existieren mindestens drei putative Metalloproteasen und mehr als 40 Peptidasen (Hoffman et al. 2008).
Nach einer Studie von George *et al.* sind Serin und Threonin nicht nur essentiell für das Wachstum, sondern dienen auch als Hauptenergiequellen für *L. pneumophila* (George et al. 1980). Letztere Funktion übernimmt auch Glutamat (Tesh and Miller 1981). Gemessen an der CO_2-Produktion, besitzt diese Aminosäure eine hohe Stoffwechselrate, gefolgt von Glutamin mit ca. 50 % der Umsatzrate von Glutamat (Weiss et al. 1980). In Biomasse inkorporierte Kohlenstoffatome von Glutamat finden sich wieder in Lipiden, Proteinen, Polysacchariden und Nukleinsäuren (Tesh et al. 1983). Im Einklang damit wird die Sauerstoffaufnahme von *L. pneumophila* am stärksten durch die Aminosäuren Serin und Glutamat stimuliert, gefolgt von Threonin und Tyrosin (Tesh et al. 1983). Zu verstärktem Wachstm *in vitro* führen auch die Aminosäuren Histidin und Tryptophan, die daher ebenfalls als Energiequellen für *L. pneumophila* postuliert wurden (Pine et al. 1979; Mauchline et al. 1992). Außerdem wurde nachgewiesen, dass die Aminosäuren Alanin, Glutamat, Leucin, Prolin, Serin und Threonin sowie das Dipeptid Glycyl-L-Glutamat metabolisch verwertet werden (Mauchline and Keevil 1991). Von *L. pneumophila* aufgenommenes Leucin wird dabei zum Großteil für den Proteinaufbau genutzt (Tesh et al. 1983). In Übereinstimmung damit werden viele Enzyme der Aminosäuredegradation *in vivo* in *A. castellanii* hochreguliert, wobei die Abbauwege von Serin, Glutamat, Glycin, Histidin, Threonin und Tyrosin betroffen sind (Bruggemann et al. 2006) sowie mehrere Aminopeptidasen, Proteinasen und periplasmatische Aminosäurebindeproteine. Zusammengefasst gelten die Aminosäuren Serin, Glutamat, Glutamin und ferner Threonin und Tyrosin als wichtigste Energiequellen für *L. pneumophila.* Mit Eintritt in die stationäre Wachstumsphase produziert *L. pneumophila* ein extrazelluläres, braunes Pigment, dessen Menge mit zunehmender Tyrosin-Konzentration (der biosynthetischen Vorstufe) im Medium steigt (Warren and Miller 1979; Mauchline et al. 1992; Chatfield and Cianciotto 2007). Neben Tyrosin kann auch Phenylalanin im Medium die Pigmentproduktion bedingen (Baine and Rasheed 1979).
Früh bekannt wurde die Auxotrophie für die Aminosäuren Cystein und Methionin (Pine et al. 1979; Warren and Miller 1979). Dies lässt vermuten, dass anorganischer Schwefel von *L. pneumophila* nicht inkorporiert werden kann. Mehrere Studien ergaben übereinstimmend, dass Arginin, Cystein,

Isoleucin, Leucin, Methionin, Threonin, Serin, Valin (Tesh and Miller 1981; Hoffman et al. 2008) und nach manchen Autoren zusätzlich Phenylalanin oder Tyrosin essentiell für *L. pneumophila* sind (George et al. 1980). Absolute Anforderungen eines Organismus an ein Kulturmedium sind zumeist jedoch schwierig zu bestimmen, da viele metabolische Schritte durch Alternativwege (bypasses) umgangen werden können (Tesh and Miller 1981). Es ist zudem nur wenig darüber bekannt, welche Nährstoffe *L. pneumophila* innerhalb der Vakuolen in Makrophagen oder Amöben zur Verfügung stehen. Es ist jedoch davon auszugehen, dass die für *L. pneumophila* essentiellen Aminosäuren zumindest als Vorstufen zur Verfügung stehen.
So wurde der phagosomale Transporter (Pht) A für Threonin als entscheidend für die intrazelluläre Differenzierung und Replikation von *L. pneumophila* in Makrophagen identifiziert (Sauer et al. 2005). Über diesen Transporter können intrazelluläre Bakterien die Aminosäureverfügbarkeit in der Vakuole wahrnehmen und die Differenzierung zur replikativen Phase einleiten (Sauer et al. 2005). Auf der Wirtsseite wird der Aminosäuretransporter SLC1A5 von humanen Makrophagen während der Infektion durch *L. pneumophila* hochreguliert. Dieser ist essentiell für die erfolgreiche Replikation der Bakterien und transportiert Na^+/Cl^--gekoppelt die neutralen und kationischen Aminosäuren Cystein, Glutamin, Isoleucin, Leucin, Methionin, Phenylalanin, Serin, Valin, Tryptophan und Tyrosin (Wieland et al. 2005), also sowohl essentielle als auch Energie-liefernde Aminosäuren.
Die Argininauxotrophie von *L. pneumophila* ist begründet durch das Fehlen des Enzyms N-Acetylglutamatsynthase, welche den ersten Schritt der Argininbiosynthese katalysiert (Tesh and Miller 1983). Interessanterweise reagiert *L. pneumophila* auf die Argininverfügbarkeit innerhalb der Vakuolen von *A. castellanii* und reguliert die Argininbiosynthese mittels eines Arginin-Regulators (ArgR) (Hovel-Miner et al. 2010). ArgR reguliert direkt oder indirekt insgesamt 116 Gene, von denen ein Großteil in die Funktionskategorien Aminosäuren- und Nukleotidmetabolismus, Icm/Dot-Substrate, Bindung/Transport sowie Stressadaptation eingeordnet werden können (Hovel-Miner et al. 2010). Auch Tryptophan oder dessen Vorstufen (Shikimat oder Chorismat) müssen in der Replikationsvakuole verfügbar sein, da Tryptophan-auxotrophe Mutanten in der Lage sind, sich uneingeschränkt in humanen Monocyten zu vermehren (Mintz et al. 1988). Wie oben beschrieben, reagiert die ppGpp-Synthetase RelA auf die Aminosäureverfügbarkeit am Ribosom und reguliert gemeinsam mit SpoT die Expression der Virulenzgene (siehe oben). Die Bedeutung von Aminosäuren als wichtigste Energiequelle und die große Anzahl essentieller Aminosäuren begründet die enge Verbindung zwischen Nährstoffverfügbarkeit und Virulenz.

1.4.2 Der Citratzyklus als zentrales Stoffwechseldrehkreuz

Der Citratzyklus ist ein aeorber Weg zur Oxidation von Kohlenhydraten und Fettsäuren. Zugleich liefert er wichtige Ausgangsverbindungen für die Biosynthese verschiedener Aminosäuren. In *L. pneumophila* bildet er die Hauptroute zur Kohlenstoffassimilation und Energieproduktion (Hoffman

1984), vor allem durch den Metabolismus von Aminosäuren wie Serin und Glutamat (Hoffman and Pine 1982; Keen and Hoffman 1984). Zudem generiert der Citratzyklus NADH zur Energiegewinnung durch die Oxidation von Acetylgruppen zu CO_2. NADH wird anschließend über mehrere Cytrochrome respirativ oxidiert (Hoffman and Pine 1982; Hoffman et al. 2008), wofür *L. pneumophila* eine hoch aktive, membranständige NADH-Oxidase besitzt (Hoffman 1984).

Alle Enzyme des Citratzyklus wurden anhand ihrer Aktivitäten bereits in *L. pneumophila* nachgewiesen (Keen and Hoffman 1984). Besonders hohe cytoplasmatische Aktivitäten besitzen dabei die Citratsynthase, Aconitase, Isocitratdehydrogenase ($NADP^+$-abhängig) und Malatdehydrogenase (NAD^+-abhängig) (Keen and Hoffman 1984). Die Maladehydrogenase sowie ein Enzym des α-Ketoglutarat-dehydrogenasekomplexes (die Ferredoxin-Oxidoreduktase) werden zudem in der post-exponentiellen Wachstumsphase auf Proteinebene hochreguliert (Hayashi et al. 2010). Isocitrat, Malat und α-Ketoglutarat werden von *L. pneumophila*-Zellen trotz dieser hohen korrespondierenden Enzymaktivitäten nicht oxidiert, wenn sie als exogene Substrate vorliegen, was auf fehlende Transporter hinweist (Keen and Hoffman 1984). Allerdings steigern Fumarat und Succinat die O_2-Assimilation (Tesh et al. 1983). Weder Isocitratlyase- noch Malatsynthaseaktivität konnten in *L. pneumophila*-Extrakten nachgewiesen werden (Keen and Hoffman 1984). Auch im Genom wurden bisher keine homologen Gene identifiziert (Cazalet et al. 2004), weshalb der Organismus wahrscheinlich keinen Glyoxylatzyklus betreibt.

Die Pyruvatdehydrogenase als Verbindung des Glukosekatabolismus mit dem Citratzyklus ist nur von sehr geringer Aktivität (Keen and Hoffman 1984). Eine sehr hohe Aktivität konnte hingegen für die Pyruvatcarboxylase (EC 6.4.1.1) nachgewiesen werden, welche Pyruvat in Oxalacetat carboxyliert, das in den Citratzyklus eingeschleust werden kann. Dieses Enzym könnte an der Verstoffwechselung von Serin beteiligt sein (Abb. 1). Das für die Deaminierung von Serin zu Pyruvat benötigte Enzym Serindehydratase (EC 4.3.1.17) zeigte ebenfalls eine hohe Aktivität (Keen and Hoffman 1984).

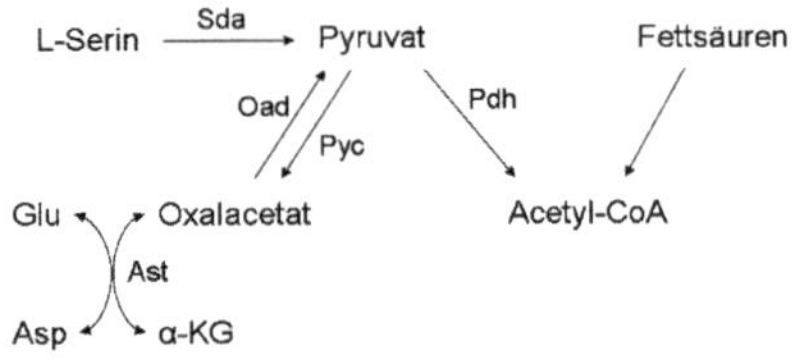

Abb. 1: Putatives Schema der Serin-Verstoffwechselung in *L. pneumophila*.
Sda, L-Serin-Dehydratase (EC 4.3.1.17); Oad, Oxalacetat-Decarboxylase (EC 4.1.1.3); Pyc, Pruvat-Carboxylase (EC 6.4.1.1); Pdh, Pyruvat-Dehydrogenase; Ast, Glutamat-Aspartat-Transaminase (EC 2.6.1.1).

Von auffällig hoher Aktivität ist auch die Aspartat-Aminotransferase (Glutamat-Aspartat-Transaminase). Glutamat könnte aktiv aufgenommen und die Aminogruppe auf Oxalacetat übertragen werden, wodurch Aspartat entstehen würde. Um den Citratzyklus wieder aufzufüllen, könnte Oxalacetat dienen, welches aus Serin hervorgeht (Hoffman 2008); Abb. 1). Des Weiteren wurden

Aktivitäten der Glutaminsynthetase, Glutaminase, Glutamatdehydrogenase und Glutamatsynthase gemessen (Keen and Hoffman 1984), was die Bedeutung der Aminosäuren Aspartat, Glutamat und Glutamin für den Energiestoffwechsel für *L. pneumophila* unterstreicht. Zusätzlich wird exogenes Pyruvat von *L. pneumophila* oxidiert (Keen and Hoffman 1984). Eine anaplerotische Rolle von Pyruvat würde die Wachstumssteigerung sowie verstärkte O_2-Aufnahme erklären, die nach Zugabe dieses Moleküls beobachtet wurden (Pine et al. 1979). Allerdings wurden die inkorporierten Kohlenstoffatome von Pyruvat – ebenso wie die von Acetat – vor allem in der Lipidfraktion von *L. pneumophila* identifiziert, die somit von der Verstoffwechselung zu Acetyl-CoA zeugen, das als Ausgangsverbindung für die Fettsäurebiosynthese dient (Tesh et al. 1983). Die Hauptmenge Acetyl-CoA, das in den Citratzyklus eingeht, wird in *L. pneumophila* allerdings bei der β-Oxidation von Fettsäuren generiert (Hoffman 2008). Hierfür sprechen auch die Vielzahl an bisher identifizierten Phospholipasen (Baine 1988; Flieger et al. 2000; Aragon et al. 2002; Flieger et al. 2004; Bender et al. 2009; Schunder et al. 2010).

Legionella-Spezies weisen einen hohen Anteil an verzweigtkettigen Fettsäuren auf (bis zu 90% bei *L. pneumophila),* eine Eigenschaft, die ungewöhnlich für Gram-negative und eher typisch für Gram-positive Bakterien ist (Moss et al. 1977; Lambert and Moss 1989). Die häufigste Fettsäure von *L. pneumophila* ist die 14-Methylpentadecansäure (i-16:0) (Moss et al. 1977).

1.4.3 Mineralstoff- und Vitaminbedarf

L. pneumophila kann alle benötigten Coenzyme selbst synthesieren (Warren and Miller 1979; Ristroph et al. 1981). Im Genom sind dafür die Stoffwechselwege für die Biosynthesen von Biotin, Riboflavin, Folat, Nicotinamin und Häm vollständig kodiert (Hoffman et al. 2008). Auch Purine und Pyrimidine müssen dem Kulturmedium nicht zugesetzt werden (Fonseca et al. 2008). Eisen besitzt essentielle Bedeutung für die Replikation von *L. pneumophila* im Kulturmedium (Pine et al. 1979; Warren and Miller 1979; Ristroph et al. 1981) sowie intrazellulär (Gebran et al. 1994; James et al. 1995; Byrd and Horwitz 2000). Die beste Wachstumsrate *in vitro* ergibt sich dabei mit löslichem Eisenpyrophosphat (Feeley et al. 1978). Chelate wie Citrat, EDTA oder Malat, die zweiwertiges Eisen binden, können in einer Konzentration von 0,1 % das Wachstum von *L. pneumophila* vollständig inhibieren (Pine et al. 1979). Dieser Effekt wurde auch bei Acetat und in geringerem Maße bei Lactat und Pyruvat beobachtet (Warren and Miller 1979). Erst relativ spät wurde das Siderophor Legiobactin identifiziert, dessen Produktion und Sekretion von den Genen *lbtA* und *lbtB* abhängig ist (Liles et al. 2000; Allard et al. 2006) und entscheidend zur Virulenz von *L. pneumophila* beiträgt (Viswanathan et al. 2000). Zusätzlich besitzt *L. pneumophila* den für die intrazelluläre Replikation wichtigen Eisen(II)-Transporter FeoB (Robey and Cianciotto 2002). Neben Eisen werden die Metalle Calcium, Magnesium, Molybden, Nickel, Vanadium und Zink für das Wachstum benötigt (Reeves et al. 1981; Fonseca et al. 2008).

1.4.4 Die Bedeutung von Glukose

Da *L. pneumophila* ein strikt aerober Organismus ist, vollzieht sich die Verwertung von Kohlenhydraten höchstwahrscheinlich auf oxidativen Stoffwechselwegen (Warren and Miller 1979). Die Zugabe von Glukose führt dabei jedoch zu keiner Wachstumssteigerung (Pine et al. 1979; Warren and Miller 1979; Harada et al. 2010), ebenso wenig die Zugabe von Amylose, Amylopektin, Glykogen oder Dextrin (Pine et al. 1979). Entsprechend findet auch keine verstärkte Sauerstoffaufnahme durch *L. pneumophila* bei Zugabe von Glukose in das Kulturmedium statt (Tesh et al. 1983). Aufgrund der sehr geringen Glukoseaufnahmerate wird eine nicht-spezifische Bindung oder Diffusion als Mechanismus postuliert (Keen and Hoffman 1984). Seit Ende der 70-er Jahre ist es Konsens, dass Glukose und Polysaccharide von *L. pneumophila* kaum oder überhaupt nicht verstoffwechselt werden (Pine et al. 1979). Auch in biochemischen Versuchen werden Glukose, Fruktose, Galaktose, Maltose, Glukose-1-Phosphat, Glukose-6-Phosphat nicht oder nur in sehr geringen Mengen verwertet (Mauchline and Keevil 1991). Bei Verwendung von ^{14}C-markierten Glukosemolekülen wird dieses Substrat jedoch in kleinen Mengen durch *L. pneumophila* umgesetzt (Weiss et al. 1980; Harada et al. 2010), wobei sich – im Vergleich zu Glutamat – ein größerer Teil der radioaktiven Markierung in der Zellsubstanz, ein kleinerer im freigesetzten CO_2 nachweisen lässt (Weiss et al. 1980). Gleichzeitig nimmt die Konzentration freier ^{14}C-Glukose im Medium mit Eintritt in die spät-exponentielle Wachstumsphase ab (Harada et al. 2010). Die Kohlenstoffatome von assimilierter Glukose finden sich zu über 50 % in der Lipidfraktion von *L. pneumophila* (Tesh et al. 1983). Es wird daher von einer biosynthetischen statt einer energetischen Funktion von Glukose für *L. pneumophila* ausgegangen (Weiss et al. 1980).

Laut Untersuchungen von Tesh et al. (1983) werden die Kohlenstoffatome des Glukosemoleküls von *L. pneumophila* unterschiedlich verwertet. Die C-Atome 1 und 2 werden bevorzugt zur CO_2-Produktion verwendet, während das C-Atom 6 vermehrt in Biomasse inkorporiert wird (Tesh et al. 1983). Es wird vermutet, dass der Glukosekatoblismus in *L. pneumophila* hauptsächlich über den Pentosephosphat- und/oder den Entner-Doudoroff-Weg abläuft und nicht über die Glykolyse (Weiss et al. 1980; Tesh et al. 1983). Im Gegensatz dazu wird das Kohlenstoffatom 1 aus Glukose-6-Phosphat fast ausschließlich in Biomasse inkorporiert. Interessanterweise wird Glukose-1-Phosphat deutlich effektiver verwertet als Glukose oder Glukose-6-Phosphat, sowohl zur CO_2- als auch zur Biomasse-Produktion (Weiss et al. 1980). In anderen Arbeiten wird mehrmals Stärkehydrolyse von geringem Ausmaß für diverse *Legionella*-Spezies beschrieben (Feeley et al. 1978; Morris et al. 1980; Thorpe and Miller 1981), wobei die Intermediate Glukose-1-Phosphat und Glukose-6-Phosphat auftreten. Das verantwortliche Enzym bzw. die verantwortlichen Enzyme sind jedoch unbekannt.

Im Vergleich zu Aminosäuretransportern kodiert *L. pneumophlia* für nur wenige Zuckertransporter. Ein PTS-Homolog ist bislang nicht beschrieben (Hoffman et al. 2008). Im Typ II-abhängigen

Sekretom von *L. pneumophila* befinden sich jedoch eine Chitinase sowie eine Endoglucanase (DebRoy et al. 2006; Pearce and Cianciotto 2009). Dennoch sind für die Glykolyse, die Glukoneogenese und den Entner-Doudoroff-Weg (EDW) in den bekannten Genomen von *L. pneumophila* alle Gene kodiert (Hoffman et al. 2008). Homologe Gene für zwei Enzyme des Pentosephosphatwegs (PPW), die 6-Phosphoglukonat-Dehydrogenase (Gnd) und die Transaldolase (Tal), sind bisher nicht bekannt, eine schwache Aktivität des ersten Enzyms konnte jedoch nachgewiesen werden (Keen and Hoffman 1984). Die Enzymaktivitäten der Glykolyse bis zur Aufspaltung von Fruktose-1,6-bisphosphat in Dihydroxyacetonphosphat und Glycerinaldehyd-3-Phosphat sind messbar, ebenso die Aktivitäten der Glycerinaldehyd-3-Phosphatdehydrogenase und Pyruvatkinase (Keen and Hoffman 1984). Die bestimmten Enzymaktivitäten sind im Vergleich zu *E. coli* jedoch gering. Mehrere Enzyme der Glykolyse werden dennoch *in vivo* in der replikativen Phase hochreguliert (Bruggemann et al. 2006). Ebenso können mehrere Enzyme der Glukoneogenese in *L. pneumophila*-Zellextrakten des Stamms Philadelphia anhand ihrer Aktivitäten nachgewiesen werden: die Pyruvatcarboxylase, die Phosphoenolpyruvat-Carboxykinase sowie die Fruktose-1,6-bisphosphatase (Keen and Hoffman 1984). Die Aktiväten dieser Enzyme liegen deutlich über denen der Glykolyse. Besonders interessant ist die Tatsache, dass in *L. pneumophila* die Aktivät der Fruktose-1,6-bisphosphatase ca. zehnfach über der der Phosphofruktokinase, dem Schlüsselenzym der Glyokolyse, liegt. In *E. coli* ist dieses Verhältnis genau entgegengesetzt. Dies gibt einen deutlichen Hinweis auf die Bedeutung der Glukoneogenese in *L. pneumophila*. (Keen and Hoffman 1984). Die anaplerotische Aktivität der Phosphoenolpyruvatcarboxylase ist ebenfalls bekannt (Keen and Hoffman 1984). Die Enzyme 6-Phosphoglukonatdehydratase (Edd) und 2-Keto-3-deoxy-6-phosphoglukonataldolase (KDPG-Aldolase, Eda) aus dem EDW, sowie die Glukokinase (Glk) konnten kürzlich im Stamm Philadelphia nachgewiesen werden (Harada et al. 2010). Ein Gencluster des EDW (*lpp0483/zwf, lpp0484/pgl, lpp0485/edd, lpp0487/eda*) sowie die Gene zweier Glukosetransporter (*lpp0486, lpp2623*) werden im Stamm Paris intrazellulär in *A. castellanii* während der replikativen Phase hochreguliert (Bruggemann et al. 2006). Das Signal für diese Regulation ist unbekannt; Glukose und 6-Phosphoglukonat werden jedoch ausgeschlossen (Harada et al. 2010). Allerdings konnte die Glukose-6-Phosphat-Dehydrogenase anhand ihrer Aktivität nachgewiesen werden (Hoffman 1984).

Humane Zellen verfügen über zwei Transportmöglichkeiten von Glukose: die erleichternden Glukosetransporter der GLUT-Familie und die Na^+-abhängigen Glukose-Cotransporter der SGLT-Familie (Wood and Trayhurn 2003; Zhao and Keating 2007). Der Glukosekatabolismus erfolgt über die Glykolyse oder den Pentose-Phosphat-Weg im Cytosol. Pyruvat wird anschließend in die Mitochondrienmatrix transportert, dort zu Acetyl-CoA umgewandelt und in den Citratzyklus eingebracht. Intermediate dieses Zyklus (α-Ketoglutarat und Oxalacetat) können anschließend zurück ins Cytosol transportiert werden.

1.4.5 Die Glukoamylase GamA

Glukoamylasen (Glucan-1,4-α-Glucosidasen, EC 3.2.1.3) katalysieren die Hydrolyse von α-1,4- und α-1,6-glykosidischen Bindungen am nicht-reduzierenden Ende von Kohlenhydraten unter Bildung von β-D-Glukose (Xiao et al. 2006). Bei der chemischen Reaktion handelt es sich um eine generelle Säure-Katalyse bei der ein Glutamatrest als Protonendonor (Säurekatalyst) mit einem weiteren Glutamatrest als katalytischer Base zusammenwirkt (Sauer et al. 2000). Diese Enzyme werden zur Familie 15 der Glykosylhydrolasen gezählt (Davies and Henrissat 1995; Cantarel et al. 2009) und wurden für viele eukaryotische und einige prokaryotische Mikroorganismen beschrieben (Aleshin et al. 2003). Glukoamylasen aus Pilzen werden industriell für die Verzuckerung von Stärke eingesetzt (Sauer et al. 2000). Viele, jedoch nicht alle, der bekannten Enzyme besitzen neben einer N-terminalen katalytischen Domäne, eine Stärkebindedomäne am C-Terminus sowie eine Linkerregion (Sauer et al. 2000).
In *L. pneumophila* Paris wurde ein Gen (*lpp0489/gamA)* mit Homologie zur bekannten Glukoamylase von *Puccinia graminis,* einem eukaryotischen Pilz, identifiziert (Bruggemann et al. 2006). Dieses Gen wird während der Infektion in *A. castellanii* hochreguliert (Bruggemann et al. 2006). Direkt stromaufwärts von *lpp0489* ist ein putativer Transkriptionsregulator (*lpp0490/yozG*) kodiert, der Sequenzhomologien zur XRE-Familie aufweist. Proteine dieser Familie sind Transkriptionsregulatoren mit Helix-Turn-Helix-Motiven, deren bekanntester Vertreter aus *Bacillus subtilis* stammt (Wood et al. 1990). Dort reprimiert Xre die Expression eines Phagen-ähnlichen Bacteriocins (PBSX) sowie seine eigene Expression, indem es mit vier Operatorsequenzen Bindungen eingeht (McDonnell and McConnell 1994).
L. pneumophila besitzt zusätzlich zwei Gene, die für putative α-Amylasen kodieren: *lpp1641* und *lpp1643.* α-Amylasen (EC 3.2.1.1) hydrolysieren α-1,4-glykosidische Bindungen innerhalb von Kohlenhydraten unter Bildung von Glukose, Dextrinen und Oligosacchariden (Xiao et al. 2006).

1.4.6 Polyhydroxybutyrat als Energie- und Kohlenstoffspeicher

Polyhydroxybutyrat (PHB) ist das am weitesten verbreitete und am besten charakterisierte Mitglied der Stoffklasse der Polyhydroxyalkonate und wird von manchen Bakterien als endogene Kohlenstoff- und Energiespeichersubstanz akkumuliert (Anderson and Dawes 1990; Steinbuchel and Schlegel 1991; Poirier 2001; Steinbuchel and Hein 2001). Die Substanz trägt zum Überleben der Mikroorganismen in nährstoffarmer Umgebung bei (James et al. 1999). PHB bildet dabei ein Homopolymer aus C4-Einheiten, dem β-Hydroxybutyrat. *L. pneumophila*-Zellen enthalten im Schnitt ein bis drei PHB-Granula, die sich im Elekronenmikroskop als helle Einschlüsse oder nach entsprechender Färbung im Fluoreszenzmikroskop sichtbar machen lassen (James et al. 1999; Spiekermann et al. 1999; Jendrossek 2005). PHB lässt sich außerdem über Infrarotspektroskopie ganzer Zellen nachweisen und quantifizieren (Kansiz et al. 2000; Ngo Thi and Naumann 2007). PHB wurde bereits in *L. pneumophila* innerhalb von Protozoen und humanen Lungenfibroblasten nachgewiesen. (Anand et al.

1983; Oldham and Rodgers 1985; Fields et al. 1986). Nach erfolgreicher Replikation in Wirtszellen ist PHB im MIF- (*mature intracellular form*) Stadium von *L. pneumophila* nachweisbar (Garduno et al. 2002).

In der Mehrzahl der untersuchten Bakterienspezies beginnt die Biosynthese von PHB mit der Kondensation von zwei Molekülen Acetyl-CoA zu Acetoactetyl-CoA, katalysiert durch die β-Ketothiolase (EC 2.3.1.9) (Dawes and Senior 1973; Anderson and Dawes 1990; Steinbuchel and Schlegel 1991; Steinbuchel and Hein 2001). Acetoacetyl-CoA wird anschließend mittels der Acetoacetyl-CoA-reduktase (EC 1.1.1.36) und NADPH zu β-Hydroxybutyryl-CoA reduziert, das schließlich unter Katalyse der PHB-Synthase (EC 2.3.1.-) zu PHB polymerisiert (Abb. 2) (Dawes and Senior 1973; Anderson and Dawes 1990; Steinbuchel and Schlegel 1991; Steinbuchel and Hein 2001). Die PHB-Polymere lagern sich in den Bakterienzellen als kristalline Granula ab, die aus 10^3 bis 10^4 Monomereinheiten bestehen (Poirier 2001) und zuerst an den Zellpolen sichtbar werden (Lee et al. 1994; Hermawan and Jendrossek 2007). Für alle beteiligten Enzyme sind in den sequenzierten *L. pneumophila*-Stämmen homologe Gene bekannt (Cazalet et al. 2004; Chien et al. 2004; Glockner et al. 2008).

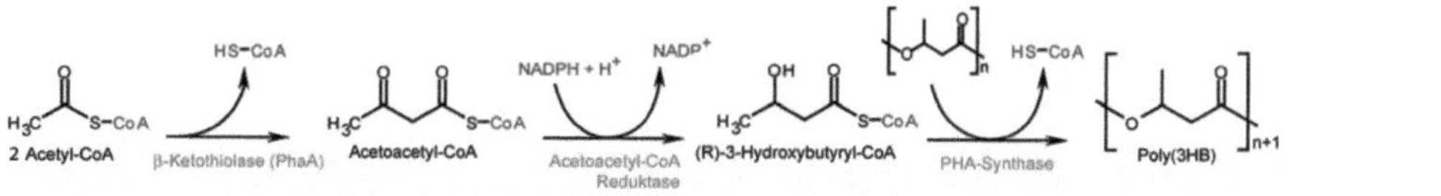

Abb. 2: PHB-Biosynthese ausgehend von Acetyl-CoA (Reinecke 2005).

Das Polymer kann durch PHB-Depolymerasen (EC 3.1.1.75), Hydroxybutyratdimer-Hydrolasen (EC 3.1.1.22) und β-Hydroxybutyrat-Dehydrogenasen (EC 1.1.1.30) zu Acetoacetat hydrolysiert werden (Korotkova and Lidstrom 2001). Acetoacetat wird aktiviert zu Acetoacetyl-CoA durch die Acetoacetyl-CoA-Synthetase, (EC 6.2.1.16) und anschließend zu Acetyl-CoA metabolisiert, das als Energie- und Kohlenstoffquelle im Citratzyklus verstoffwechselt wird (Aneja et al. 2002; Hoffman 2008). Verschiedene *Legionella*-Spezies, darunter auch *L. pneumophila*, sind in der Lage, exogenes β-Hydroxybutyrat zu verwerten (Mauchline and Keevil 1991). Es gibt auch neuere Hinweise darauf, dass der Abbau von PHB analog der Biosynthese über β-Hydroxybutyryl-CoA an Stelle von β-Hydroxybutyrat erfolgt (Uchino et al. 2007).

In dem gut untersuchten Organismus *Ralstonia eutropha* werden die β-Ketothiolase sowie die Acetoacetyl-CoA-reduktase konstitutiv exprimiert; deren Regulation auf Proteinebene wird vermutet (Haywood et al. 1988a, b; Slater et al. 1998). Für *L. pneumophila* wurde kürzlich gezeigt, dass diese beiden Enzyme tatsächlich auf Proteinebene in der post-exponentiellen Wachstumphase hochreguliert werden (Hayashi et al. 2010). Auf Transkriptionsebene werden hingegen mehrere putative PHB-Synthasen *in vivo* in *A. castellanii* zur transmissiven Phase induziert (Bruggemann et al. 2006).

Ammonium-, Phosphat- oder Kaliummangel induzieren die PHB-Biosynthese in verschiedenen Bakterienspezies (Steinbuchel and Schlegel 1991; Kim et al. 1996; Mothes et al. 1996; Ayub et al. 2006). In *L. pneumophila* wird dies durch Eisenmangel (James et al. 1999) und niedrige Temperaturen bewirkt (Mauchline et al. 1992). Die maximale Biosyntheserate wird bei 24 °C erreicht (Mauchline et al. 1992).

Es wird angenommen, dass durch den Mangel eines essentiellen Nährstoffs, der jedoch keine Energie- oder Kohlenstoffquelle darstellt, NADH intrazellulär akkumuliert. Eine hohe NADH-Konzentration führt zur Hemmung vieler enzymatischer Reaktionen, darunter die thiolytische Aktivität der β-Ketothiolase sowie die Aktivitäten der Pyruvatdehydrogenase, der Citratsynthase und der Isocitratdehydrogenase (Mothes et al. 1996). Es kommt es zu einer Verlangsamung des Citratzyklus, zur Akkumulation von Acetyl-CoA und folglich zu langsamerem Wachstum. Die Akkumulation von Acetyl-CoA bewirkt, dass die relative Konzentration an Coenzym A sinkt, was zur Stimulierung der PHB-Biosynthese führt (Mothes et al. 1996; James et al. 1999). Im umgekehrten Fall hemmt eine hohe Konzentration an freiem Coenzym A die β-Ketothiolase und stimuliert den Citratzyklus (Haywood et al. 1988a; Mothes et al. 1996). Die PHB-Biosynthese kann als ein Mechanismus zur Reoxidation von NAD(P)H verstanden werden (Mauchline et al. 1992; Slater et al. 1998; Kabir and Shimizu 2003). Da *L. pneumophila* ein mikroaerophiler Organismus ist, sind alternative Elektronenakzeptoren neben O_2 zum Recyling von $NAD(P)^+$ denkbar (Mauchline et al. 1992). Die PHB-Biosynthese bietet hierbei eine Möglichkeit für die Umsetzung von überschüssigem Acetyl-CoA unter Energiespeicherung sowie gleichzeitiger Rückgewinnung von Reduktionsäquivalenen (Slater et al. 1998; Poirier 2001; Kabir and Shimizu 2003).

Da eine PHB-Depolymerase in *A. castellanii* vorhanden ist, lässt sich vermuten, dass diese Spezies befähigt ist, PHB von intrazellulären Bakterien wie *L. pneumophila* als Energiequelle zu verwenden (Anderson et al. 2005).

1.5 Isotopolog-Technik

Organische Materie ist eine komplexe Mischung verschiedener Isotopologe, die alle natürlichen Isotope von Wasserstoff, Kohlenstoff, Stickstoff und Sauerstoff enthält. Kohlenstoff existiert dabei in Form von zwei stabilen, das heißt nicht radioaktiven Isotopen: ^{12}C und ^{13}C. Natürlich vorkommende Glukose besteht hauptsächlich aus ^{12}C-Atomen; jedes Kohlenstoffatom kann jedoch mit einer Wahrscheinlichkeit von 1,1 % auch als ^{13}C-Atom vorliegen. Für ein Glukosemolekül mit sechs Kohlenstoffatomen ergeben sich somit 64 verschiedene Isotopologe. Die Verteilung der Isotopologe ist in organischer Substanz annähernd zufällig und kleine Fraktionierungseffekte in der Natur liegen unter den Nachweisgrenzen der in dieser Arbeit verwendeten Methoden (Eisenreich et al. 2006). Dies ermöglicht nach Einbringung einer ^{13}C-haltigen Verbindung (z.B. [U-$^{13}C_6$]Glukose bzw. vollmarkierter

Glukose) in einen Organismus, deren metabolische Umsetzung im gesamten Stoffwechselnetzwerk zu untersuchen (Eisenreich et al. 2004). Da alternative Stoffwechselwege zu denselben Intermediaten (Pyruvat, Acetyl-CoA) führen, besitzen diese Verbindungen und ihre Produkte (Aminosäuren, PHB) unterscheidbare ^{13}C-Fragmente, deren spezifisches Muster die Reaktionswege von [U-$^{13}C_6$]Glukose widerspiegeln (Canonaco et al. 2001). Dieses spezifische Muster wird als Isotopologmuster oder Isotopologprofil bezeichnet. Die detektierten ^{13}C–^{13}C-Kopplungssateliten können außerdem in die relativen Anteile der ^{13}C-Fragmente umgerechnet werden, die aus einem ^{13}C-Glukosemolekül stammen (Hua et al. 2003)

Kohlenstoffisotope lassen sich durch ihre unterschiedlichen Massen in der Massenspektrometrie (MS) unterscheiden. Der große Vorteil der Massenspektrometrie ist ihre hohe Sensitivität, so dass schon geringe Probenmengen wie 10^7 Bakterien für ein gutes Signal ausreichen. Dies ist besonders entscheidend für *in-vivo*-Untersuchungen, da aus Wirtszellen nur eine begrenzte Anzahl intrazellulärer Bakterien isoliert werden kann. Mit der Methode der MS ist jedoch eine genaue Positionsbestimmung der ^{13}C-Atome im Molekül nicht möglich, sondern lediglich die Angabe, wie viele dieser Atome eine Verbindung enthält (M+1, M+2, usw.). Aus diesen Daten kann anschließend der Gesamtwert der ^{13}C-Anreicherung in einer Verbindung berechnet werden. Da ^{13}C-Atome ein zusätzliches Neutron in ihrem Kern besitzen, sind sie anhand ihres Spins mittels Kernresonanz-Spektroskopie (*nuclear magnetic resonace spectroscopy*, NMR-Spektroskopie) detektierbar. Die Methode der NMR-Spektroskopie ermöglicht hierbei auch Aussagen zur Position der ^{13}C-Atome in einem Molekül; sie ist jedoch weniger sensitiv und durch die Probenmenge limitiert (Eisenreich and Bacher 2007).

Frühere Arbeiten haben gezeigt, dass nach Umsetzung von ^{13}C-haltiger Glukose durch Mikroorganismen spezifische Aminosäure-Isotopologe detektiert werden können (Eisenreich et al. 2006). Auch für *L. pneumophila* konnte diese Methodik bereits erfolgreich angewandt werden. So konnte bereits demonstriert werden, dass [U-$^{13}C_6$]Glukose von den Bakterien aufgenommen und die Kohlenstoffatome in verschiedene Aminosäuren und PHB inkorporiert werden (Herrmann 2007; Eylert 2009). Außerdem ist es möglich, den natürlichen Wirtsorganismus *A. castellanii* mit ^{13}C-Glukose zu kultivieren und ^{13}C-Anreicherungen in verschiedenen Aminosäuren zu erzeugen (Herrmann 2007; Eylert 2009).

1.6 Zielsetzung der Arbeit

Seit den 70-er Jahren des 20. Jahrhunderts ist bekannt, dass Aminosäuren die wichtigsten Energie- und Kohlenstoffquellen für *Legionella pneumophila* darstellen und die Spezies zudem für viele Aminosäuren auxotroph ist. Im Gegensatz dazu wird Glukose zwar auf einem geringen Level assimiliert, steigert jedoch nicht das Wachstum und gilt daher nicht als Energiequelle der Spezies. Interessanterweise zeigten Microarray-Studien, dass die Expression von Genen der Glykolyse, des Entner-Doudoroff-Wegs sowie zweier Glukosetransporter *in vivo* induziert wird. Diese Arbeit untersucht daher die Bedeutung von Glukose für *L. pneumophila* und geht der Frage nach, welche Rolle das Molekül im Lebenszyklus der Bakterien spielt. Als Vergleich dazu wird die metabolische Verwertung der Aminosäure Serin, einer Hauptenergiequelle der Spezies untersucht. Hierbei werden die ^{13}C-angereicherten Verbindungen Serin bzw. Glukose eingesetzt und die aus diesen Vorstufen durch *L. pneumophila* biosynthetisierten Metabolite bestimmt. In diesem Rahmen werden auch die in *L. pneumophila* ablaufenden katabolen Wege für Glukose identifiziert. Zu diesem Zweck werden außerdem Deletionsstämme spezifischer Stoffwechselwege auf ihren metabolischen Phänotyp hin charakterisiert und die Bedeutung dieser Stoffwechselwege für die Virulenz der Spezies beurteilt. In diesem Zusammenhang wird zudem geklärt, ob die natürlichen, im Habitat vorhandenen Glukosepolymere Stärke, Glykogen und Cellulose durch *L. pneumophila* verwertet werden können und ob dieser Abbau zur Fitness der Bakterien beiträgt. Ein besonderer Fokus liegt dabei auf der Aktivität und der Regulation einer bis dahin putativen Glukoamylase, GamA, die Ähnlichkeit zu eukaryotischen Enzymen aufweist. Auch hier wird die Rolle dieses Enzyms sowie die der generierten Glukose für die Virulenz der Bakterien im Fokus der Arbeit stehen.

2 Material und Methoden

2.1 Material

2.1.1 Bakterienstämme

Tab. 1: Auflistung der verwendeten Bakterienstämme

Bezeichnung	Charakteristika	Referenz
E. coli DH5α	F-, Ω80d*lacZ*, Δ(*argF lac*), U169, *deoR*, *recA1*, *endA1*, *hsdR17*, (rk-, mk-), *supE44*, *thi-1*, *gyrA69*, *relA1*λ-	(Hanahan 1983)
DH5α pBC KS, Klon 1	Überexpression des Leervektors, Cm^r	(diese Arbeit)
DH5α pIB1, Klon 1	GamA-Überexpression, Cm^r	(diese Arbeit)
DH5α pIB2, Klon 4	GamA-YozG-Überexpression, Cm^r	(diese Arbeit)
DH5α pVH6, Klon 1	YozG-Überexpression, Cm^r	(diese Arbeit)
L. pneumophila Corby #70 (LpC)	Patientenisolat, Serogruppe 1	(Jepras et al. 1985)
LpC Δ*lspDE*	Deletionsstamm des Typ II-Sekretionssystems, Km^r	(Rossier and Cianciotto 2001)
L. pneumophila Paris (LpP)	Patientenisolat, Serogruppe 1	(Cazalet et al. 2004)
LpP pBC KS, Klon 1	Überexpression des Leervektors, Cm^r	(diese Arbeit)
LpP (pIB1), Klon 9	GamA-Überexpression, Cm^r	(Blädel 2008)
LpP (pIB2), Klon 2	GamA-YozG-Überexpression, Cm^r	(Blädel 2008)
LpP (pVH6), Klon 6	YozG-Überexpression, Cm^r	(diese Arbeit)
LpP Δ*zwf*, Klon 1	Deletionsstamm von *lpp0483*, Km^r	(Buchrieser, Paris)
LpP Δ*gamA*, Klon 1	Deletionsstamm von *lpp0489*, Km^r	(Buchrieser, Paris)
LpP Δ*gamA* (pIB1), Klon 5	Komplementationsstamm von *lpp0489*, Km^r, Cm^r	(diese Arbeit)
LpP Δ*gamA* (pIB2), Klon 3	Komplementationstamm von *lpp0489*, Km^r, Cm^r	(diese Arbeit)
LpP Δ*gamA* (pVH6), Klon 9	Komplementationsstamm von *lpp0489*, Km^r, Cm^r	(diese Arbeit)
LpP Δ*keto*, Klon 1	Deletionsstamm von *lpp1788*, Km^r	(diese Arbeit)

2.1.2 Rekombinante Plasmide

Tab. 2: Auflistung der verwendeten rekombinanten Plasmide

Bezeichnung	Vektor	Charakteristika	Referenz
pCH12	pGEM-TEasy	*kmR*-Kassette	(Albert-Weißenberger, Würzburg)
pIB-Keto4	pGEM-TEasy	Flankierende Sequenzen von *lpp1788* und *kmR*-Kassette aus pCH12	(Blädel 2008)
pIB1	pBC KS	*lpp0489 (gamA)*	(Blädel 2008)
pIB2	pBC KS	*lpp0489 (gamA)* und *lpp0490 (yozG)*	(Blädel 2008)
pVH6	pBC SK	*lpp0490 (yozG)*	(diese Arbeit)
pVH11	pGEM-TEasy	*lpp0931-33* mit flankierenden Sequenzen	(diese Arbeit)
pVH12	pGEM-TEasy	Flankierende Sequenzen von *lpp0931-33*	(diese Arbeit)
pVH13	pGEM-TEasy	Flankierende Sequenzen von *lpp0931-33* und *gmR*-Kassette	(diese Arbeit)
pVH14	pGEM-TEasy	Flankierende Sequenzen von *lpp0931-33* und *kmR*-Kassette	(diese Arbeit)

2.1.3 Vektoren

Tab. 3: Auflistung der verwendeten Vektoren

Vektor	Charakteristika	Herkunft
pBC KS bzw. pBC SK	Cm^r, *lacZ*-Gen, T3- und T7-Promotor, ColE1, ori; Derivat von pUC19	(Stratagene, Heidelberg)
pGEM-TEasy	Amp^r, *lacZ*-Gen, T7-Promotor	(Promega, Mannheim)

2.1.4 Infektionsmodelle

Als Infektionsmodell für *L. pneumophila* wurde der *Acanthamoeba castellanii*-Neff-Stamm (ATCC-Nummer 30100) verwendet.

2.1.5 Oligonukleotide

Die in dieser Arbeit verwendeten Oligonukleotide wurden von der Firma Eurofins MWG Operon (Ebersberg) bezogen.

Tab. 4: Auflistung verwendeter Oligonukleotide

Bezeichnung	Sequenz (5'-3')	Referenz
	PCR	
0931-1F	GCGAACATTAGGCTTGTCAATA	(diese Arbeit)
0931-2R	GAGATTCAATCATTTTATTGCTCCACT	(diese Arbeit)
0931-3R2	CATTTCTAGAAATGCCAAATGTTCATC	(diese Arbeit)
0931-4F	GCTTGCTGTCATAAGGAAGTATC	(diese Arbeit)
16S-rDNA-For	GAGTTTGATCCTGGCTCA	(Hentschel, Würzburg)
16S-rDNA-Rev	TACGGYTACCTTGTTACGAC (Y=C/T)	(Hentschel, Würzburg)
gam-rev	ACTCATTTCCTGTACTATGGCGA	(diese Arbeit)
Keto-fwd	ACTGGTACCAACGTATGACATGTTACG	(Blädel 2008)
Keto-rev	TATCCGCGGTATGAATGGAATCTGGT	(Blädel 2008)
Keto-inv-U3	TAATCTAGAGCTTGAATTGAACCCGGAAC	(Blädel 2008)
Keto-inv-R2	GGATCTAGACCAGCTTGTAATACACAACC	(Blädel 2008)
Keto-outsideF	CAGGAAGGTGACAAGTACGCTTC	(Blädel 2008)
Keto-outsideR	ACTCTGAACCATCTACCACTCGA	(Blädel 2008)
KmR-XbaIU	TGAATGTCAGCTTCTAGACTATCTGGACAAG	(diese Arbeit)
KmR-XbaIR	GCCATCGTGTCTAGACACTCCTGGAGT	(diese Arbeit)
kan_BamHI_for	CGGGATCCCGCTATCTGGACAAGGGAAAAC	(Eylert et al. 2010)
kan_BamHI_rev	CGGGATCCCGGAAGAACTCCAGCATGAGAT	(Eylert et al. 2010)
lpp0483_for	TACATTGAGAAAAAAGCGAAGCCAA	(Eylert et al. 2010)
lpp0483_rev	TGCTGTTTAATAATCGCCTTTTCGA	(Eylert et al. 2010)
lpp0483_inv_for	ACAGCCTTATAATATCTTTC	(Eylert et al. 2010)
lpp0483_inv_BamHI_rev	CGGGATCCCGGTTAATTTTTGATAATCATC	(Eylert et al. 2010)
lpp0489_for	AAGAGATTTTCTTACGCAGT	(Buchrieser, Paris)
lpp0489_rev	AATTTTTCCTCTTCATGTCC	(Buchrieser, Paris)
lpp0489_inv_BamHI_for	CGCGCATCCGCGTTGTTTGGTCGTTATCCTGG	(Buchrieser, Paris)
lpp0489_inv-BamHI_rev	CGCGGATCCGCGGTTTTTATATCGAGCAGATTGGC	(Buchrieser, Paris)
lpp0488-gam-fwd	AATCATGTTGCCTGGCATATCTTATT	(diese Arbeit)

Bezeichnung	Sequenz (5'-3')	Referenz
M13U	GTAAAACGACGGCCAGT	(O'Shaughnessy et al. 2003)
M13R	GGAAACAGCTATGACCATG	(O'Shaughnessy et al. 2003)
trp-rev	CTTACGCAGTCTCAATCAGTTTGTA	(diese Arbeit)
	RT-PCR	
cspD-F	GCTATTTCTTCTTGTTCGGCG	(diese Arbeit)
cspD-R	GCTAGAGGCGAAGTCAAGTG	(diese Arbeit)
pgl-edd-For	CTAGAACAGCTTCATTCCAGAG	(Herrmann 2007)
pgl-edd-Rev	GAGTACGGTTGATGCGCTTATA	(Herrmann 2007)
RT0931-0932F	GCTTGGCTACAGATGTCGCAT	(diese Arbeit)
RT0931-0932R	GCTCAGAACATCAGTGCTTAAAGC	(diese Arbeit)
RT0932-0933F	GTCAGTGAAGTTGTAGCACCAG	(diese Arbeit)
RT0932-0933R	CTGCATCTGCTCAGACTCTTTAC	(diese Arbeit)
RT0490-0491F	GTCTTCAGTGGATTGATACTCAAGAAG	(diese Arbeit)
RT0490-0491R	GTCAACGTATCGCAAGCATCAC	(diese Arbeit)
RT0491-0492F	GTTGATAACAGGGAGTGCCATC	(diese Arbeit)
RT0491-0492R	CATTGTGGTCTCCTGCCCATC	(diese Arbeit)
RT0492-0493F	CGGGATAGTTGGTAAGTCTATTACTC	(diese Arbeit)
RT0492-0493R	GACAGGCGGTCACCTATGATC	(diese Arbeit)
RT-gam-F	GGAATACATCGCACATCATTGGC	(diese Arbeit)
RT-gam-R	CAGGGACAGATTATGAGCCATG	(diese Arbeit)
RTgam-trp-fwd	GCTTCATACCATGTCTCAACCAATC	(diese Arbeit)
RTgam-trp-rev	AGCTGAAGCTATAGGCATTACTGAAGC	(diese Arbeit)
RTgyrA-F	GCCAAAGAAGTCTTACCAGTCAAC	(Blädel 2008)
RTgyrA-R	CGCAATACCGGAAGAGCCATTAA	(Blädel 2008)
RT-yozG-F	GTTAATTTGGACGTAGATGATGGC	(diese Arbeit)
RT-yozG-R	GCCCTGTCTTTGATAAGG	(diese Arbeit)
RT-yozG-R2	CTGAAGCCATAGTTTGAGAGAC	(diese Arbeit)
zwf-pgl-For	GCCAAAGGAAGTCATACGCTTA	(Herrmann 2007)
zwf-pgl-Rev	GAGAATCAATTTGGCTATTCACC	(Herrmann 2007)
	RACE	
Race1	GCAGTCGACTGTTAATTAAGTTGG	(diese Arbeit)
Race2	CAACATGACGGACGAATCAAGC	(diese Arbeit)
Race3	GCAGTCGACTGTTAATTAAGTTGG	(diese Arbeit)
Race4	CAATATATCCTGGCCAGCAATG	(diese Arbeit)
	Band-Shift	
A-F	CAATCCATCTGGTCAACG	(diese Arbeit)
A-R	GGATAAGTTAGCTTCAGTAATG	(diese Arbeit)
B-F	CCCTTGAGGCTATTTGTGC	(diese Arbeit)
B-R	CTCTTCATCGGGTAAATACTG	(diese Arbeit)
	Northern Blot	
gam-F	GGAATACATCGCACATCATTGGC	(diese Arbeit)
gam-R	CAGGGACAGATTATGAGCCATG	(diese Arbeit)
yozG-F	GTTAATTTGGACGTGATGATGGC	(diese Arbeit)
yozG-R	GCCCTGTCTTTGATAAGGTG	(diese Arbeit)

2.1.6 Chemikalien

Die in dieser Arbeit eingesetzten Chemikalien wurden von den folgenden Firmen bezogen: AppliChem, Darmstadt; Becton Dickinson, Heidelberg; Biorad, München; Dianova, Hamburg; Eurofins MWG Operon, Ebersberg; Fermentas, St. Leon-Rot; GE Healthcare/Amersham Biosciences,

München; Gerbu, Gaiberg; Invitrogen, Karlsruhe; Merck, Darmstadt; New England Biolabs, Frankfurt a.M.; Oxoid, Wesel; Promega, Mannheim; Qiagen, Hilden; Roche, Mannheim; Roth, Karlsruhe; Serva, Heidelberg; Sigma-Aldrich, München; Thermo Scientific, Bonn; VWR International, Nürnberg.

2.1.7 DNA- und Proteingrößenstandards

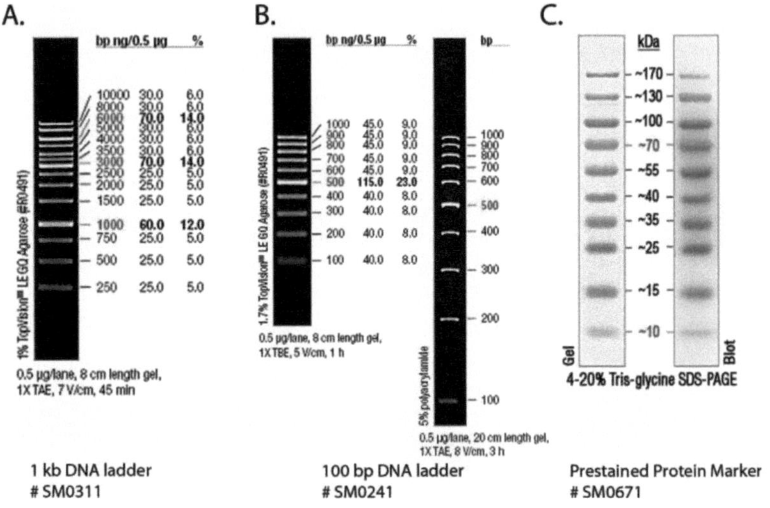

Abb. 3: Größenstandards zur Analyse von DNA-Fragmenten in Agarosegelen bzw. Proteinen in Coomassie-gefärbten Gelen oder Western Blot-Analysen (Fermentas).
(A) 1 kb DNA-Größenstandard, (B) 100 bp DNA-Größenstandard, (C) Vorgefärbter Proteinmarker.

2.1.8 Antibiotika und Medienzusätze

Tab. 5: Auflistung der verwendeten Antibiotika und deren eingesetzte Konzentrationen

		Für *Legionella* [µg/ml]		Für *E. coli* [µg/ml]	
Stammlösung	**Lösungsmittel**	**Medium**	**Nährboden**	**Medium**	**Nährboden**
Ampicillin (100 mg/ml)	H_2O_{dd}	-	-	100	100
Chloramphenicol (40 mg/ml)	Ethanol	8	20 (10 nach Elektroporation)	40	40
Kanamycin (40 mg/ml)	H_2O_{dd}	8	12,5	40	40

Tab. 6: Auflistung der verwendeten Medien- und Nährbodenzusätze und deren Stockkonzentrationen

Bezeichnung	Lösungsmittel	Konzentration
IPTG (Isopropyl-β-D-thiogalactopyranosid)	H_2O_{dd}	100 mM
X-Gal (5-Brom-4-chlor-3-indoxyl-β-D-galactopyranosid)	Dimethylformamid	2 % (w/v)

2.1.9 Antikörper

Tab. 7: Auflistung verwendeter Antikörper

Bezeichnung	Charakteristika	Bezugsquelle	Referenz
α-GamA	Primärantikörper aus Kaninchen gegen die Peptide NH_2-DHNEIDYVKSH-COOH und NH_2-SLTWSYVSVLRAIHLR-COOH aus *L. pneumophila* Paris GamA	Metabion AG, Planegg / Martinsried	(diese Arbeit)
α-*A.castellanii*	Antiserum aus Kaninchen gegen axenischen *A. castellanii* Stamm 1BU	(Kiderlen, RKI, Berlin)	(diese Arbeit)
Ziege α-Kaninchen IgG	Sekundärantikörper, Meerettich-Peroxidase konjugiert	Dianova, Hamburg, #111-035-003	(diese Arbeit)

2.1.10 Enzyme

Tab. 8: Auflistung verwendeter Enzyme

Bezeichnung	Charakteristika	Hersteller
α-Amylase	α-Amylase aus *Bacillus sp.*	Sigma-Aldrich, München
Restriktionsenzyme	Restriktionsendonucleasen	New EnglandBiolabs, Frankfurt a.M.; Fermentas, St. Leon-Rot
T4 DNA-Ligase	DNA-Ligase	New England Biolabs, Frankfurt a.M.; Fermentas, St. Leon-Rot
Top-Taq	DNA-Polymerase	Qiagen, Hilden; Invitrogen, Berlin

2.1.11 Analyse-Kits

Tab. 9: Auflistung verwendeter Analyse-Kits

Bezeichnung	Hersteller
5'/3' RACE Kit	Roche, Grenzach-Wyhlen
DIG Gel Shift Kit, 2nd Generation	Roche, Grenzach-Wyhlen
ECL Western blotting detection reagent	Amersham Bioscience
High Pure PCR Product Purification Kit	Roche, Grenzach-Wyhlen
High Pure RNA Isolation Kit	Roche, Grenzach-Wyhlen
Invisorb Spin DNA Extraction Kit	Invitek, Berlin
Live/Dead BacLight Bacterial Viability Kit	Invitrogen, Darmstadt
NorthernMax Kit	Applied Biosystems/Ambion, Darmstadt
One Step RT PCR	Qiagen, Hilden
PCR Purification Kit	Qiagen, Hilden
Plasmid Mini Kit	Qiagen, Hilden
RNase-Free DNase Set	Qiagen, Hilden
Wizard SV Gel and PCR cleanup system	Promega, Mannheim

2.1.12 Laborausstattung

Tab. 10: Auflistung verwendeter Laborgeräte

Gerät	Bezeichnung/Hersteller
Autoklav	Fedegari Autoklavi
Brutschränke (37 °C)	Heraeus electricons, CO_2-belüftet
Eismaschine	Scotsman AF-20

Gerät	Bezeichnung/Hersteller
Elektroporator	BioRad
Entwicklermaschine	Agfa, Curex 60
Feinwaage	Chyo JL-180
Gaschromatographie/ Massenspektrometrie	GC-17A- bzw. GC 2010-Gaschromatograph, QP-5000 bzw. GC-QP2010-Detektor, Shimadzu
Gel-Dokumentationsanlage	BioRad Gel Doc 2000
Gefrierschrank (-20 °C)	Privileg Öko
Gefrierschrank (-80 °C)	Nunc
Graphitblotter	Peqlab Biotechnologie GmbH
Grobwaage	Kern 470
Heizblock	Liebisch
Homogenisator	ULTRA-TURRAX T25, IKA-Labortechnik
IR-Spektrometer	IFS 48, Bruker Instruments
Kühlschrank	Privileg Öko
Kühlzentrifuge	Heraeus, Multifuge 1 L-R
Magnetrührer	GLW M21
Nano Drop Spectrophotometer ND 1000	Peqlab Biotechnologie GmbH
Netzgeräte	Biorad
NMR-Gerät	DRX-500-Spetrometer, Bruker Instruments
PCR-Gerät	Biometra T3 Thermocycler
pH-Meter	WTW Multiline P4
Photometer	Amersham Bioscience Ultraspec 3100 pro
Pipetten	Eppendorf
Proteingelapparatur	BioRad Mini-Protean III Electrophoresis Gel
Schüttler	Certomat BS-1
Sterilwerkbank	Nunc Microflow
Thermoblock	Eppendorf Thermostat 5320
Tischzentrifuge	Heraeus-Biofuge
Ultraschallgerät	Bandelin Sonolpus HD70
Mixgerät	Vortex Genie 2
Wasserbad	GFL
Zählkammer	Typ Neubauer, Roth

2.1.13 Verwendete Software

Tab. 11: Auflistung verwendeter Datenbanken und Software

Datenbank	Adresse
Artemis	http://www.sanger.ac.uk/resources/software/artemis/
Biocyc	http://www.biocyc.org/
Centroid Fold	http://www.ncrna.org/centroidfold/
ClustalW2	http://www.ebi.ac.uk/Tools/msa/clustalw2/
Compute pI/MW tool	http://www.expasy.ch/tools/pi_tool.html/
KEGG	http://www.genome.jp/kegg/
Legiolist	http://genolist.pasteur.fr/LegioList/
NCBI	http://www.ncbi.nlm.nih.gov/
PEDANT	http://pedant.gsf.de/
PSORTb version 3.0.2	http://www.psort.org/psortb/
SignalP 3.0	http://www.cbs.dtu.dk/services/SignalP/
Programm	**Hersteller**
Acolyte (Koloniezählprogramm)	Symbiosis

Programm	Hersteller
Lasergene 8	DNASTAR Inc.
Opus 5.0	Bruker
Prism 5	GraphPad Software Inc.

2.2 Methoden

2.2.1 Anzucht von Bakterien

2.2.1.1 Kultivierung von *Escherichia coli*

Escherichia coli (E. coli) wurde auf LB-Nährböden oder in LB-Flüssigmedium für 18 bis 24 Stunden bei 37 °C kultiviert. Bei Bedarf wurden die Medien und Nährböden durch Antibiotika und weitere Zusätze supplementiert (siehe 2.1.8).

Tab. 12: Zusammensetzungen verwendeter Nährmedien zur Anzucht von *E. coli*

LB-Nährböden	LB-Flüssigmedium
10 g Bacto Trypton	10 g Bacto Trypton
5 g Hefeextrakt	5 g Hefeextrakt
5 g NaCl	5 g NaCl
12 g Agar	
ad 1000 ml H_2O_{dd}, autoklavieren	ad 1000 ml H_2O_{dd}, autoklavieren

2.2.1.2 Kultivierung von *Legionella pneumophila* in Komplexmedien

L. pneumophila stellt komplexe Anforderungen an das Nährmedium und wurde daher auf BCYE-Nährböden für 2 bis 3 Tage bei 37 °C und 5 % CO_2 oder in YEB-Flüssigmedium über Nacht unter Schütteln bei 250 rpm, 37 °C und 5 % CO_2 kultiviert.

Tab. 13: Zusammensetzung verwendeter Nährmedien zur Anzucht von *L. pneumophila*

BCYE-Nährböden	YEB-Flüssigmedium
10 g ACES (N-2-acetamido)-2-aminoethane-sulfonamid acid)	Wie BCYE-Nährböden, ohne Zugabe von Aktivkohle, Agar und Eisennitrat.
10 g Hefeextrakt	
in 1000 ml H_2O_{dd} lösen	
pH-Wert mit 10 N KOH auf 6,9 einstellen	
2 g Aktivkohle	
15 g Agar	
autoklavieren und sterilfiltrierte Zugabe von	Als Eisenquelle wurden 0,25 g $Fe_4(P_2O_7)_3$
0,4 g L-Cystein in 10 ml H_2O_{dd}	zugesetzt.
0,25 g $FeIII(NO_3)_3$ x 9 H2O in 10 ml H_2O_{dd}	Das Flüssigmedium wurde sterilfiltriert.

Beim Katabolismus von Aminosäuren, der Hauptenergiequelle von *L. pneumophila* (siehe Kapitel 1.4.1) entstehen Ammoniumionen. Daher ist eine Pufferung des Mediums durch ACES erforderlich. Aktivkohle schränkt die Bildung toxischer Sauerstoffradikale ein (Hoffman et al. 1983). L-Cystein und zweiwertiges Eisen sind essentiell für das Wachstum von *L. pneumophila* (Feeley et al. 1978; Pine et al. 1979). Bei Bedarf wurden die Medien und Nährböden nach dem Autoklavieren mit Antibiotika supplementiert (siehe 2.1.8).

2.2.1.3 Kultivierung von *Legionella pneumophila* in definiertem Medium

Das von Ristroph *et al.* entwickelte Medium wurde für diese Arbeit modifiziert (Ristroph et al. 1981). Zusätzlich wurde die Puffersubstanz ACES zugesetzt. Auf Cystin, Glycin, Cholin und Rhamnose wurde verzichtet. In Tab. 14 ist die Zusammensetzung des verwendeten, definierten Mediums für *L. pneumophila* angegeben. Alle Aminosäuren wurden in 10 ml H_2O_{dd} vorgelöst, außer Isoleucin, Leucin, Tyrosin und Valin, welche in 1 M NaOH vorgelöst wurden. Der pH-Wert wurde vor Cystein- und Eisenzugabe auf 6,9 eingestellt und die Lösung abschließend sterilfiltriert.

Tab. 14: Zusammensetzung des chemisch definierten Mediums (CDM) zur Anzucht von *L. pneumophila*

Substanz	Konzentration [mg/l]
ACES (siehe Tab. 13)	10 000
Arginin	350
Aspartat	510
Cystein	400
Glutamin	600
Histidin	150
Isoleucin	470
Leucin	640
Lysin	650
Methionin	200
Phenylalanin	350
Prolin	150
Serin	650
Threonin	330
Tryptophan	100
Tyrosin	400
Valin	480
NH_4Cl	315
NaCl	50
CaCl	25
KH_2PO_4	1 180
$MgPO_4$	70
$Fe_4(P_2O_7)_3$	250

2.2.1.4 Resuspension von Bakterienmaterial

PBS-Puffer wurde zum Resuspendieren von Zellpellets oder gefällten Überstandsproteinen verwendet.

1 x *Phosphate buffered saline* (PBS, pH 7,4)

8 g NaCl
0,2 g KCl
1,44 g Na_2HPO_4
0,24 g KH_2PO_4
ad 800 ml H_2O_{dd} und pH mit HCl auf 7,4 einstellen
ad 1000 ml H_2O_{dd} und autoklavieren

2.2.1.5 Kultivierung von *Acanthamoeba castellanii*

A. castellanii ATCC 30010 wurde in PYG-Medium in 25 cm^2-Zellkulturflaschen kultiviert (Nunc EasYFlasks™ #156367, Thermo Fisher Scientific, Langenselbold). Die Inkubation fand bei Raumtemperatur (bei Infektion bei 37 °C) statt. Die Kulturen wurden jeden vierten Tag passagiert, wobei jeweils 1 ml der vom Boden abgeklopften und resuspendierten Zellen in eine Flasche mit 9 ml frischem PYG-Medium gegeben wurde. Die Infektion von *A. castellanii* mit *L. pneumophila* fand wie unter 2.2.2 beschrieben statt.

Tab. 15: Zusammensetzung verwendeter Nährmedien zur Anzucht bzw. zur Infektion von *A. castellanii*

PYG-Wachstumsmedium (*peptone yeast extract glucose*)	Infektionsmedium
1 g Na_3-Citrat x 2 H_2O	Bestandteile wie PYG-Wachstumsmedium ohne
20 g Proteose Pepton	Pepton, Hefeextrakt und Glukose.
1 g Hefeextrakt	
10 ml 0,4 M $MgSO_4$ x 7 H_2O	
10 ml 0,25 M Na_2HPO_4 x 7 H_2O	
10 ml 0,25 M KH_2PO_4	
8 ml 0,05 M $CaCl_2$ x 2 H_2O	
ad 940 ml H_2O_{dd}	Alle Bestandteile außer $Fe(NH_4)_2(SO_4)_2$
autoklavieren und sterilfiltriert hinzugegeben:	wurden in H_2O_{dd} gelöst und autoklaviert.
10 ml 0,005 M $Fe(NH_4)_2(SO_4)_2$ x 6 H_2O	Anschließend wurde das Eisen-haltige
50 ml 2 M Glukose	Supplement sterilfiltriert zugegeben.

2.2.1.6 Probengewinnung für wachstumsphasenspezifische Untersuchungen

Um die Genexpression und die enzymatische Aktivität des GamA-Proteins in verschiedenen Wachstumsphasen zu untersuchen, wurde *L. pneumophila* Paris Wildtyp bzw. rekombinante Stämme in YEB-Flüssigmedium angezogen. Da keiner der Stämme einen Replikationsdefekt aufwies, wurden die Proben für alle Stämme bei der gleichen OD_{600} gewonnen. Dabei wurde OD_{600} = 1,0 als exponentielle, OD_{600} = 1,8 als spät-exponentielle und OD_{600} = 2,0 als stationäre Wachstumsphase definiert. Die Proteinexpression in Stämmen mit rekombinanten Plasmiden wurde mit einer Endkonzentration von 2 mM IPTG ab der exponentiellen Phase induziert. Zum Ernten wurden die Proben bei 4000 g und 4 °C für 10 min zentrifugiert. Das Pellet wurde in 1 x PBS (pH 7,4) gelöst. Zum Herstellen von Zelllysaten wurden die Proben mit Ultraschall (3 x 45 sec, 65 % Intensität, 4 Zyklen) behandelt. Zellfreie Kulturüberstände wurden mit 2,5 Volumenanteilen Ispropanol über Nacht bei 4 °C gefällt und anschließend bei 4000 g für 30 Minuten bei 4 °C pelletiert und das Pellet in 1 x PBS resuspendiert.

2.2.1.7 Kultivierung von Mikroorganismen in Anwesenheit von ^{13}C-Verbindungen

Die Anwesenheit von ^{13}C-angereicherten Verbindungen stört das Wachstum von Organismen nicht. Zum entsprechenden Kulturmedium (YEB oder CDM für *L. pneumophila)* wurden 3 mM [U-$^{13}C_3$]Serin, 11 mM [U-$^{13}C_6$]Glukose, oder 11 mM [1,2-$^{13}C_2$]Glukose zugegesetzt und die Kulturen bei 37 °C schüttelnd inkubiert. Für die *A. castellanii*-Kultierung wurden im PYG-Medium 11 mM natürliche Glukose durch [U-$^{13}C_6$]Glukose ersetzt, woraus sich ein Verhältnis von annähernd 1:8 (^{13}C/^{12}C) ergab.

2.2.1.8 Probengewinnung nach ^{13}C-Inkorporation in *L. pneumophila*

Zur definierten Wachstumsphase wurden die Bakterien mit 10 mM Natriumazid abgetötet und bei 4000 g für 15 min bei 4 °C zentrifugiert. Das Bakterienpellet wurde in 4 °C kaltem H_2O_{dd} resuspendiert und erneut zentrifugiert um Mediumrückstände zu entfernen. Dieser Waschschritt wurde ein weiteres Mal wiederholt und das gewonnene Pellet autoklaviert. Die weitere Probenaufbereitung für Massenspektrometrie sowie NMR-Spektroskopie erfolgte an der TU München und ist unter 2.2.17 bzw. 2.2.18 beschrieben.

2.2.1.9 Probengewinnung nach ^{13}C-Inkorporation in *A. castellanii*

A. castellanii-Zellen wurden mit 10 mM Natriumazid abgetötet und bei 1000 g für 15 min bei 4 °C zentrifugiert. Das Zellpellet wurde in 4 °C kaltem Infektionsmedium (siehe 2.2.1.5) resuspendiert und erneut zentrifugiert um Mediumrückstände zu entfernen. Dieser Waschschritt wurde ein weiteres Mal wiederholt und das gewonnene Pellet autoklaviert. Die weitere Probenaufbereitung für Massenspektrometrie sowie NMR-Spektroskopie erfolgte an der TU München und ist unter 2.2.17 bzw. 2.2.18 beschrieben.

2.2.1.10 Konservierung von Bakterien

Die Bakterien wurden mit einer Impföse von einer dicht bewachsenen Agarplatte abgenommen und in Cryo-Röhrchen mit 500 µl 20 %-igem Glycerin resuspendiert. So war eine dauerhafte Lagerung bei -80 °C möglich.

2.2.2 Infektion von *A. castellanii* mit *L. pneumophila*

2.2.2.1 Intrazelluläre Multiplikation von *L. pneumophila* in *A. castellanii*

Zur Infektion von *A. castellanii* mit *L. pneumophila* wurden die Amöben aus einer konfluent bewachsenen 25 cm^2-Zellkulturfalsche durch Klopfen abgelöst und in ein 50 ml-Plastikröhrchen gegeben. Mit einer Zählkammer nach Neubauer wurde die Zellzahl der Suspension bestimmt. Die Amöben wurden durch Zentrifugation bei 800 rpm für 5 Minuten pellettiert, mit Infektionsmedium auf eine Konzentration von 5 x 10^5 Zellen/ml eingestellt und in 24-Napfplatten gegeben.

Die infizierenden Bakterien wurden zuvor für drei Tage auf BCYE-Nährböden angezogen und mit Infektionsmedium auf eine OD_{600} von 1,0 eingestellt. Die Bakterien wurden in Infektionsmedium bis auf 10^6 Bakterien/ml verdünnt und je 1 ml der Suspension zu den Amöben in 24-Napfplatten gegeben (entspricht einer MOI von 0,01). Nach Invasion für 1 h bei 37 °C wurde der *A. castellanii*-Zellrasen zweimal mit Infektionsmedium gewaschen. Dieser Zeitpunkt wurde als Startpunkt der Infektion festgelegt. Die Napfplatten wurden bei 37 °C inkubiert. Die Zahl der Kolonie-bildenden-Einheiten (*colony forming units*, cfu) wurde durch Ausplattieren auf BCYE-Agar bestimmt. Jede Infektion wurde in Duplikaten und in mindestens drei Durchgängen durchgeführt.

2.2.2.2 Intrazellulärer Multiplikation-Überlebens-Assay in *A. castellanii*

Die intrazelluläre Multiplikation von *L. pneumophila* wurde wie unter 2.2.2.1 durchgeführt, jedoch ohne den Waschschritt. Nach drei Tagen wurden die *A. castellanii*-Zellen resuspendiert, 100 µl Aliquots lysiert und verschiedene Verdünnungen auf BCYE-Agar ausplattiert um die Kolonie-bildenden Einheiten (cfu) zu bestimmen. Um die Replikationsraten in wiederholten Infektionsrunden zu analysieren, wurde die restliche Cokultur für weitere drei Tage bei 37 °C inkubiert und 1:1000 verdünnt. Die cfu der verdünnten Suspension wurden bestimmt und 1 ml davon verwendet, um frische Amöben wie oben zu infizieren. Vier Infektionszyklen wurden durchgeführt. Dabei wurde jede Infektion in Duplikaten und in mindestens drei Durchgängen durchgeführt.

2.2.2.3 Intrazellulärer Multiplikation-Überlebens-Assay in *A. castellanii* in Kompetition

Die intrazelluläre Multiplikation von *L. pneumophila* in Kompetition wurde wie unter 2.2.2.2 durchgeführt, allerdings wurden hier Wildtypstamm und zu vergleichender, Kanamycin-resistenter Deletionsstamm im Verhältnis 1:1 eingesetzt. Zu den untersuchten Zeitpunkten wurden die Proben auf BCYE-Agarplatten ohne bzw. mit Kanamycin ausplattiert. Um die cfu des Wildtypstamms zu bestimmen, wurde die Differenz aus Kolonienzahl der Agarplatten ohne Antibiotika und Antibiotika-haltigen Agarplatten berechnet. Jede Infektion wurde in Duplikaten und in mindestens drei Durchgängen durchgeführt.

2.2.2.4 Probengewinnung nach ^{13}C-Inkorporation von *L. pneumophila* in Cokultur mit *A. castellanii*

Das Protokoll zur Trennung von intrazellulären *L. pneumophila*-Bakterien von ihren *A. castellanii*-Wirtszellen wurde in Anlehnung an ein Protokoll für *Listeria monocytogenes* entwickelt (Eylert et al. 2008). Für die Infektion von *A. castellanii* mit *L. pneumophila* wurde eine MOI von 100 ausgewählt, um die Infektion zu synchronisieren. Nach 2 h wurden die verbliebenen, extrazellulären Bakterien durch dreimaliges Waschen mit Infektionsmedium entfernt und 11 mM [U-$^{13}C_6$]Glukose zugegeben. Bevor die Zelllyse einsetzte, wurden nach 22 h die Organismen mit 10 mM Natriumazid abgetötet und 1 V 4 °C kaltes H_2O_{dd} zugegeben. Die vorzeitige Lyse der Amöben und die Entlassung von

Legionellen in den Kulturüberstand während der Infektinosdauer stellte ein seltenes Ereignis dar und wurde daher vernachlässigt. Die abgetötete Cokultur wurde für mindestens 1 h bei -80 °C eingefroren um eine möglichst vollständige Lyse der Amöben zu gewährleisten. Nach Auftauen wurde die Suspension bei 800 g und 4 °C für 15 min in 50 ml-Röhrchen zentrifugiert, was zur Pelletierung der Amöbenfragmente führte. Der Überstand wurde in saubere 50 ml-Röhrchen überführt und bei 4000 g und 4 °C für 15 min zentrifugiert. Das entstandene Pellet enthielt die intrazellulär replizierten *L. pneumophila*-Bakterien. Beide Pellets wurden jeweils dreimal in H_2O_{dd} resuspendiert und erneut pelletiert, um Verunreinigungen zu entfernen. Die trockenen Pellets wurden anschließend autoklaviert. Zusätzlich wurde der Überstand der zweiten Zentrifugation (Pelletierung der Legionellen) mit 10 % TCA über Nacht bei 4 °C gefällt und bei 4000 g, 4 °C für 15 min pelletiert. Hierin waren die cytosolischen Proteine von *A. castellanii* sowie sekretierte Proteine von *L. pneumophila* enthalten. Alle drei Fraktionen wurden wie unter 2.2.17 beschrieben an der TU München behandelt und mittels GC/MS analysiert.

2.2.3 Isolierung von Nukleinsäuren

2.2.3.1 Isolierung von chromosomaler DNA aus Bakterien

Zur Isolation der chromosomalen DNA wurden auf Nährböden kultivierte Bakterien mit 3 ml Lösung I abgeschwemmt und für 6 min bei 5000 rpm zentrifugiert. Das Bakterienpellet wurde in 200 µl Lösung II resuspendiert und mit 60 µl 250 mM EDTA (pH 8) versetzt. Die Inkubation erfolgte für 30 min und 37 °C unter leichtem Schütteln. Nach Zugabe von 40 µl 250 mM EDTA (pH 8) und 48 µl 10 % SDS wurde der Ansatz für weitere 15 min bei Raumtemperatur geschüttelt. Die Proteine wurden durch Zugabe von 625 µl TES-Puffer (pH 8) und 6 µl Proteinase K (10 mg/ml) während 1 h bei 37 °C gespalten. Zum Entfernen der Proteine wurden 250 µl 5 M $NaClO_4$ und 250 µl Chloroform/Isoamylalkohol (24:1) zugegeben. Der Ansatz wurde für 1 h bei 37 °C und anschließend für 10 min bei Raumtemperatur in Schräglage geschüttelt. Durch Zentrifugation bei 14000 rpm für 10 min wurde eine Phasentrennung erreicht und die obere, DNA-haltige Phase in ein neues Reaktionsgefäß überführt. Nach einem weiteren Waschschritt mit Chloroform/Isoamylalkohol (24:1) wurde die DNA durch Zugabe von 3 Volumenteilen 4 °C kaltem, absoluten Ethanol für 1 h bei -20 °C ausgefällt. Die DNA wurde durch Zentrifugation bei 14 000 rpm für 10 min pelletiert und in 100 µl H_2O_{dd} aufgenommen. Die chromosomale DNA wurde bei 4 °C gelagert.

Tab. 16: Zusammensetzung der Lösungen für die Isolierung chromosomaler DNA aus Bakterien

Lösung I	Lösung II	TES-Puffer
0,15 M NaCl	1 M Saccharose	30 mM Tris/HCl (pH 7,5)
0,1 M EDTA (pH 8)	10 mM Tris/HCl (pH 8)	5 mM EDTA (pH 7,5)
		5 mM NaCl

2.2.3.2 Isolierung von Plasmid-DNA

3 ml einer exponentiellen Bakterienkultur wurden für 5 min bei 5000 rpm zentrifugiert. Das Pellet wurde mit 100 µl Lösung I versetzt und für 5 min bei RT inkubiert. Nach Zugabe von 200 µl Lösung II erfolgte die Inkubation für 5 min auf Eis. Anschließend wurden 150 µl 3 mM Natriumacetat (pH 4,8) zugegeben und der Ansatz erneut für 5 min auf Eis inkubiert. Nach Zentrifugation für 8 min bei 14000 rpm wurde der Überstand in ein neues Reaktionsgefäß überführt und die DNA durch eine Phenol/Chloroform-Extraktion mit anschließender DNA-Fällung gereinigt. Das Plasmid-DNA Pellet wurde in 50 µl H_2O_{dd} aufgenommen und bei -20 °C aufbewahrt. Alternativ wurde das QIAprep Spin Miniprep Kit (Qiagen, Hilden) nach dem Protokoll des Herstellers zur Plasmidisolation benutzt.

Tab. 17: Zusammensetzung der Lösungen zur Isolierung von Plasmid-DNA

Lösung I	Lösung II
50 mM Glukose	0,2 N NaOH
10 mM EDTA (pH 8,0)	1 % SDS
25 mM Tris/HCl (pH 8.0)	
3 mg/ml Lysozym (frisch zugegeben)	

2.2.3.3 Isolierung von Gesamt-RNA aus Bakterien

Die Gesamt-RNA wurde aus *L. pneumophila* Paris-Flüssigkulturen der OD_{600} = 1,0 bzw. OD_{600} = 1,5 gewonnen. Die Isolierung erfolgte gemäß der Herstellerangaben mit dem High Pure RNA isolation kit (Roche, Mannheim). Darauf folgte eine weitere DNase I-Behandlung (Qiagen, Hilden) mit anschließender Reinigung über das RNeasy mini kit (Qiagen, Hilden). Die vollständige Degradation der DNA wurde über eine PCR-Reaktion mit den Primern gyrA-F/R und chromosomaler DNA von *L. pneumophila* Paris als Positivkontrolle überprüft. Die Qualität der isolierten RNA sowie die RNA-Konzentration wurde mit dem Nanodrop 1000-Gerät bestimmt.

2.2.4 DNA-Fällung

DNA-haltige Lösung wurde mit 1/10 Volumenteil 3 M Natriumacetat-Lösung und 3 Volumenteilen 4 °C kaltem, absolutem Ethanol versetzt und für 20 min bei -70 °C oder für 1 h bei -20 °C gefällt. Anschließend wurde die Lösung für 10 min bei 14000 rpm zentrifugiert und das getrocknete Pellet in H_2O_{dd} gelöst.

2.2.5 Horizontale Agarose-Gelelektrophorese

Für die horizontale Gelelektrophorese wurden 500 ml TAE-Puffer mit 0,9 % (w/v) Agarose aufgekocht und unter Rühren auf ca. 50 °C abgekühlt. Das Gel wurde in die Gießvorrichtung einer Flachgelapparatur (Biorad, München) gegossen und die Kämme eingesetzt. Nach dem Erstarren wurde das Gel in eine Laufkammer mit TAE-Puffer eingesetzt und die Kämme entfernt. Die DNA-Proben wurden in DNA-Puffer resuspendiert und in die Taschen des Gels aufgetragen. Zur Bestimmung der

DNA-Größe wurden stets 8 µl DNA Größenstandard (siehe 2.1.7) in eine benachbarte Tasche pipettiert. Die Elektrophorese erfolgte bei 120 V bis zur ausreichenden Auftrennung der DNA. Zur Visualisierung wurde das Agarosegel für ca. 15 min in ein Ethidiumbromidbad (100 µg/ml in H_2O_{dd}) gelegt und anschließend in einer Geldokumentationsapparatur unter UV-Licht fotografiert.

Tab. 18: Zusammensetzung der Lösungen für die horizontale Agarose-Gelelektrophorese

DNA-Probenpuffer (10 x)	TAE-Laufpuffer (50 x)
8 % SDS	242 g Tris
40 % Glycerin	57,1 ml Eisessig
20 % ß-Mercaptoethanol	100 ml 0,5 M EDTA (pH 8,0)
0,008 % Bromphenolblau	ad 1000 ml H_2O_{dd}
0,25 M Tris/HCl (pH 6,8)	

2.2.6 Elution von DNA-Fragmenten aus Agarosegelen

Die gewünschten DNA-Banden wurden unter UV-Licht mit einem Skalpell ausgeschnitten und in Reaktionsgefäßen mit einem Glasstab zerkleinert. Nach Zugabe von 400 µl Phenol wurde das Gemisch gründlich geschüttelt und für 1 h bei -20 °C eingefroren. Nach dem Auftauen und erneutem Schütteln wurde der Ansatz für 5 min bei 13000 rpm zentrifugiert. Der Überstand wurde in ein neues Reaktionsgefäß überführt und mit 1/10 Volumen 3 M Natrium-Acetat und ½ Volumen Chloroform/Isoamylalkohol (24:1) versetzt. Das Gemisch wurde für 2 min geschüttelt und anschließend für 5 min bei 13000 rpm zentrifugiert. Aus dem Überstand wurde in einem neuen Reaktionsgefäß die DNA gefällt (siehe 2.2.4). Alternativ wurde das Wizard SV Gel and PCR Clean-Up-Kit (Promega, Mannheim) zur Elution von DNA aus Agarosegelenverwendet.

2.2.7 Modifikation von Nukleinsäuren

2.2.7.1 Restriktionsspaltung

Zum spezifischen Schneiden von DNA wurden Restriktionsendonukleasen von New England Biolabs bzw. Fermentas nach Herstellerangaben eingesetzt. Die Inkubation erfolgte für 3 h oder über Nacht bei 37 °C. Anschließend wurden die Enzyme für 15 min bei 65 °C inaktiviert.

Restriktionsansatz mit zwei Enzymen

x µl DNA (ca. 1 µg)
5 µl 10 x Puffer (NEB bzw. Fermentas)
1 µl Enzym 1
1 µl Enzym 2
ad 50 µl H_2O_{dd}

2.2.7.2 Ligation von DNA mit dem pGEM-TEasy Ligationskit

Der Vektor pGEM-TEasy (Promega, Mannheim) besitzt eine Ampicillin-Resistenzkassette und ist daher für die Transformation in *L. pneumophila* nicht anwendbar, wurde jedoch für

Klonierungsschritte in *E. coli* DH5α genutzt. Der Vektor liegt linearisiert vor und besitzt 5´T-Überhänge. PCR-Produkte, die mit einer Taq-Polymerase amplifiziert wurden, besitzen 3´A-Überhänge, daher ist die direkte Ligation des gefällten DNA-PCR-Produktes in den Vektor möglich. Die Ligation erfolgte bei 4 °C über Nacht. Zur Inaktivierung der Ligase wurde der Ansatz für 10 min auf 65 °C erhitzt. Anschließend erfolgten die DNA und die Resuspension der DNA in 10 µl H_2O_{dd}.

pGEM-TEasy-Ligation

x µl PCR-Produkt (300 ng)
y µl pGEM-TEasy Vektor (100 ng)
2 µl pGEM-TEasy Ligase
10 µl pGEM-TEasy Puffer (2 x)
ad 20 µl H_2O_{dd}

2.2.7.3 Ligation von DNA mit T4 Ligase

Zum Einbringen von DNA in *L. pneumophila* wurde der Vektor pBC KS bzw. pBC SK (Stratagene, Heidelberg) benutzt, welcher eine Chloramphenicol-Resistenzkassette trägt. Die Ligation erfolgte bei 4 °C über Nacht. Zur Inaktivierung der Ligase wurde der Ansatz für 10 min auf 65 °C erhitzt. Anschließend erfolgte die DNA-Fällung und die Resuspension der DNA in 10 µl H_2O_{dd}.

T4-Ligation

x µl PCR-Produkt (ca. 300 ng)
y µl pBC KS Vektor (ca. 100 ng)
2 µl T4 Ligase (Promega)
2 µl pGEM-TEasy Puffer (10 x)
ad 20 µl H_2O_{dd}

2.2.7.4 Religation

Die Religation wurde mit dem Produkt aus der inversen PCR durchgeführt, welches stumpfe Enden aufwies. Die Reaktion wurde über Nacht bei 4 °C durchgeführt. Die Inaktivierung erfolgte bei 65 °C für 10 min. Anschließend wurde die DNA gefällt und in H_2O_{dd} resuspendiert.

Religation

71 µl PCR-Produkt
1 µl T4 DNA-Ligase (Promega)
8 µl T4 DNA-Ligase-Puffer (10 x, Promega)
ad 80 µl H_2O_{dd}

2.2.7.5 Polymerase-Ketten-Reaktion (PCR)

Die Polymerase-Ketten-Reaktion (*polymerase chain reaction*, PCR) wurde zur Amplifikation von chromosomaler DNA, Plasmid-DNA oder linearisierter doppelsträngiger DNA eingesetzt. Es wurden verschiedene Taq-Polymerasen verwendet, wodurch sich die Reaktionsansätze unterschieden, nicht aber die PCR-Reaktion selbst. Bei dieser Reaktion wurde zunächst der Doppelstrang der Ursprungs-

DNA durch Hitzedenaturierung getrennt. Anschließend erfolgte die sequenzspezifische Hybridisierung der Primer an die Einzelstrang-DNA. Die Schmelztemperatur der Primer richtet sich nach ihrer Länge und dem GC-Gehalt. Im Folgenden amplifizierte die hitzestabile DNA-Polymerase die Primer in 5′-3′-Richtung (Elongation). Eine Taq-Polymerase benötigt je nach Hersteller und Produkt ca. 1 min zur Elongation von 1 kb DNA. Die Schritte 2 bis 4 wurden je nach vorhandener Templatemenge in 24–34 Zyklen wiederholt, was zur exponentiellen Amplifikation der DNA führte.

PCR-Reaktion

1. (Initiale Denaturierung): 94 °C, 1 min
2. (Denaturierung): 94 °C, 1 min
3. (Primer-Anlagerung): 45–60 °C, 1 min
4. (Elongation): 72 °C, 1–6 min
5. (abschließende Elongation): 72 °C, 5 min
6. (Kühlung): 16 °C, Pause

Tab. 19: Zusammensetzung der PCR-Reaktionen mit zwei verschiedenen Polymerasen

PCR mit TopTaq-Polymerase (Qiagen)	PCR mit Taq-Polymerase (Invitek)
x µl DNA (ca 0,5 µg)	x µl DNA (ca 0,5 µg)
5 µl PCR-Puffer (10 x)	5 µl Puffer (10 x)
10 µl Q-Puffer	3 µl $MgCl_2$
0,25 µl Primer F (100 pmol/µl)	0,25 µl Primer F (100 pmol/µl)
0,25 µl Primer R (100 pmol/µl)	0,25 µl Primer R (100 pmol/µl)
1 µl dNTPs (10 mM)	1 µl dNTPs (10 mM)
0,5 µl TopTaq- Polymerase (5 U/µl)	0,3 µl Taq- Polymerase (5 U/µl)
ad 50 µl H_2O_{dd}	ad 50 µl H_2O_{dd}

2.2.7.6 Inverse PCR

Die Inverse PCR wird von einem zyklischen DNA-Template ausgeführt, wobei die eingesetzten Primer vom Insert weg zeigen. Durch diese Methode wird beispielsweise eine Deletion des Zielgens in rekombinanten Vektoren errreicht.

Tab. 20: PCR-Programm sowie Zusammensetzung der Inversen PCR-Reaktion

PCR-Reaktion	Reaktionsansatz
1. 94 °C, 1 min	1 µl Plasmid-DNA
2. 94 °C, 1 min	10 µl PCR-Puffer (10 x)
3. 45–60 °C je nach Primer, 1 min	20 µl Q-Puffer (aus dem TopTaq Qiagen Kit)
4. 72 °C, 1–6 min	0,5 µl Primer F (100 pmol/µl)
5. 72 °C, 5 min	0,5 µl Primer R (100 pmol/µl)
6. 16°C, Pause	1 µl dNTPs (10 mM)
	1 µl Taq-Polymerase (5 U/µl)
Schritte 2 bis 4 wurden in 29 Zyklen wiederholt	66 µl H_2O_{dd}

2.2.7.7 PCR mit ganzen Bakterien („Kolonie-PCR“)

Die Kolonie-PCR diente der Kontrolle bakterieller Einzelkolonien. Dazu wurde H_2O_{dd} in PCR Reaktionsgefäße vorgelegt und etwas Bakterienmaterial mit einem sterilen Zahnstocher von der Nährbodenplatte eingebracht. Anschließend erfolgte die Zugabe aller weiteren für die PCR benötigten

Komponenten (siehe 2.2.7.5). Der initiale Denaturierungsschritt wurde auf 7 min erhöht, um die Bakterien aufzuschließen und die DNA für die PCR zugänglich zu machen.

2.2.7.8 Sequenzierungs-PCR

Zur Sequenzierung von DNA wurde eine PCR mit dem BigDye Terminator v3.1 Cycle Sequencing Kit (Applied Biosystems, Weiterstadt) durchgeführt. Hierfür wurde ein Primer in einer Konzentration von 10 pmol/µl eingesetzt. Für die PCR-Reaktion wurden die folgenden DNA-Mengen eingesetzt:

PCR-Produkte (100–200 bp): 1–3 ng
PCR-Produkte (200–500 bp): 3–10 ng
PCR-Produkte (500–200 bp): 10–20 ng
Plasmide: 150–300 ng

Tab. 21: PCR-Programm sowie Zusammensetzung der Sequenzierungs-PCR-Reaktion

PCR-Reaktion	Reaktionsansatz
1. 96 °C, 2 min	x µl DNA (in H_2O_{dd})
2. 94 °C, 10 sec	0,5 µl Primer (10 pmol/µl)
3. 45–60 °C je nach Primer, 10 sec	1 µl BigDye 3.1 Mix
4. 60 °C, 4 min	1,5 µl 5 x Puffer
5. 4 °C, Pause	ad 10 µl H_2O_{dd} (HPLC-Qualität)
Schritte 2 bis 4 wurden in 25 Zyklen wiederholt	

Die amplifizierten DNA-Fragmente wurden in der Sequenzierungsabteilung des Robert Koch-Instituts durch Gelfiltration gereinigt und anschließend sequenziert. Die Sequenzauswertung erfolgte durch das Programm BioEdit sequence alignment editor and analysis in der Version 7.0.9.0.

2.2.7.9 Reverse Transkriptase (RT)-PCR

Für die RT-PCR-Reaktion wurde das OneStep RT-PCR Kit (Qiagen, Hilden) nach Herstellerangaben eingesetzt. Es wurden 400 ng gereinigte Gesamt-RNA eingesetzt.

Tab. 22: PCR-Programm sowie Zusammensetzung der RT-PCR-Reaktion

RT-PCR-Reaktion	Reaktionsansatz
1. 50 °C, 30 min (Reverse Transkription)	x µl DNA (in H_2O_{dd})
2. 94 °C, 1 min	5 µl OneStep RT-PCR buffer
3. 45–60 °C je nach Primer, 1 min	1 µl dNTPs
4. 72 °C, 1 min	0,6 µM Primer F und Primer R
5. 4 °C, Pause	1 µl OneStep RT-PCR Enzymmix
Schritte 2 bis 4 wurden in 25-30 Zyklen wiederholt	ad 25 µl H_2O_{dd}

2.2.8 Herstellung und Transformation von Zellen

2.2.8.1 Herstellung elektrokompetenter Bakterien

Zur Herstellung elektrokompetenter *E. coli*-Zellen wurden 50 ml LB-Medium mit 1 ml exponentieller Übernachtkultur angeimpft und bei 37 °C bis zu einer OD_{600} von 0,8–1,0 (ca. 4 h) inkubiert. Die Bakterien wurden für 10 min bei 4000 rpm und 4 °C pelletiert und der Überstand verworfen. Das

Pellet wurde dreimal mit 4 °C kaltem, 10 %-igen Glycerin gewaschen und nach dem letzten Waschschritt in 500 µl 4 °C kalten, 10 %-igen Glycerin aufgenommen. Je 80 µl wurden in sterile Reaktionsgefäße aliquotiert und die Bakterien bis zur Elektroporation bei - 80 °C gelagert.
Zur Herstellung kompetenter *L. pneumophila*-Zellen wurden 100 µl einer Vorkultur der OD_{600} = 1,5–2,0 auf BCYE-Nährboden ausplattiert und für 24 h kultiviert. Die Bakterien wurden mit 4 °C kaltem, 10 %-igen Glycerin abgeschwemmt und ebenso, wie für *E. coli* beschrieben, gewaschen, resuspendiert und gelagert.

2.2.8.2 Transformation durch Elektroporation

Ein Aliquot kompetenter Bakterien (siehe 2.2.8.1) wurde auf Eis aufgetaut und dann in eine auf Eis stehende, vorgekühlte Elektroporationsküvette (Biorad, München) überführt. Nach Zugabe von 5 µl Plasmid-DNA erfolgte die Elektroporation (Gene Pulser, Biorad) bei 100 Ω und 25 µF. Für die Transformation von *E. coli* wurden 1,7 kV angelegt, für *Legionella* betrug die Spannung 2,3 kV. Der Zeitwert sollte 2,0–2,5 msec betragen. Nach der Elektroporation wurden die Bakterien sofort in 1 ml vorgewärmtes Medium ohne Antibiotikum resuspendiert und für 12 h in YEB-Medium (*Legionella*), bzw. für 1 h in LB-Medium (*E. coli*) bei 37 °C inkubiert. Anschließend wurden die Bakterien auf Nährböden mit Antibiotika zur Selektion des Plasmids übertragen. Die Nährböden für *E. coli*-Transformanden enthielten zusätzlich X-Gal und IPTG, wodurch die resultierenden weißen Klone Vektoren mit DNA-Insert enthielten und blaue Klone Leervektoren trugen. Die erfolgreiche Transformation der Bakterien wurde in einer Kolonie-PCR (siehe 2.2.7.7) mit den vektorspezifischen Primern M13U und M13R überprüft.

2.2.8.3 Natürliche Transformation von *Legionella*

Legionella ist in der Lage, spontan DNA aus der Umgebung aufzunehmen. Über homologe Rekombination kann die DNA dann ins Chromosom integriert werden. Es wurden 5 ml einer exponentiellen *L. pneumophila* Paris-Kultur für 10 min bei 4000 rpm pellettiert und 3 ml des Mediums verworfen. Die resuspendierte Kultur wurde in sterile Plastikröhrchen überführt. Dann erfolgte die Zugabe der gereinigten DNA aus 8 x 100 µl PCR-Reaktionsansätzen. Die Inkubation erfolgte bei 30 °C für drei Tage ohne Schütteln. Die Transformanden wurden auf Selektivnährböden bei 37 °C angezüchtet und mittels Kolonie-PCR überprüft (siehe 2.2.7.7).

2.2.9 Bestimmung des Transkriptionsstarts von *gamA*

Die RACE-Methode (*rapid amplification of cDNA ends*) wurde eingesetzt, um das 5′Ende der *gamA*-mRNA zu amplifizieren und damit den Transkriptionsstart des *gamA*-Gens zu bestimmen. Hierfür wurde das 5′/3′ RACE Kit (Roche, Mannheim) nach Herstellerangaben verwendet. Zunächst wurde aus exponentiell gewachsenen Flüssigkulturen von *L. pneumophila* Paris die Gesamt-RNA isoliert (siehe 2.2.3.3). Zur Kontrolle wurde den Reaktionsansätzen die im Kit enthaltene RNA zugesetzt und nach jedem Reaktionsschritt 1 µl für Kontroll-PCR-Reaktionen entnommen. Die Synthese der cDNA erfolgte mit 2 µg RNA und dem spezifischen Primer RACE1. Die RNAse H-Aktivität der Reversen Transkriptase führte zur Degradation der eingesetzten RNA. Die cDNA wurde mit dem High Pure PCR Purification Kit (Roche, Mannheim) nach dem im 5′/3′RACE Kit beiliegendem Protokoll gereinigt. Mit einer Terminalen Transferase wurde ein Poly-A-Schwanz an das 3′-Ende der cDNA ligiert, um eine Amplifikation des 5′-Endes durchführen zu können. Die PCR erfolgte mit dem im Kit enthaltenen Oligo(dT)-Anker Primer und dem spezifischen Primer RACE2 nach dem angegebenen PCR-Protokoll bei einer Annealing-Temperatur von 55 °C. Da die Transkriptionsrate von *gamA* schwach war, wurde eine zweite PCR durchgeführt, wobei statt dem Primer RACE2 der Primer RACE3 verwendet wurde. Eine PCR mit im Kit enthaltenen Primern und je 1 µl cDNA, gereinigter cDNA und Poly(A)-cDNA ermöglichte die Überprüfung der Reaktionsschritte mit der in den Ansätzen enthaltenen Kontroll-RNA. Schließlich wurden die Produkte der Kontroll-PCR-Reaktionen in einem 2 %-igen Agarosegel mit dem 100 bp DNA Größenstandard (Fermentas, St. Leon-Rot) und die Produkte der *gamA*-Amplifikations-PCR in einem 0,9 %-igen Agarosegel mit dem 1 kb DNA-Größenstandard (Fermentas, St. Leon-Rot) analysiert. Das Produkt aus den RACE-PCR-Reaktionen wurden mit dem High Pure PCR Purification Kit (Roche, Mannheim) nach dem im Kit beiliegendem Protokoll gereinigt und mit dem Primer RACE4 direkt sequenziert.

2.2.10 Band-Shift-Assay

Zur Untersuchung von DNA-Protein-Interaktionen wurde der Band-Shift-Assay verwendet, da die Bindung eines Proteins an DNA das Laufverhalten der Nukleinsäure im nativen Acrylamidgel verändert. In die DNA-Bereiche wurde dabei dUTP statt dTTP eingebaut. Das an diesem Baustein gekoppelte Glycosid Digoxigenin (DIG) wurde von einem spezifischen anti-DIG-Antikörper, an dem das Enzym Alkalin-Phosphatase gekoppelt ist, erkannt. Die Detektion der Chemilumineszenz erfolgte durch Auflegen der Membran auf Röntgenfilm. Die Markierung der DNA-Sonden, Die Gelshift-Reaktion, die Elektrophorese, das Blotting und Crosslinking sowie die Detektion wurden nach Herstellerangaben mit dem DIG Gel Shift Kit, 2nd Generation (Roche, Mannheim) durchgeführt. Die DNA-Bereiche wurden für die Sondenherstellung mittels PCR amplifiziert und auf 100 ng/µl in H_2O_{dd} eingestellt. Ihr Laufverhalten wurde auf einem Testgel mit 6 % Acrylamid untersucht. Anschließend wurden die DNA-Sonden laut Herstellerangaben in drei verschiedenen Konzentrationen (100, 200 oder 300 ng DNA) mit Digoxigenin (DIG) markiert und die Markierung nach Fixierung auf einer Nylonmembran überprüft. Zu diesem Zweck wurden alle sechs Markierungsreaktionen nochmals 1:10 und 1:100 in TEN-Puffer verdünnt und jeweils 1 µl auf eine Nylonmembran aufgetragen. Parallel dazu wurde eine Kontrollsonde (K) aus dem Kit analog behandelt. Nach UV-Crosslinking für 100 sec erfolgten zwei Waschschritte für je 15 min, 30 min Blockieren der unspezifischen Bindungen, 30 min Antikörperinkubation (1:10.000) sowie zwei weitere Waschschritte für je 15 min nach Herstellerangaben. Anschließend wurde die Membran mit 1 ml CSPD-Lösung für 5 min. bei Zimmertemperatur und 10 min bei 37 °C min jeweils im Dunkeln entwickelt. Die Detektion erfolgte für 30 min auf einem Röntgenfilm. Zur weiteren Analyse wurden die DNA-Sonden mit der Konzentration von je 100 ng/µl verwendet.

Zur Herstellung der Testlysate wurden die rekombinanten Stämme *E. coli* DH5α pBC KS (Leervektor), *E. coli* DH5α pIB1 (trägt *gamA*) und *E. coli* DH5α pVH6 (trägt *yozG*) bis zu einer OD_{600} von 1,5 in LB-Medium mit 40 µg/ml Chloramphenicol kultiviert und für zwei h mit 2 mM IPTG die Plasmidexpression induziert. Die Bakterien wurden pelletiert, in PBS resuspendiert und mit Ultraschall behandelt. Der Überstand wurde für die Experimente verwendet und bei 4 °C gelagert. Für die Bandshift-Reaktion wurde parallel ein Kontrollansatz ohne Testlysat durchgeführt. Einige Proben enthielten neben dem Testlysat zusätzlich unspezifische DNA im 500-fachen Überschuss zur Kontrolle der unspezifischen Bindung an DNA (unspezifische Kompetition). Andere Proben enthielten zur Kontrolle unmarkierte Sonden-DNA ebenfalls im 500-fachen Überschuss (spezifische Kompetition). Außerdem wurden die Proben mit einer zweiten, unmarkierten Sonde coinkubiert. Allen Ansätzen wurden Bindepuffer, poly[d(I-C)], poly-L-Lysin (jeweils Kitsubstanzen) zugesetzt. Die 20 µl-Reaktionsansätze wurden für 30 min bei Raumtemperatur inkubiert, auf Eis transferiert und mit 5 µl Ladepuffer in einem nativen, 6 %-igen Acrylamidgel für zwei h bei 64 V aufgetrennt. Die aufgetrennten DNA-Protein-Gemische wurden mittels Elektroblotting auf eine positiv geladene Nylonmembran transferiert und für 1 min mittels UV-Crosslinking vernetzt. Waschschritte, Antikörperinkubation sowie Detektion erfolgten wie oben.

Tab. 23: Zusammensetzung der Lösungen für die Band-Shift-Experimente

TEN-Puffer (pH 8,0)	Waschpuffer (pH 7,5 mit festem NaOH)
10 mM Tris	0,1 M Maleinsäure
1 mM EDTA	0,15 M NaCl
0,1 mM NaCl	0.3 % (v/v) Tween 20
Maleinsäurepuffer (pH 7,5 mit festem NaOH)	**Detektionspuffer (pH 9,5)**
0,1 M Maleinsäure	0,1 M Tris/HCl
0,15 M NaCl	0,1 M NaCl

2.2.11 Northern Blot

Die Methode des Northern Blots erlaubt die spezifische Detektion von RNA nach deren elektrophoretischer Auftrennung. Es wurden die Primer gamF und gamR (für die *gamA*-Detektion) bzw. yozGF und yozGR (für die *yozG*-Detektion) zur Amplifikation der Sonden-DNA verwendet. Die Markierung der Sonden erfolgte unter Verwendung des Gel Shift Kit, 2nd Generation (Roche, Mannheim) analog zu oben (siehe 2.2.10). Die Isolierung der Gesamt-RNA aus *L. pneumophila* Paris wurde mit Hilfe des High Pure RNA isolation kit (Roche, Mannheim) mit anschließender DNase-Behandlung und Reinigung durchgeführt (siehe 2.2.3.3). Für die Gelelektrophorese, das Blotting, die Hybridisierung wurde das Northern Max Kit von Ambion verwendet. Dabei wurden ca. 14 µg der isolierten und gereinigten RNA auf einem 1 %-igen Agarosegel unter Verwendung von Formaldehyd aufgetrennt und mittels Kapillarblot für vier Stunden auf eine Nylonmembran transferiert. Anschließend erfolgte die Fixierung der RNA mit UV-Licht für 100 Sekunden. Die Hybridisierung erfolgte nach Herstellerangaben bei 42 °C über Nacht. Die Waschschritte erfolgten ebenfalls laut Hersteller. Zur Detektion wurden die Substanzen des Gel Shift Kits, 2nd Generation eingesetzt (vgl. 2.2.10).

2.2.12 Proteinexpression

2.2.12.1 Proteinexpression in *E. coli*

E. coli-Kulturen wurden bei beginnender exponentieller Wachstumsphase (OD_{600} = 0,6–0,8) mit einer Endkonzentration von 1 mM IPTG zur Proteinexpression induziert. Nach 4 h Inkubation wurden die Bakterien bei 5000 g und 4 °C für 10 min pelletiert. Das Bakterienpellet wurde in 1 x PBS resuspendiert und frisch zur Aktivitätsbestimmung der Glukoamylase eingesetzt oder für maximal zwei Wochen bei 4 °C gelagert.

2.2.12.2 Proteinexpression in *L. pneumophila*

L. pneumophila-Kulturen wurden analog wie *E. coli* bei beginnender exponentieller Wachstumsphase (OD_{600} = 0,6–0,8) mit einer Endkonzentration von 2 mM IPTG zur Proteinexpression induziert. Bei Erreichen der gewünschten OD_{600} wurden die Bakterien bei 4000 g und 4 °C für 10 min pelletiert. Das Bakterienpellet wurde in 1 x PBS resuspendiert und frisch zur Aktivitätsbestimmung der Glukoamylase eingesetzt oder bei 4 °C gelagert. Zellfreie Kulturüberstände wurden mit 2,5 V Isopropanol über Nacht bei 4 °C gefällt. Nach Zentrifugation bei 5000 g, 4 °C für 15 min wurde das entstandene Proteinpellet in 1 x PBS resuspendiert und frisch für die Glukoamylaseassays verwendet oder für maximal 2 Wochen bei 4 °C gelagert.

2.2.13 Proteinanalytik

2.2.13.1 Fällung von Proteinen mittels TCA

Zur Konzentrierung des Proteingehalts einer Probe wurde diese mit TCA (10 V % Endkonzentration) versetzt und über Nacht bei 4 °C inkubiert. Nach Pelletierung für 15 min bei mindestens 4000 g und 4 °C wurde das Pellet zweimal mit 100 µl absolutem, 4 °C kalten EtOH gewaschen.

2.2.13.2 SDS-Polyacrylamid-Gelelektrophorese (SDS-PAGE)

Bei der SDS-PAGE (*sodium dodecyl sulfate*-Polyacrylamid-Gelelektrophorese) können Proteine anhand ihrer Masse aufgetrennt werden. Das im Probenpuffer enthaltene ß-Mercaptoethanol reduziert die Disulfidbrücken und führt damit zur Auflösung der Tertiärstruktur der Proteine. SDS ist ein Anion, es bildet Komplexe mit den Proteinen aus der Probe und denaturiert diese. Die stark negative Ladung des Komplexes ist in etwa proportional zur Masse des Proteins. Die ursprüngliche Ladung der Proteine kann dadurch vernachlässigt werden. Nach dem Anlegen des elektrischen Felds, migrieren die SDS-Protein-Komplexe unterschiedlich schnell durch die Poren des Gels in Richtung der positiv geladenen Anode. Die Größe der einzelnen Proteine lässt sich im Vergleich zu dem mitgelaufenen Proteingrößenstandard ermitteln.

Für die Durchführung der SDS-PAGE wurde eine Mini-Protean Tetracell Kammer (Biorad, München) mit zugehörigem Gelgießstand verwendet. Die Glasplatten wurden mit 100 % Ethanol gereinigt und in den Gelgießstand eingebaut. Der Zwischenraum der Glasplatten wurde zu 2/3 mit dem flüssigen Trenngel befüllt und mit 70 %-igem Ethanol überschichtet um eine gerade, luftblasenfreie Trennlinie zu schaffen. Nach der Polymerisation des Trenngels wurde der Ethanol abgegossen, der verbleibende Zwischenraum mit Sammelgel gefüllt und ein Kamm eingesteckt. Das polymerisierte Gel wurde anschließend in die Elektrophoresekammer eingespannt. Beim Befüllen der äußeren Kammer mit SDS-Laufpuffer wurde darauf geachtet, dass am unteren Rand des Gels keine Luftblasen entstehen, da sonst der Stromfluss behindert wird. Die Kammer zwischen den Glasplatten wurde bis knapp unter den Rand mit SDS-Laufpuffer befüllt, um den Stromkreis zu schließen.

Die aufzutrennenden Proben wurden in 4 x Rotiload-Probenpuffer (Roth, Karlsruhe) aufgenommen, für 10 min bei 100 °C aufgekocht und anschließend in die durch den Kamm entstandenen Geltaschen pipettiert. Die Auftrennung erfolgte bei 130 V für ca. 1,5 h bis zum Herauslaufen der Lauffront.

<u>10 x SDS-Laufpuffer</u>

30 g Tris/HCl
144,4 g Glycin
10 g SDS
ad 1000 ml H_2O_{dd}

Tab. 24: Zusammensetzung zum Gießen zweier SDS-Minigele in Biorad-Gelkammern

Substanz	Trenngel (12 %)	Sammelgel (5 %)
30 % Acrylamid/Bis-Lösung (Rotiphorese Gel A, Roth, Karlsruhe)	4,8 ml	1,33 ml
H_2O_{dd}	4,2 ml	4,4 ml
Tris-Puffer	3 ml (1,5 M; pH 8,8)	2 ml (0,5 M; pH 6,8)
10 % SDS	120 µl	80 µl
10 % APS	60 µl	40 µl
TEMED[1]	7,5 µl	5 µl

[1] TEMED wurde erst unmittelbar vor dem Gießen des Gels zugegeben, da diese Substanz zum Polymerisieren des Acrylamids führt.

Die Gesamtproteine wurden durch Coomassiefärbung visualisiert. Zur spezifischen Detektion von Proteinen über Antikörper wurde das SDS-Gel für einen Western Blot eingesetzt.

2.2.13.3 Coomassie-Färbung von SDS-Gelen

Die Detektionsgrenze einer Coomassiefärbung liegt bei ≥ 1 µg Protein. Die SDS-Gele wurden für mindestens 1 unter leichtem Schütteln in Coomassielösung inkubiert. Die Entfärbung des Gels erfolgte entweder mit Entfärberlösung oder durch mehrere Waschschritte mit H_2O_{dd}.

Tab. 25: Zusammensetzung der Lösungen für die Coomassie-Färbung von SDS-Gelen

Coomassie-Lösung	Entfärber
454 ml 96 % Ethanol	100 ml Isopropanol
92 ml Eisessig	100 ml Eisessig
2,5 g Coomassie-Blue R250	
ad 1000 ml H_2O_{dd}	ad 1000 ml H_2O_{dd}

Zur dauerhaften Konservierung wurde das Gel für 30 min in Gel drying solution (#161-0752, Biorad, München) dehydriert, in mit ebenfalls in Gel drying solution getränkter Cellophanfolie eingepackt und in einem Rahmen für einen Tag getrocknet.

2.2.13.4 Western Blot (*semi-dry*-Verfahren) und Immundetektion

Zur Detektion von Proteinen mittels spezifischer Antikörper wurden die durch eine SDS-Gelelektrophorese in einem Polyacrylamidgel aufgetrennten Proteine mittels Western Blot elektrophoretisch auf eine Nitrocellulose-Membran (NC-Membran) übertragen. Die Nachweisgrenze liegt bei etwa 1–10 ng Protein. Eine auf die Größe des Gels zugeschnittene NC-Membran und sechs Whatmanpapiere wurden in Towbin-Puffer getränkt. Der Blot wurde auf der mit Towbin-Puffer angefeuchteten Anodenplatte des *semi-dry*-Blotters aufgebaut. Auf drei Lagen Whatmanpapier wurde die NC-Membran, darüber das Gel und schließlich drei weitere Lagen Whatmanpapier geschichtet. Der Proteintransfer beginnt unmittelbar nach dem Auflegen der NC-Membran. Mit einer Glaskapillare und geringem Druck wurde über den Blot gerollt, um eventuell vorhandene Luftblasen zu entfernen. Die Blotkammer wurde durch Auflegen der ebenfalls mit Towbin-Puffer angefeuchteten Kathodenplatte verschlossen. Der Transfer wurde für 1 h und 15 min bei 0,8 mA/cm^2 Membran durchgeführt. Nach dem Transfer wurden die Proteine auf der NC-Membran in TBS/5 % Milch für 1 h blockiert, einmal für 10 min in TBS-Puffer gewaschen und für 1 h mit dem in TBS/1 % Milch verdünnten Primärantikörper inkubiert. Nach drei weiteren Waschschritten mit TBS-Puffererfolgte die Inkubation mit dem ebenfalls in TBS/1 % Milch verdünnten Meerettichperoxidas- (*horse raddish peroxidase*, HRP) gekoppelten Sekundärantikörper. Auf die zwei finalen Waschschritte folgte die Inkubation der Membran mit ECL-Entwicklerlösung (Millipore Advanced von Millipore, Schwalbach) für 1 min. Die überschüssige Lösung wurde abgegossen und die Membran in Frischhaltefolie eingepackt. Die in der Dunkelkammer auf die Membran aufgelegten Röntgenfilme wurden in einer Agfa Curix 60 Maschine (Agfa, Berlin) entwickelt. Die Merrettichperoxidase setzt das in den Lösungen enthaltende H_2O_2 in H_2O und O_2 um. Der entstandene Sauerstoff oxidiert das enthaltene Luminol, was zur Abstrahlung von Licht führt. Ist ein Signal zu stark für die Röntgenfimdetektion, so kann die Membran für 10 min in TBS-Puffer gewaschen und dann für die Farbreaktion verwendet werden. Hierbei wurden die Proteine direkt auf der Membran durch Inkubation mit 3 ml 4-Chloro-1-naphthol und 80 µl H_2O_2 in 47 ml TBS detektiert. Die Farbentwicklung wurde durch Austausch der Entwicklerlösung gegen H_2O_{dd} abgestoppt.

Tab. 26: Zusammensetztung der Puffer für die Immundetektion mittels Antikörpern

Towbin-Puffer	TBS-Puffer
3 g Tris	50 mM Tris
14,4 g Glycin	150 mM NaCl
20 % Methanol	pH 7,6 mit HCl
ad 1000 ml H_2O_{dd}	

2.2.14 Nachweis der Glukoamylase-Aktivität

2.2.14.1 Glukoamylase-Assay auf Agarplatten

Der Agarplatten-basierte Test auf Glucoamylseaktivität wurde nach Sudharshsan *et. al* (2007) modifiziert (Sudharhsan et al. 2007). LB- bzw. BCYE-Nährböden wurden hierfür vor dem Autoklavieren mit 0,01 % Stärke oder Glykogen supplementiert. Die Aktivkohle wurde den BCYE-Agarplatten dabei nicht hinzugefügt. Für den Aktivitätstest wurden Bakterienkolonien auf den erstarrten Agar überimpft und für 3 bis 5 Tage bei 37 °C inkubiert. Zur Analyse des zellfreien Überstands wurde dieser in gestanzte Löcher pipettiert und die Platten ebenfalls für 3 bis 5 Tage bei 37 °C inkubiert. Die Bakterien wurden mit H_2O abgespült und die Platte mit Lugol'scher Lösung (Iod-Kaliumiodid-Lösung; Roth, Karlsruhe) für 5 min überschichtet. Nach Abkippen der Lösung zeigten helle Lysehöfe die Stärke- bzw. Glykogen-hydrolysierende Aktivität.

2.2.14.2 Zymogramm-basierter Glukoamylase-Assay

Der Zymogramm-basierte Glukoamylase-Test wurde nach Bischoff *et al.* (1998) angepasst (Bischoff et al. 1998). Dafür wurden supplementierte SDS-Gele verwendet, in deren Trenngelen 0,1 % Stärke bzw. Glykogen zugesetzt worden war. Die Stärke wurde vor Zugabe in H_2O_d durch Aufkochen in Lösung gebracht, das Glykogen in kaltem H_2O_d vorgelöst. Die aufkonzentrierten Bakterienproben (Pellet oder zellfreie Kulturüberstände in 1 x PBS) wurden mit SDS-haltigem Probepuffer ohne β-Mercaptoethanol versetzt und ohne vorheriges Aufkochen elektrophoretisch aufgetrennt. Das Gel wurde anschließend dreimal für je 20 min in 1 x PBS unter leichtem Schütteln gewaschen und mit frischem 1 x PBS bedeckt für 3 bis 5 Tage bei 37 °C inkubiert. Nach Färbung mit Lugol'scher Lösung (Roth, Karlsruhe) konnten aktive Enzyme als helle Hydrolysebanden nachgewiesen werden.

2.2.15 Nachweis der Cellulose-Hydrolyse

Zum Cellulose-Hydrolysenachweis wurden Agarplatten mit 0,1 % Carboxymethylcellulose (einem wasserlöslichen Derivat von Cellulose) supplementiert und mit Bakterienkolonien beimpft. Nach Inkubation von 3 bis 5 Tagen wurden die Bakterien mit H_2O abgespült und die Agarplatten mit Kongorot (Sigma-Aldrich, München) für 15 Minuten gefärbt. Helle Hydrolysehöfe zeigten die Aktivität von Cellulose-hydrolysierenden Enzymen (Teather and Wood 1982; Schwarz et al. 1987). Anschließend wurden die Nährböden für jeweils 15 min mit 1 M NaCl und 1 % HCl überschichtet, was einen Farbumschlag ins Blaue für bessere Sichtbarkeit bewirkte.

2.2.16 Fluoreszenzmikroskopie

Zur Bestimmung der Bakterienzahl mit intakten bzw. zerstörten Zellmembranen wurden Aliquots von ca. 10^8 Bakterien nach Herstellerangaben mit dem Live/Dead BacLight Bacterial Viability Kit der Firma Invitrogen (Darmstadt) behandelt. 1 µl der Suspension wurde auf einen Objektträger aufgebracht, mit einem Deckglas bedeckt und mit Nagellack versiegelt. Die Probe wurde sofort unter dem Fluoreszenzmikroskop bei einer Extinktionswellenlänge von 485 nm betrachtet. Grün (530 nm) fluoreszierende Bakterien besitzen intakte Zellmembranen. Bakterien mit roter (630 nm) Lichtimission weisen zerstörte Membranstrukturen auf. Von jeder Probe wurden 200 Bakterienzellen ausgezählt und der relative Anteil an intakten Zellen (in %) bestimmt.

2.2.17 NMR-Spektroskopie

Die Probenaufbereitung und NMR-Messungen erfolgten am Lehrstuhl für Biochemie und organische Chemie der TU München. 1 g Probe wurde mit 100 ml destilliertem Methanol für 1 h bei 60 °C unter Rückfluss extrahiert. Anschließend wurde die Probe abfiltriert und das Filtrat am Rotationsverdampfer eingeengt. Die methanollöslichen Stoffe wurden in 600 µl deuteriertem Methanol (CD_3OD) aufgenommen, der Filterrückstand über Nacht bei Raumtemperatur getrocknet und in den Rundkolben zurückgegeben. Die trockene Probe wurde unter Rückfluss mit 10 ml Dichlormethan je 100 mg Probe für 1 h bei 38 °C extrahiert. Nach der Filtration wurde das Filtrat evaporiert. Das Dichlormethan wurde in einem Rotationsverdampfer entfernt und die Probe in 1 ml $CDCl_3$ (deuteriertes Chloroform) aufgenommen. Hiervon wurden 560 µl für die NMR-Spektroskopie eingesetzt. Der filtrierte Rest wurde getrocknet und mit 6 M Chlorwasserstoffsäure (HCl p.a.) und 0,5 mM Thioglycolsäure versetzt. Die Suspension wurde für 24 h unter einer inerten Atmosphäre bei 120 °C unter Rückfluss gekocht und anschließend filtriert. Die Lösung wurde unter reduzierendem Druck auf ein kleineres Volumen konzentriert und lyophilisiert. Anschließend wurde die Probe in 10 ml H_2O_{dd} aufgenommen und auf eine Säule aus Dowex 50 W X8 (H^+-Form, 200–400 mesh) aufgetragen. Die Säule wurde mit 300 ml H_2O_{dd} gewaschen und mit einem linearen Gradienten von 0–3 M HCl p.a. (Gesamtvolumen 2 l) sowie

1,5 ml 3 M HCl p.a. entwickelt. Fraktionen wurden gesammelt und mittels Dünnnschichtchromatographie auf Celluloseplatten (TLC Cellulose F, Merck, Darmstadt) auf Aminosäuren untersucht. Das Laufmittel bestand aus 50 % n-Butanol, 20 % Eisessig und 30 % Wasser. Die trockenen Platten wurden mit Ninhydrin-Reagenz (0,3 g Ninhydrin in 100 ml Butanol) besprüht und bei 100 °C im Trockenschrank entwickelt. Fraktionen mit derselben Aminosäure wurden vereinigt, unter reduzierendem Druck auf ein kleines Volumen evaporiert und lyophilisiert. Die trockenen Proben wurden in D_2O (deuteriertes H_2O) aufgenommen.

^{1}H- und ^{13}C-NMR-Spektren wurden mit einem DRX-500-Spetrometer (Bruker Instruments, Karlsruhe) bei 25 °C, mit einer Transmitterfrequenz von 500,1 bzw. 125,6 MHz aufgenommen. ^{13}C-Anreicherungen wurden mit quantitativer NMR-Spektroskopie bestimmt. Für diesen Zweck wurden ^{13}C-NMR-Spektren von biomarkierten Spezies und Proben mit natürlichem ^{13}C-Vorkommen (d.h. mit 1,1 % ^{13}C-Gehalt) unter denselben experimentellen Bedingungen vermessen. Die Verhältnisse der Signalintegrale von markierten Verbindungen zu unmarkierten Verbindungen wurden für jedes Kohlenstoffatom berechnet. Absolute ^{13}C-Häufigkeiten für bestimmte Kohlenstoffatome wurden von den ^{13}C-Kopplungssatelliten in den ^{1}H-NMR-Spektren bestimmt. Die relativen ^{13}C-Häufigkeiten für alle anderen Positionen wurden dann auf diesen Wert bezogen, wodurch man die absoluten ^{13}C-Werte für jedes einzelne C-Atom erhielt. ^{13}C-gekoppelte Satelliten wurden separat integriert. Die relativen Fraktionen von jedem Satellitenpaar im Gesamtsignalintegral eines gegebenen Kohlenstoffatoms wurden berechnet. Diese Werte wurden dann bezogen auf die globale ^{13}C-Häufigkeit und ergaben die Konzentrationen von mehrfach ^{13}C-markierten Isotopologgruppen in mol %.

2.2.18 Massenspektrometrie – GC/MS

Die Probenaufbereitung sowie MS-Messungen erfolgten am Lehrstuhl für Biochemie und Organische Chemie der TU München. Die ^{13}C-haltige Probe (*L. pneumophila* bzw. *A. castellanii)* wurde in 500 µl 6 M HCl suspendiert und für 24 h auf 105 °C in einer inerten Atmosphäre erhitzt. Das Hydrolysat wurde auf eine Kationenaustauschersäule aus Dowex 50 W X8 (H^+-Form, 200–400 mesh) aufgetragen, welche mit Wasser gewaschen und mit 1 ml 2 M Ammoniumhydroxid entwickelt wurde. Ein 400 µl großes Aliquot des Eluats wurde unter Stickstoffstrom getrocknet, der Rest in 50 µl wasserfreiem Acetonitril gelöst. Eine Mischung aus 50 µl N-(*tert*-butyldimethylsilyl)-N-methyl-trifluoroacetamide mit 1 % *tert*-Butyldimethylsilylchlorid (Sigma-Aldrich, München) wurde hinzugefügt. Die Probe wurde für 30 min auf 70 °C gehalten und die resultierenden N-(tert-Butyldimethylsilyl) (TBDMS)-aminosäurefragmente mit GC/MS analysiert.

Die GC/MS Analyse wurde in einem GC-17A-Gaschromatograph bzw. einem GC 2010 (Shimadzu, Duisburg), ausgestattet mit einer Fused-Silica-Kapillarsäure (Equity TM-5; 30 m + 0,25 mm, 0,25 µl Filmdicke; SUPELCO, Bellefonte, PA), sowie einem QP-5000 bzw. GC-QP2010 plus mass selective detector (Shimadzu) mit Ionenstoßionisation bei 70 eV durchgeführt. Ein Aliquot von 1 µl der

TBDMS-Aminosäurelösung wurde mit einem Split von 1:10 bei einer Tempertur von 260 °C und einem Druck von 70 kPa injiziert. Die Säule wurde für 3 min bei 150 °C, dann mit einem Temperaturgradienten von 10 °C/min bis zur Temperatur von 280 °C für 3 min entwickelt. Die Daten wurden mit der Class 5000 bzw. GCMS Solution software (Shimadzu) gesammelt (*selected ion monitoring*-Modus). Dabei wurde jede Probe wenigstens dreimal analysiert. Das theoretische Isotop-Verhältnis und die numerische Deconvolution der Daten wurden nach Standardprozeduren bestimmt: (i) Bestimmung des TBDMS-Derivat-Spektrums der TBDMS-Aminosäure, (ii) Bestimmung der Massenisotopverteilung der markierten Aminosäure und (iii) Korrektur des ^{13}C-Einbaus in die jeweilige Aminosäure vom natürlichen Vorkommen.

2.2.19 Infrarotspektroskopie

Infrarotspektroskopie (IR-Spektroskopie) ist ein Analyseverfahren, das zur quantitativen Bestimmung von bekannten Substanzen oder zur Strukturaufklärung verwendet wird. Dabei wird Infrarotstrahlung eingesetzt, die zu Schwingungen und Rotationen in den Molekülen führt. Für organische Moleküle wird zumeist ein Absorptionsspektrum über den Bereich 4000–400 cm^{-1} (proportional zur Frequenz) aufgenommen. Die Fourier-Transformations-IR-Spektroskopie ermöglicht dabei die simultane Erfassung aller Frequenzen des IR-Spektrums. Bestimmte chemische Gruppen besitzen charakteristische Gruppenfrequenzen, die unabhängig von der Molekülumgebung sind und über die sie identifiziert werden können. So können die Carbonylestergruppen (C=O) in Polyhydroxybutyrat als Absorptionsbande bei ca. 1735 cm^{-1} detektiert und anhand ihrer Intensität Rückschlüsse auf die PHB-Menge geschlossen werden (Kansiz et al. 2000; Misra et al. 2000; Ngo Thi and Naumann 2007).

L. pneumophila wurde in YEB-Flüssigmedium sowie auf BCYE-Agarplatten kultiviert. Es wurden je 1 ml der Flüssigkulturen zu verschiedenen Zeitpunkten bei 4000 g für 10 min pelletiert, bzw. mit einer sterilen Impföse Material von den Agarplatten entnommen und in 80 µl H_2O_{dd} resuspendiert und pelletiert. Die Zellpellets wurden dreimal mit H_2O_{dd} gewaschen und in 40 µl H_2O_{dd} aufnommen. Jeweils 35 µl der Proben wurden auf ein Zinkselenid-Probenrad (transparent für Infrarotstrahlung) aufgetragen und mit Sicapent (Phosphopentoxid) im Vakuum von 0,8 bar für 30 min getrocknet. Das Probenrad wurde anschließend mit einer Kalimbromidscheibe bedeckt und die Absporption im Infrarotbereich von 4000–500 cm^{-1} gemessen. Die Basislinien der erhaltenen Spektren wurden korrigiert. Die Normierung der Spektren erfolgte für jeden Zeitpunkt im Intervall von 1589–1480 cm^{-1}, das der Amidbande II, also hauptsächlich dem Absorptionsbereich der N–H-Bindungen in Proteinen entsprach (Kansiz et al. 2000). Der Proteingehalt der Zelle ist in einem großen Bereich unabhängig von der PHB-Konzentration und kann daher als Referenz dienen (Kansiz et al. 2000). Die Carbonylestergruppen der PHB-Moleküle wurden im Wellenzahlbereich 1750–1727 cm^{-1} mit einem Maximum bei 1739 cm^{-1} detektiert und die relative Menge an PHB über die Fläche der zweiten

Ableitung bestimmt. Für jeden Messwert wurden Doppelansätze durchgeführt, die Mittelwerte berechnet, und die relative PHB-Menge im Vergleich zum Wildtyp bestimmt.

3 Ergebnisse

3.1 Glukose als Kohlenstoffquelle für *L. pneumophila*

Die Hauptenergiequellen für *L. pneumophila* sind Aminosäuren, vor allem Serin und Glutamat (George et al. 1980; Tesh et al. 1983). In neueren Arbeiten wurde jedoch gezeigt, dass die Kohlenstoffatome von Glukose biosynthetisch für den Aufbau von Aminosäuren und Polyhydroxybutyrat verwendet werden (Herrmann 2007; Eylert 2009). In dieser Arbeit sollte die Funktion von Glukose – im Vergleich zu Serin – als Kohlenstoffquelle für *L. pneumophila* näher charakterisiert werden. Zu diesem Zweck wurden dem Kulturmedium ^{13}C-haltige Substrate zugesetzt und nach ihrer metabolischen Verwertung die proteinogenen Aminosäuren von *L. pneumophila* mittels GC/MS sowie NMR-Spektroskopie auf ihre ^{13}C-Anreicherung hin untersucht (siehe 2.2.17 und 2.2.18). Dabei wurden zwei verschiedene Medien verwendet: ein Komplexmedium mit Hefeextrakt (YEB) sowie ein chemisch definiertes Medium (CDM) mit 16 Aminosäuren als Kohlenstoff- und Energiequellen (siehe 2.2.1.2). Das Wachstumsverhalten der Bakterien wurde dabei durch Anwesenheit der ^{13}C-Verbindungen nicht beeinflusst. Nach diesen *in vitro*-Analysen sollte in der zweiten Stufe der intrazelluläre Metabolismus im natürlichen Wirt *A. castellanii* mittels ^{13}C-Glukose untersucht werden.

3.1.1 ^{13}C-Glukose und ^{13}C-Serin als biosynthetische Vorstufen von Aminosäuren

Es wurde bereits gezeigt, dass die Kohlenstoffatome aus [U-$^{13}C_3$]Serin bzw. [U-$^{13}C_6$]Glukose während der Kultivierung von *L. pneumophila* in YEB-Medium in verschiedene Aminosäuren inkorporiert werden (Herrmann 2007; Eylert 2009). Im Vergleich dazu wurde die Verwertung von Serin und Glukose auch in einem chemisch definierten Medium (CDM) untersucht. Hierfür wurden 3 mM [U-$^{13}C_3$]Serin bzw. 11 mM [U-$^{13}C_6$]Glukose zugegeben. Nach einer Inkubationszeit von 40 h erreichten die Bakterienkulturen die stationäre Wachstumshase (Absorption bei 600 nm = 2,0–2,1, vgl. auch Abb. 11, S. 66). Die Bakterien wurden mehrmals mit H_2O_{dd} gewaschen, um Mediumrückstände zu entfernden. Anschließend wurden die proteinstämmigen Aminosäuren aus den Zellen extrahiert und durch gekoppelte Gaschromatographie/Massenspektrometrie (GC/MS) sowie NMR-Spektroskopie auf ihre ^{13}C-Anreicherung analysiert (Methodenbeschreibungen siehe 2.2.17 und 2.2.18).

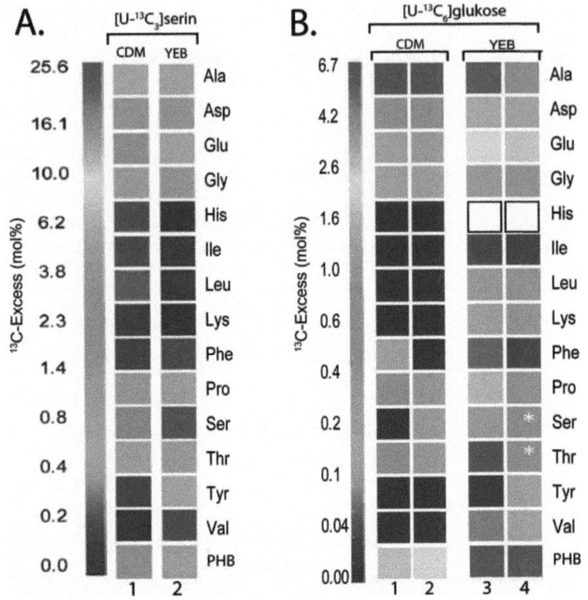

Abb. 4: ^{13}C-Überschuss in [mol %] der markierten, proteinogenen Aminosäure-Isotopologe aus *L. pneumophila* Paris Wildtyp nach Kultivierung mit 3 mM [U-$^{13}C_3$]Serin (A) bzw. 11 mM [U-$^{13}C_6$]Glukose (B) in chemisch definiertem Medium (CDM) bzw. Komplexmedium (Eylert 2009).

Der Farbcode zeigt den 13C-Überschuss quasilogarithmisch, um auch kleine Unterschiede deutlich zu machen. Jede Probe wurde dreimal vermessen, gezeigt sind die Mittelwerte. Histidin konnte in manchen Experimenten mit [U-$^{13}C_6$]Glukose nicht gemessen werden (weiße Kästchen); *, Standardabweichung > 35 % (Messwerte in Tab. 32 und 32, S. 159).

Aus exogenem [U-$^{13}C_3$]Serin konnte die höchste Anreicherung mit durchschnittlich 14,95 mol% im proteinogenen Serin detektiert werden (Abb. 4A). Weitere ^{13}C-Markierungen fanden sich in den Aminosäuren Alanin, mit ca. 11,80 mol%, ferner in Aspartat, Glutamat, Glycin und Prolin (2,43 bis 4,41 mol%). Geringe ^{13}C-Anreicherung wurde in der Aminosäuren Threonin nachgewiesen. Keine ^{13}C-Markierungen fanden sich hingegen in den Aminosäuren Histidin, Isoleucin, Leucin, Lysin, Phenylalanin, Tyrosin und Valin. Durch die angewandte saure Hydrolyse lassen sich keine Aussagen über die Isotopologzusammensetzungen von Cystein, Tryptophan, Asparagin und Glutamin treffen. In β-Hydroxybutyrat, der monomeren Einheit von Polyhydroxybutyrat (PHB), wurden durchschnittliche ^{13}C-Excesswerte von 2,70 mol% gemessen.

Nach Kultivierung in Anwesenheit von [U-$^{13}C_6$]Glukose zeigte die GC/MS-Analyse der proteinogenen Aminosäuren von *L. pneumophila* ein ähnliches ^{13}C-Markierungsprofil wie in den Versuchen mit [U-$^{13}C_3$]Serin. Jedoch lagen die Markierungsraten mit maximal 6,63 mol% bei Alanin aus [U-$^{13}C_6$]Glukose deutlich unter denen der ^{13}C-Serin-Versuche (Abb. 4B). Gleiches traf für die anderen ^{13}C-markierten Aminosäuren zu. In absteigender Häufigkeit waren Alanin, Glutamat, Aspartat, Prolin, Serin und Glycin signifikant ^{13}C-markiert. Histidin, Isoleucin, Leucin, Lysin, Phenylalanin und Valin lagen unmarkiert vor. Ein geringer ^{13}C-Einbau in Threonin und Tyrosin konnte im Wiederholungsexperiment nicht reproduziert werden und kann daher nicht beurteilt werden. In β-Hydroxybutyrat fanden sich im Durchschnitt 2,01 mol% ^{13}C-Atome.

Die Kultierung in CDM und YEB-Medium lieferte für beide ^{13}C-haltigen Substrate jeweils vergleichbare Ergebnisse zur ^{13}C-Anreicherung in den Aminosäuren. Für PHB lagen die ^{13}C-Anreicherungen bei Verwendung von CDM bei ca. einem Drittel der Werte, die in YEB-Medium gemessen wurden. Da die Verdopplungszeit von *L. pneumophila* in YEB-Medium geringer ist, wurde für die weiteren Versuche zur Aminosäureanalyse dieses gebräuchlichere Medium verwendet. Die Massendaten gaben zusätzlich Aufschluss über die Häufigkeit der verschiedenen ^{13}C-Isotopologe der jeweiligen Aminosäuren (Abb. 5, gemusterte Balken). Aus [U-$^{13}C_3$]Serin-Kultivierung wurden Serin und Alanin vorwiegend als $^{13}C_3$-Isotopologe charakterisiert, wohingegen Asparat und Glutamat eine komplexere Mischung aus Spezies mit einem, zwei oder drei ^{13}C-Atomen vorlagen (Abb. 5).

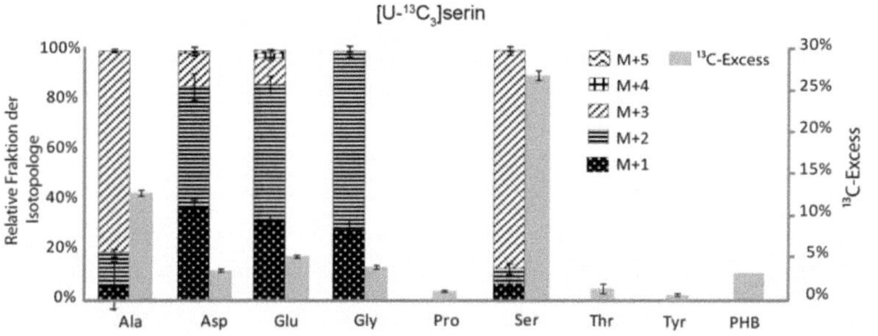

Abb. 5: ^{13}C-Excess (graue Balken, in [mol%], rechte Skala) und Isotopolog-Zusammensetzung (gemusterte Balken, linke Skala) der proteinogenen Aminosäuren nach Kultivierung von *L. pneumophila* Paris mit 3 mM [U-$^{13}C_3$]Serin in YEB-Medium, bestimmt mit GC/MS.
Die Werte bezeichnen Mittelwerte von drei technischen Replikaten, die Fehlerbalken zeigen die Standardabweichungen. Die gemusterten Boxen veranschaulichen die relativen Anteile der ^{13}C-Isotopologe (M+1 bis M+5) an der Gesamtanreicherung.

Zur Lokalisierung der ^{13}C-Atome, wurden die konzentrierten Aminosäuren aus der [U-$^{13}C_3$]Serin/YEB-Kultivierung mit quantitativer NMR-Spektroskopie untersucht. Viele NMR-Signale waren hierbei Multiplets verursacht durch die Kopplung zwischen benachbarten ^{13}C-Atomen. Die verschiedenen Isotopologe eines Moleküls sind in verschiedenen Farben dargestellt und existieren parallel (Abb. 6). Die Isotopologmuster aus [U-$^{13}C_3$]Serin bestätigten sowohl für Alanin als auch für Serin die hohe Dreifachmarkierungen (Abb. 6, rote Balken), die bereits in der GC/MS gemessen wurde (Abb. 5). Zusätzlich fand sich eine geringere Menge an 1,2-$^{13}C_2$-Markierung, d.h. an den Positionen 1 und 2 befand sich jeweils ein ^{13}C-Atom (Abb. 6, grüne Balken). Aspartat und Glutamat zeigten analog der Massendaten komplexere Isotopologverteilungen mit mehreren Zweifachmarkierungen, sowie eine Dreifachmarkierung im Aspartat (Abb. 6, blaue Balken). Der Vergleich der Markierungsraten ermittelt aus NMR- und MS-Analysen zeigten für alle detektierten

Aminosäuren große Übereinstimmungen (Abb. 6, Werten oben und unten). Glycin konnte über NMR-Spektroskopie aufgrund seiner geringen Konzentration nicht detektiert werden, zeigte sich jedoch in der empfindlicheren Massenspektrometrie als eine Mischung aus $^{13}C_1$- und $^{13}C_2$-Isotopologen (Abb. 5, gemusterte Balken).

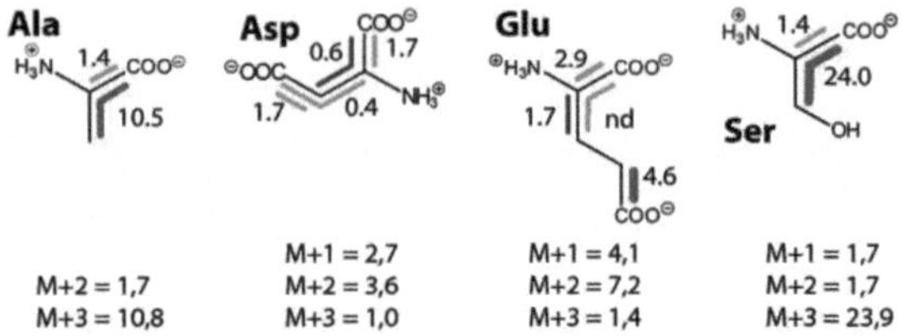

Abb. 6: ^{13}C-Markierungsmuster von proteinogenen Aminosäuren aus *L. pneumophila* Paris kultiviert mit 3 mM [U-$^{13}C_3$]Serin in YEB-Medium, gemessen mit quantitativer NMR-Spektroskopie.
Die farbigen Balken zeigen benachbarte ^{13}C-Atome. Verschiedene Farben beschreiben verschiedene Isotopologe eines Moleküls, die parallel existieren. Die Zahlen beziffern dabei die molaren Häufigkeiten bestimmt mittels NMR-Spektroskopie. Darunter sind die molaren Häufigkeiten der Isotopomergruppen mit einem, zwei oder drei ^{13}C-Atomen (M+1, M+2 und M+3), ermittelt via Massenspektrometrie, angegeben.

Die Isotopolog-Verteilung aus der [U-$^{13}C_6$]Glukose-Kultivierung wurde ebenfalls durch Massenspektrometrie und NMR-Spektroskopie (Abb. 7 und Abb. 8) bestimmt. Alanin lag hier vorwiegend als U-$^{13}C_3$-Isotopolog (Abb. 7 und Abb. 8, roter Balken) und zu einem kleineren Teil als 1,2-$^{13}C_2$-Isotopolog vor (Abb. 8, grüner Balken). Auch für Serin konnte eine geringe $^{13}C_3$-Markierung (0,1 mol% laut NMR-Spektroskopie) nachgewiesen werden (Abb. 8, roter Balken). Die Isotopologe von Asparat und Glutamat zeigten erneut ein komplexeres Muster und entsprachen denen aus dem [U-$^{13}C_3$]Serin-Versuchen, wenn auch die Markierungsraten niedriger waren. Glycin lag hauptsächlich als einfach-markierte Verbindung vor (Abb. 7, gemusterte Balken); eine genaue ^{13}C-Positionsbestimmung war durch die geringe Konzentration mittels NMR-Spektroskopie nicht möglich. Die ermittelten Markierungsraten zwischen NMR-Spektroskopie und MS waren erneut vergleichbar (Abb. 8, Werte oben und unten).

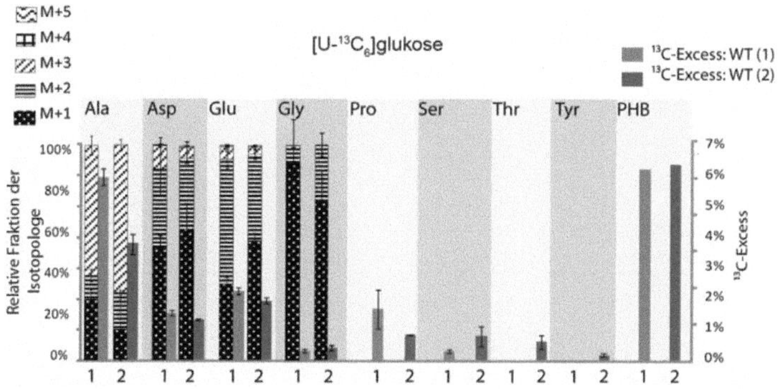

Abb. 7: ^{13}C-Excess (graue Balken, in [mol%], rechte Skala) und Isotopolog-Zusammensetzung (gemusterte Balken, linke Skala) der proteinogenen Aminosäuren nach Kultivierung von *L. pneumophila* Paris mit 11 mM [U-$^{13}C_6$]Glukose in YEB-Medium, bestimmt mit GC/MS.
Die Werte bezeichnen Mittelwerte von drei technischen Replikaten, die Fehlerbalken zeigen die Standardabweichungen. Die gemusterten Boxen zeigen die relativen Anteile der ^{13}C-Isotopologe (M+1 bis M+5) an der Gesamtanreicherung.

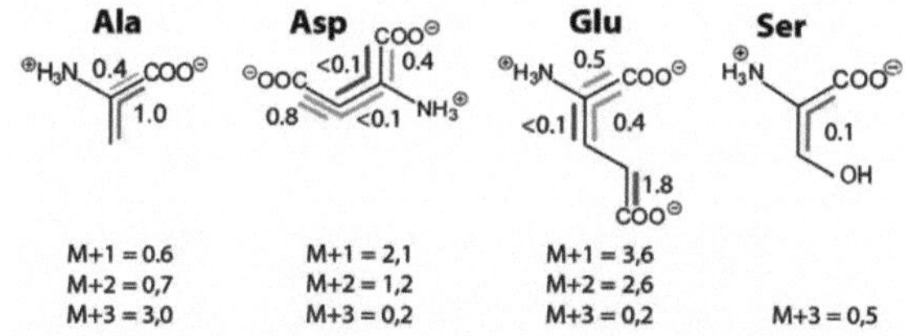

Abb. 8: ^{13}C-Markierungsmuster der proteinogenen Aminosäuren aus *L. pneumophila* Paris kultiviert mit 11 mM [U-$^{13}C_6$]Glukose in YEB-Medium, gemessen mit quantitativer NMR-Spektroskopie.
Die farbigen Balken zeigen benachbarte ^{13}C-Atome. Die Zahlen beziffern die molaren Häufigkeiten. Darunter sind die molaren Häufigkeiten der Isotopomergruppen mit einem, zwei oder drei ^{13}C-Atomen (M+1, M+2 und M+3), ermittelt via Massenspektrometrie, angegeben.

3.1.2 Wachstumsphasenabhängige Verwertung von Glukose

Im Anschluss sollte untersucht werden, zu welchen Zeitpunkten im Lebenszyklus von *L. pneumophila* Paris die Glukoseverwertung stattfindet. Hierfür wurden 11 mM [U-$^{13}C_6$]Glukose zu verschiedenen Zeitpunkten den Kulturen zugesetzt und anschließend die Bakterien zu definierten Zeitpunkten geerntet (Abb. 9). In Abb. 10 sind die ^{13}C-Excess-Werte der beschriebenen Versuche grafisch dargestellt.

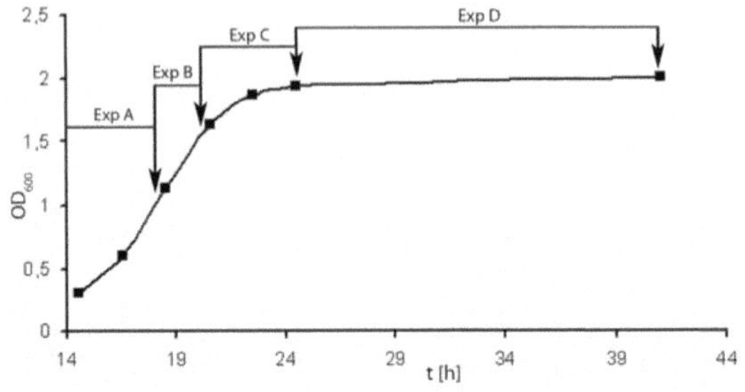

Abb. 9: Schema der wachstumsphasenabhängigen [U-$^{13}C_6$]Glukose-Inkorporationsversuche.
Gezeigt ist eine repräsentative Wachstumskurve von *L. pneumophila* Paris Wildtyp in YEB-Medium. Exp A, Glukosezugabe zum Zeitpunkt des Animpfens und Ernte bei OD 1,0; Exp B, Glukosezugabe bei OD 1,0 und Ernte bei OD 1,5; Exp C, Glukosezugabe bei OD 1,5 und Ernte bei OD 1,9; Exp D, Glukosezugabe bei OD 1,9 und Ernte nach 17 h.

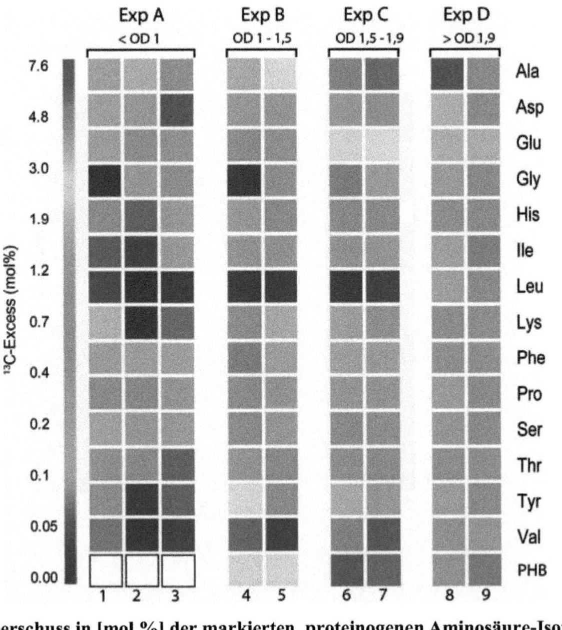

Abb. 10: ^{13}C-Überschuss in [mol %] der markierten, proteinogenen Aminosäure-Isotopologe aus *L. pneumophila* Paris Wildtyp nach Kultivierung mit 11 mM [U-$^{13}C_6$]Glukose in YEB-Medium.
Der Farbcode zeigt den ^{13}C-Überschuss quasilogarithmisch, um auch kleine Unterschiede deutlich zu machen. PHB konnte in Experiment A nicht detektiert werden (weiße Kästchen). Jede Probe wurde dreimal vermessen, gezeigt sind die Mittelwerte. < OD 1,0, Glukosezugabe zu Beginn des Experiments, Ernte bei OD 1,0 (Spalten 1, 2); OD 1,0–1,5, Glukosezugabe bei OD 1,0 und Ernte bei OD 1,5 (3, 4); OD 1,5–2,0 Glukosezugabe bei OD 1,5 und Ernte bei OD 2,0 (5, 6); > OD 2,0, Glukosezugabe bei OD 2,0 und Ernte nach 17 h (7, 8) (vgl. Versuchsschema in Abb. 9; Messwerte in Tab. 34 und Tab. 35, S 160).

Bei der Kultivierung von *L. pneumophila* Paris bis zu einer OD_{600} von 1,0 (frühe exponentielle Phase, Abb. 9) fand nur eine sehr geringe ^{13}C-Anreicherung in Aminosäuren aus [U-$^{13}C_3$]Glukose statt. Der maximale Excess-Wert wurde für Alanin mit 1,77 mol% in der Massenspektrometrie bestimmt (Abb. 10, Spalten 1–3). Alle weiteren Aminosäuren wiesen nochmals deutlich geringere ^{13}C-Excesswerte auf. Polyhydroxybutyrat (PHB) war nicht detektierbar. In der spät-exponentiellen Phase, im Zeitraum der OD_{600} 1–1,5 (Exp. B) stiegen die Markierungsraten bei den Aminosäuren Alanin, Asparat und Glutamat an. Alanin war erneut mit durchschnittlich 2,23 mol% die am stärksten markierte Aminosäure. Der hohe Excess-Wert des Tyrosins von 2,55 mol% in einem Experiment (Abb. 10, Spalte 4) war mit einer hohen Standardabweichung belastet und konnte im Wiederholungsversuch nicht repliziert werden (Abb. 10, Spalte 5). Zu diesem Messpunkt war erstmals PHB detektierbar, welches eine ^{13}C-Anreicherung von 2,56 mol% aufwies. Der folgende Zeitraum OD_{600} 1,5–1,9 entsprach dem Übergang in die post-expontielle Wachstumsphase (Abb. 9). Hier fand nochmals eine deutlich verstärkte ^{13}C-Inkorporation in Alanin (5,12 mol%), Asparat (1,14 mol%), Glutamat (2,65 mol%) sowie PHB (6,15 mol%) statt (Abb. 10, Spalten 6–7). Der letzte untersuchte Zeitraum beschrieb die frühe stationäre Wachstumsphase von *L. pneumophila* mit den ersten 24 Stunden nach Erreichen einer OD_{600} von 1,9 (Abb. 9). Die Inkorporation von ^{13}C-Atomen aus [U-$^{13}C_6$]Glukose in Alanin (5,98 mol%), Asparat (1,32 mol%) und Glutamat (2,53 mol%) erreichte hier das Gesamtmaximum. Zusätzlich waren Glycin und Prolin erstmals eindeutig mit 1,03 bzw. 0,97 mol% ^{13}C-markiert. Serin besaß eine ^{13}C-Anreicherung von durchschnittlich 0,87 mol% und PHB von 4,55 mol% (Abb. 10, Spalten 8–9).

3.1.3 Einfluss von Glukose auf das Wachstum

Laut früheren Studien besitzt Glukose keinen Einfluss auf die Wachstumsrate von *L. pneumophila* und erhöht auch nicht die erreichte Zelldichte einer *in vitro*-Kultur (Pine et al. 1979; Warren and Miller 1979). Dieses Ergebnis wurde in der vorliegenden Arbeit für das verwendete chemisch definierte Medium (CDM) bestätigt. Die Zugabe von 600 mg/l Glukose (ca. 3 mM) führte zu keiner Wachstumssteigerung oder Erhöhung der Zelldichte (Abb. 11). Serin ist eine wichtige Kohlenstoffquelle für *L. pneumophila* (George et al. 1980; Weiss et al. 1980) und gilt darüber hinaus als essentiell für den Organismus. Die vorliegende Arbeit hat jedoch gezeigt, dass *L. pneumophila* in der Lage ist, Serin *de novo* zu synthetisieren (Inkorporation von C-Atomen aus Glukose, siehe oben). Aufgrund dieser Beobachtung wurde *L. pneumophila* Paris ohne Zugabe von Serin kultiviert. Hierbei war ein geringes Wachstum bis zu einer Optischen Dichte (OD_{600}) von ca. 0,6 nachweisbar (Abb. 11). Durch die Zugabe von 3 mM Glukose konnte dieses geringe Wachstum nicht gesteigert werden. Zusätzlich wurde das Wachstum von *L. pneumophila* ohne die Aminosäure Glutamin charakterisiert. Auch diese Aminosäure wurde als Energie- und Kohlenstoffquelle beschrieben (Weiss et al. 1980). In Abwesenheit von Glutamin verzögerte sich das Wachstum von *L. pneumophila* Paris und die Kulturen erreichten nicht die Dichte des Wildtypstamms. Die Zugabe von Glukose führte in Medium ohne

Glutamin nur zu einer geringfügigen Steigerung der Optischen Dichte in der post-exponentiellen Wachstumsphase (Abb. 11).

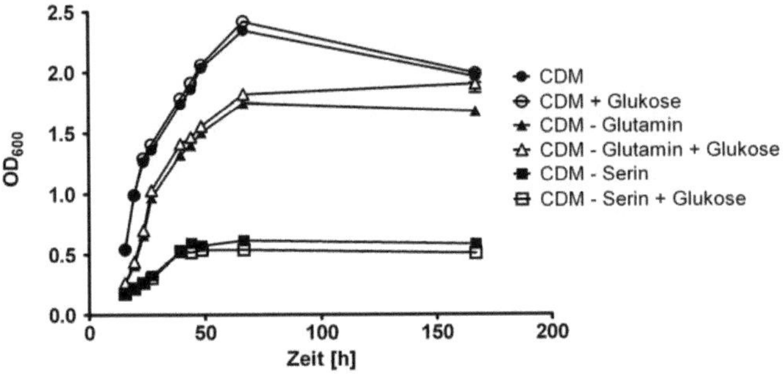

Abb. 11: Wachstum von *L. pneumophila* Paris Wildtyp in chemisch definiertem Medien (CDM) mit/ohne 3 mM Glukose sowie ohne Zugabe von Serin bzw. Glutamin.

3.1.4 Wege des Glukosekatabolismus

Frühere Arbeiten hatten gezeigt, dass die kodierenen Gene mehrerer Enzyme des Entner-Doudoroff-Wegs in *L. pneumophila* Paris als Operon organisiert sind (Blädel 2008). In diesem Operon, durch die Gene *lpp0483-0487* kodiert, sind die Glukose-6-Phosphat-Dehydrogenase (Zwf), die 6-Phosphoglukono-Lactonase (Pgl), die 6-Phosphoglukonat-Dehydratase (Edd), die Glukokinase (Glk) und die 2-Dehydro-3-Deoxyphosphoglukonat-Aldolase (Eda). Zusätzlich wurde in der vorliegenden Arbeit ein weiteres Operon identifiziert, das die Gene *lpp0151-0154* umfasst und für die Pyruvatkinase (PykA), die Phosphoglycerat-Kinase (Pgk), die Glycerinaldehyd-3-Phosphat-Dehydrogenase (Gap) und die Transketolase (TktA), also für Gene des Pentose-Phosphat-Wegs kodiert (Abb. 12).

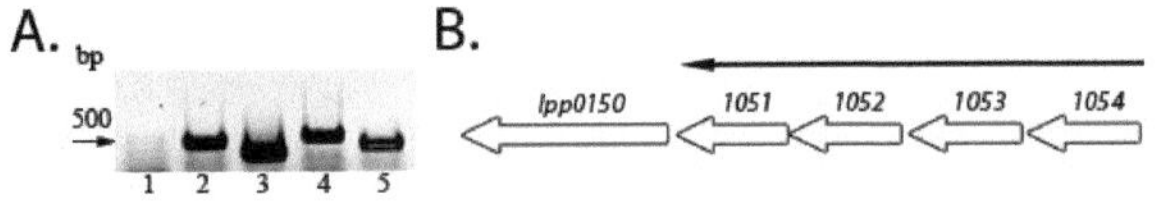

Abb. 12: Reverse-Transkriptase-PCR zur Bestimmung der Operonstruktur von *lpp0150-0151* aus *L. pneumophila* Paris.

(A) Es wurden Primerpaare verwendet, deren umspannende Bereiche benachbarte Leserahmen verbinden. 1, *lpp0150-lpp0151*; 2, *lpp0151-lpp0152*; 3, *lpp0152-lpp0153*; 4, *lpp0153-lpp0154*; 5, *lpp1372/gyrA*, Kontrolle; 30 PCR-Zyklen. (B) Schematische Darstellung der Organisation der Gene *lpp0150-lpp0454* im Genom von *L. pneumophila* Paris (große Pfeile) sowie die durch RT-PCR bestimmte polycistronische mRNA (dünner Pfeil).

Zur Bestimmung der katabolen Wege von Glukose wurde *L. pneumophila* Paris mit 11 mM [1,2-$^{13}C_2$]Glukose kultiviert. Bei diesem Glukosemolekül bestehen lediglich die Kohlenstoffatome an den Positionen 1 und 2 aus ^{13}C-Kohlenstoff. Dies ermöglicht es, aus den Isotopologprofilen der biosynthetisierten Aminosäuren auf den beschrittenen Abbauweg von Glukose rückzuschließen. So entsteht beispielsweise aus [1,2-$^{13}C_2$]Glukose in Folge der Reaktionen der Glykolyse 2,3-$^{13}C_2$-markiertes Pyruvat und daraus 2,3-$^{13}C_2$-markiertes Alanin. Der Pentose-Phosphat-Weg würde im Gegensatz dazu 3-$^{13}C_1$-markiertes Pyruvat/Alanin liefern und der Entner-Doudoroff-Weg 1,2-$^{13}C_2$-angereichertes Pyruvat/Alanin.

Zunächst wurde mittels Massenspektrometrie die Gesamtanreicherung in den proteinogenen Aminosäuren bestimmt. Dabei wurden ^{13}C-Markierungen in denselben Aminosäuren wie bei der [U-$^{13}C_6$]Glukose-Kultivierung nachgewiesen, lediglich die ^{13}C-Excess-Werte der einzelnen Aminosäuren lagen erwartungsgemäß niedriger (Abb. 13).

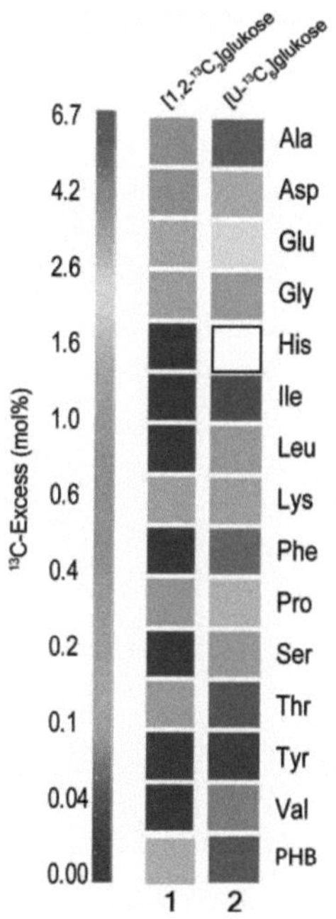

Abb. 13: ^{13}C-Überschuss in [mol %] der markierten, proteinogenen Aminosäure-Isotopologe aus *L. pneumophila* Paris Wildtyp nach Kultivierung mit 11 mM [1,2-$^{13}C_2$]Glukose (1) bzw. [U-$^{13}C_6$]Glukose (2) in YEB-Medium.

Der Farbcode zeigt den ^{13}C-Überschuss quasilogarithmisch, um auch kleine Unterschiede deutlich zu machen. Jede Probe wurde dreimal vermessen, gezeigt sind die Mittelwerte; Histidin konnte im Wildtyp-Experiment mit [U-$^{13}C_6$]Glukose nicht gemessen werden (weißes Kästchen; Messwerte in Tab. 33, S. 159).

In der folgenden NMR-Analyse wurde Alanin hauptsächlich als 1,2-$^{13}C_2$-Isotopolog (Abb. 14, roter Balken) und zu einem kleinen Teil als 1-$^{13}C_1$-Isotopolog (Abb. 14, grüner Punkt) identifiziert. Es wurde kein 2,3-$^{13}C_2$- bzw. 3-$^{13}C_1$-Isotopolog detektiert. Der Pentose-Phosphat-Weg sowie die Glykolyse konnten daher ausgeschlossen werden. Serin lag unmarkiert vor. Glutamat wies an der

Position 5 ein ^{13}C-Atom auf (Abb. 14, roter Punkt), Aspartat an den Positionen 1 bzw. 4 (Abb. 14, grüne Punkte). Auch die durch NMR-Spektroskopie gemessenen Markierungsraten waren niedriger im Vergleich zur [U-$^{13}C_6$]Glukose-Kultivierung und stimmten mit den MS-Messungen überein. Die Ergebnisse dieses Experiments zeigten, dass Glukose in *L. pneumophila* hauptsächlich über den Entner-Doudoroff-Weg metabolisiert wird (siehe auch Diskussion, S. 112ff).

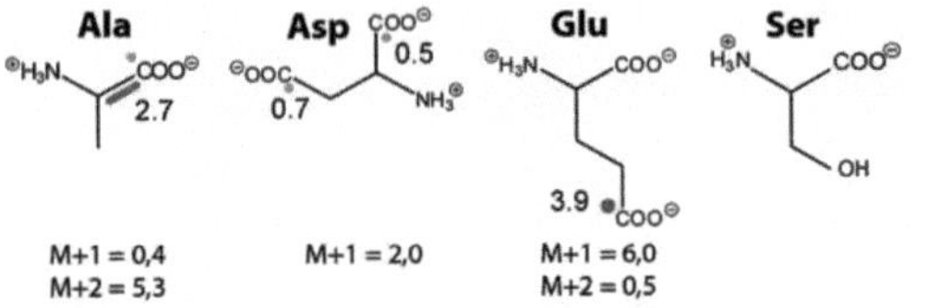

Abb. 14: ^{13}C-Markierungsmuster von proteinogenen Aminosäuren aus *L. pneumophila* Paris kultiviert mit 11 mM [1,2-$^{13}C_2$]Glukose in YEB-Medium, gemessen mit quantitativer NMR-Spektroskopie.
Die farbigen Balken zeigen benachbarte ^{13}C-Atome. Die Zahlen beziffern die molaren Häufigkeiten. Darunter sind die molaren Häufigkeiten der Isotopomergruppen mit einem oder zwei ^{13}C-Atomen (M+1, M+2), gemessen mit Massenspektrometrie, angegeben.

Um die Rolle des Entner-Doudoroff-Wegs in *L. pneumophila* näher zu charakterisieren, wurde ein *zwf*-Deletionsstamm verwendet (Buchrieser, Paris). Das Gen *zwf (lpp0483)* kodiert für das Enzym Glukose-6-Phosphat-Dehydrogenase, das den ersten Schritt im Entner-Doudoroff- sowie Pentose-Phosphat-Weg katalysiert. Der Deletionsstamm wurde jeweils mit 11 mM [U-$^{13}C_6$]Glukose bzw. [1,2-$^{13}C_2$]Glukose in YEB-Medium kultiviert und der ^{13}C-Gehalt der Aminosäuren via GC/MS bestimmt (Abb. 15). Dabei war kein Wachstumsdefekt feststellbar. Die ^{13}C-Einbauraten waren, im Vergleich zum Wildtyp, um einen Faktor von etwa 10 vermindert. So wurden für Alanin 0,42 mol% statt 4,85 mol% ^{13}C-Anreicherung aus vollmarkierter Glukose bestimmt. Es fanden sich weitere geringe ^{13}C-Anreicherungen in den Aminosäuren Glutamat, Histidin, Phenylalanin, Prolin und Threonin (Abb. 15). Diese im Vergleich zum Wildtyp stark verminderte *de novo*-Biosynthese von Aminosäuren aus Glukose bestätigte die Aktivität des Entner-Doudoroff-Wegs in *L. pneumophila*.

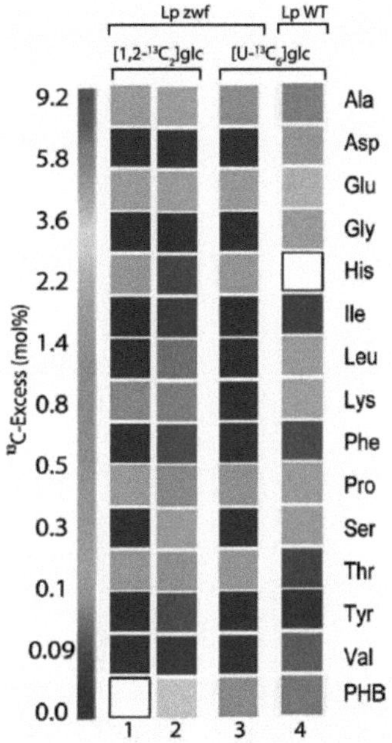

Abb. 15: ^{13}C-Überschuss in [mol %] der markierten, proteinogenen Aminosäure-Isotopologe aus *L. pneumophila* Paris Wildtyp sowie einem *zwf*-Deletionsstamm nach Kultivierung mit 11 mM [U-$^{13}C_6$]Glukose bzw. 11 mM [1,2-$^{13}C_2$]Glukose in YEB-Medium.

Als Vergleich ist ein repräsentativer Versuch des Wildtypstamms gezeigt. Der Farbcode zeigt den ^{13}C-Überschuss quasilogarithmisch, um auch kleine Unterschiede deutlich zu machen. Jede Probe wurde dreimal vermessen, gezeigt sind die Mittelwerte. PHB konnte in einem Experiment mit [1,2-$^{13}C_2$]Glukose und dem *zwf*-Deletionsstamm nicht gemessen werden (weiße Kästchen; Messwerte in Tab. 36, S. 161).

3.1.5 Replikationsverhalten eines *zwf*-Deletionsstamms

Zur Analyse der Bedeutung des Glukosekatabolismus und insbesondere des Entner-Doudoroff-Wegs für den Lebenszyklus von *L. pneumophila* wurde das Replikationsverhalten des *zwf*-Deletionsstamms im Vergleich zum Wildtypstamm phänotypisch untersucht. Da im Kulturmedium kein Unterschied im Wachstum nachweisbar war (Abb. 16A), wurde das Replikationsverhalten im natürlichen Wirts- und Modellorganismus *A. castellanii* untersucht (Methode siehe 2.2.2). Die Deletion des *zwf*-Gens beeinflusste das Replikationsverhalten im Vergleich zum Wildtypstamm in der Wirtszelle nicht signifikant (Abb. 16B). In einem zyklischen Replikations-Überlebens-Assay mit Replikationszeiten von jeweils 3 Tagen und Inkubationszeiten in Infektionspuffer von jeweils 4 Tagen zeigte sich jedoch nach drei dieser Zyklen eine leichte Reduktion der Bakterienzahl des *zwf*-Deletionsstamms gegenüber dem Wildtyp (Abb. 16C). Wurden *A. castellanii*-Zellen gleichzeitig mit dem *zwf*-Deletionsstamm und dem Wildtypstamm infiziert (in Kompetition), so wurde nach wenigen Zyklen der Deletionsstamm sogar vollständig vom Wildtypstamm verdrängt (Abb. 16D). Die Unterbrechung des Entner-

Doudoroff-Wegs in *L. pneumophila* vermindert demnach die Fitness der Bakterien in Bezug auf die intrazelluläre Replikation in *A. castellanii* sowie das Überleben in nährstoffarmer Umgebung.

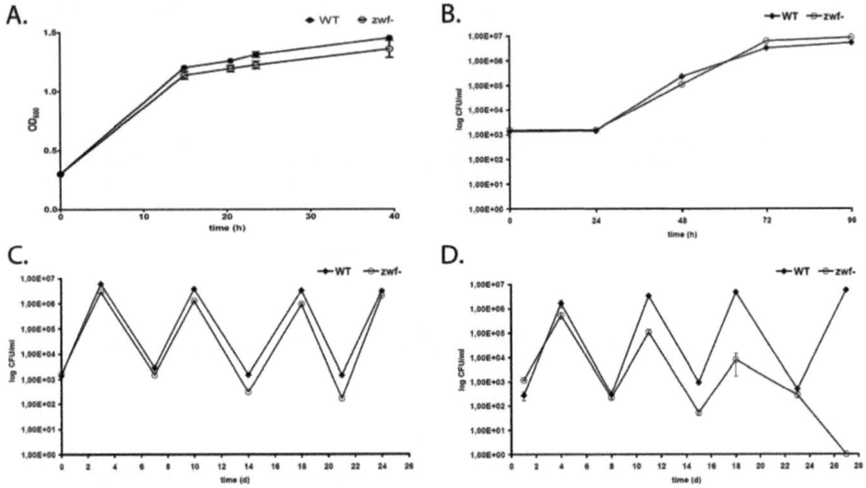

Abb. 16: Replikationsverhalten des *zwf*-Deletionsstamms von *L. pneumophila*.
(A) Vermehrung von *L. pneumophila* Paris Wildtyp (WT) bzw. des *L. pneumophila zwf*-Deletionsstamms (*zwf*-) *in vitro* in chemisch definiertem Medium (CDM). (B) Replikation des Wildtyp- und *zwf*-Deletionsstamms in *A. castellanii.* (C) Replikations-Überlebens-Assay des Wildtyp- und *zwf*-Deletionsstamms in *A. castellanii.* (D) Replikations-Überlebens-Assay des Wildtyp- und *zwf*-Deletionsstamms in *A. castellanii* bei gleichzeitiger Infektion (in Kompetition). Gezeigt ist jeweils ein reprästentativer Versuch aus mindestens drei Wiederholungen, mit jeweils Doppelansätzen (Methode in Kapitel 2.2.2).

3.1.6 Intrazellulärer Metabolismus im natürlichen Wirt *A. castellanii*

Der Metabolismus von pathogenen Bakterien innerhalb von Wirtszellen unterscheidet sich häufig von demjenigen unter Laborbedingungen (Munoz-Elias and McKinney 2006). Die vorliegende Arbeit hat bereits gezeigt, dass der Glukosekatabolismus von *L. pneumophila* entscheidend ist für den vollen Replikationserfolg im natürlichen Wirtsorganismus *A. castellanii* (siehe 3.1.5). Aus diesen Gründen wurde der Metabolismus innerhalb der Wirtszellen mittels ^{13}C-Isotopologstudien näher untersucht.

3.1.6.1 *L. pneumophila/A. castellanii*-Cokultur in Anwesenheit von ^{13}C-Glukose

In dieser Arbeit wurde eine Methode zur Separierung der intrazellulären Bakterien aus *A. castellanii* ausgehend von einem Protokoll für *Listeria monocytogenes* adaptiert (Eylert et al. 2008). *A. castellanii*-Zellen wurden mit *L. pneumophila* Wildtyp bei einer MOI (*multiplicity of infection*) von 100 infiziert. Durch diese hohe Anzahl an Bakterien wurde gewährleistet, dass die überwiegende Mehrheit der Amöben zum gleichen Zeitpunkt infiziert worden war. Nach zwei Stunden wurden die verbliebenen, extrazellulären Bakterien durch dreimaligen Wechsel des Infektionsmediums entfernt. Anschließend wurden der Cokultur 11 mM [U-$^{13}C_6$]Glukose zugesetzt. Bevor die Lyse der *A.*

castellanii-Zellen einsetzte, wurden die Organismen, wie unter 2.2.2.4 beschrieben, in drei Fraktionen getrennt: (i) die intrazelluläre *L. pnemophila* Paris-Fraktion, (ii) der Membrananteil von *A. castellanii,* sowie (iii) die cytosolische Fraktion, zu der neben Proteinen von *A. castellanii* auch sekretierte Proteine von *L. pneumophila* gehörten.

Die Reinheit dieser Fraktionen wurde durch die folgenden Analysen überprüft. Aliquots der drei separierten Fraktionen wurden auf BCYE-Agarplatten ausplattiert und die Anzahl der Kolonie-bildenden Einheiten (*colony forming units*, cfu) bestimmt (Tab. 27). Die Kontamination in der *A. castellanii*-Fraktion durch *L. pneumophila* Paris betrug 7,1 %. Diese Menge an Bakterien ist vertretbar für die Isotopstudien. In der cytosolischen Fraktion war nur noch eine geringe Bakterienmenge von 0,05 % der Anzahl in der *L. pneumophila*-Fraktion nachweisbar. Das Ergebnis zeigte, dass sowohl die *A. castellanii*-Fraktion, als auch die cytosolische Fraktion der Protozoen ausreichend separiert worden waren.

Tab. 27: Kontrolle der separierten Fraktionen aus *L. pneumophila/A. castellanii*-Cokultur mit [U-$^{13}C_6$]Glukose auf *L. pneumophila*-Kontamination

Fraktion	cfu / ml	*L.p.*-Kontamination bezogen auf *L.p.*-Fraktion
L.p.-Fraktion	2,99 x 10^7	100 %
A.c.-Fraktion	2,12 x 10^6	7,1 %
Cytosolische Fraktion	1,43 X 10^4	0,05 %

Als weitere Kontrolle der erfolgreichen Trennung wurde ein *A. castellanii*-spezifisches Antiserum aus Kaninchen (Kiderlen, Berlin) verwendet und die separierten Fraktionen auf *A. castellanii*-Antigene getestet (Abb. 17). Das Antiserum wurde in einer Verdünnung von 1:200, der Sekundärantikörper 1:2000 eingesetzt. Als Positivkontrolle diente ein Lysat von ca. 3 x 10^6 uninfizierten Amöben, bei welchem das verwendete Antiserum mit mindestens fünf differenzierten Antigenen reagierte (Abb. 17, Spur 1). Als Negativkontrolle wurden ca. 4 x 10^8 lysierte Bakterien von *L. pneumophila* Paris eingesetzt. Das Antiserum zeigte hier zwei Kreuzreaktionen, die jedoch aufgrund ihres abweichenden Laufverhaltens von den Antigenen aus *A. castellanii* unterscheidbar waren (Abb. 17, Spur 2). In der *A. castellanii*-Fraktion konnten fünf charakteristische Antigene der Positivkontrolle nachgewiesen werden (Abb. 17, Spur 3). Die *L. pneumophila*-Fraktion zeigte die beiden Kreuzreaktionsbanden analog der Negativkontrolle und nur relativ schwache weitere Proteinbanden (Abb. 17, Spur 4). Die Bakterienfraktion kann demnach für differenzielle Isotopstudien verwendet werden. Das Muster der cytosolischen Fraktion entsprach annähernd der *A. castellanii*-Positivkontrolle (Abb. 17, Spur 5). In dieser Fraktion befanden sich demnach Amöbenproteine. Dieses Ergebnis zeigte zusammen mit der cfu-Bestimmung (Tab. 27, oben), dass die Fraktionierung mit nur geringer Verunreinigung erfolgreich war.

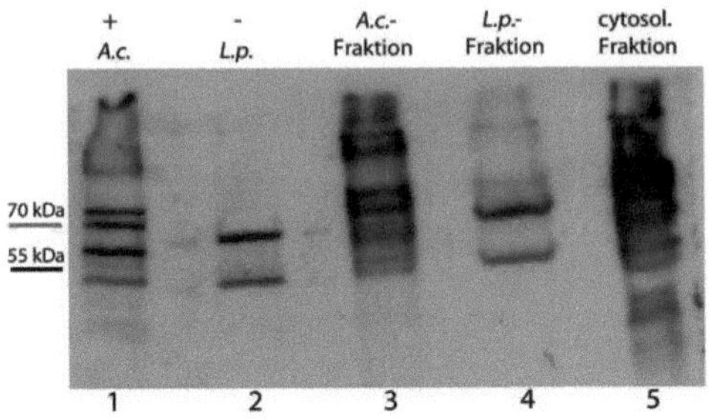

Abb. 17: Immunoblot mit α-*A. castellanii* zur Kontrolle der Fraktionierung.
1, *A. castellanii-in vitro*-Positivkontrolle; 2, *L. pneumophila* Paris-*in vitro*-Negativkontrolle; 3, *A. castellanii*-Membranfraktion; 4, *L. pneumophila*-Fraktion; 5, *A. castellanii*-Cytosolfraktion. Primärantikörper 1:200, Sekundärantikörper 1:2000.

Anschließend wurden die separierten Fraktionen der Cokultur auf die spezifische Aktivität der Glukoamylase GamA von *L. pneumophila* Paris getestet (siehe Kapitel 3.2). Dieses Stärke- und Glykogen-hydrolysierende Enzym befindet sich im zellfreien Überstand von *L. pneumophila*-Kulturen und wird auch intrazellulär in *A. castellanii* exprimiert (siehe Abb. 41, S. 95). Es wurden gleiche Volumina der Fraktionen aufgetragen. Die Aktivität des Enzyms wurde in einem mit 0,1 % Stärke supplementierten Polyacrylamidgel nur in der cytosolischen Fraktion nachgewiesen (Abb. 18A). In einem mit 0,1 % Glykogen supplementierten Polyacrylamidgel konnte ebenfalls eine deutliche Hydrolyse in der Cytosolfraktion detektiert werden, jedoch nur eine jeweils schwache Aktivität in den anderen beiden Fraktionen (Abb. 18B). Die cytosolische Fraktion enhielt demnach neben *A. castellanii*-Proteinen (vgl. Abb. 17) auch die intrazellulär sekretierten Proteine von *L. pneumophila* Paris.

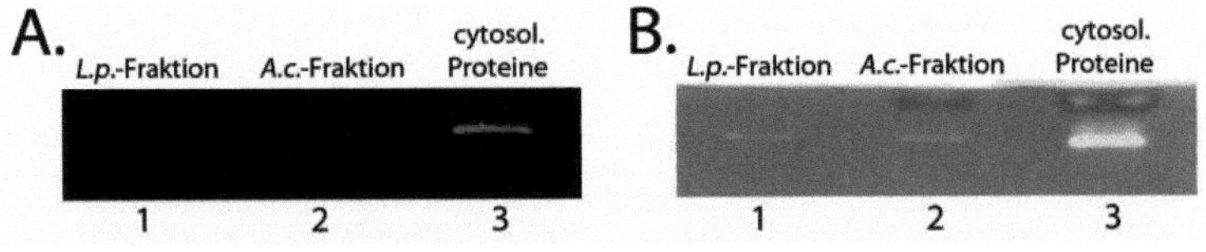

Abb. 18: Zymogramm zur Kontrolle der Fraktionierung.
Die Fraktionen wurden in mit 0,1 % Stärke (A) bzw. Glykogen (B) supplementierten SDS-Polyacrylamidgelen aufgetrennt und nach 5-tägiger Inkubation bei 37 °C mit Iod/Kaliumiodid-Lösung gefärbt. Helle Hydrolysebanden zeigen die Aktivität der von *L. pneumophila* sekretierten Glukoamylase (GamA). 1, *L. pneumophila*-Fraktion; 2, *A. castellanii*-Membranfraktion; 3, *A. castellanii*-Cytosolfraktion.

Wie gezeigt, waren alle Fraktionen aus der *L. pneumophila/A. castellanii*-Cokultur ausreichend separiert worden, um Unterschiede im Stoffwechsel zwischen beiden Organismen mittels ^{13}C-Inkorporationsversuche zu identifzieren. Die Aminosäuren aller drei Fraktionen wurden identisch gereinigt und die ^{13}C-Anreicherung mittels GC/MS bestimmt (Abb. 19B). Dabei wurden drei

Replikate der Cokultivierung und Fraktionierung durchgeführt, die jeweils dreimal vermessen wurden. Zusätzlich wurde der Glukosekatabolismus durch uninfizierte *A. castellanii*-Zellen charakterisiert. Hierfür wurde der Organismus in Anwesenheit von 11 mM [U-$^{13}C_6$]Glukose und 88 mM natürlicher Glukose für 72 Stunden kultiviert. Das optimale Wachstum der Amöben findet bei ca. 20 °C statt, da jedoch die Infektion mit *L. pneumophila* bei 37 °C optimal verläuft, wurden für beide Temperaturen Kontrollexperimente durchgeführt (Abb. 19B, Spuren 10–12). Abb. 19A zeigt als Vergleich die ^{13}C-Excess-Werte von *L. pneumophila* Wildtyp kultiviert in YEB-Medium.

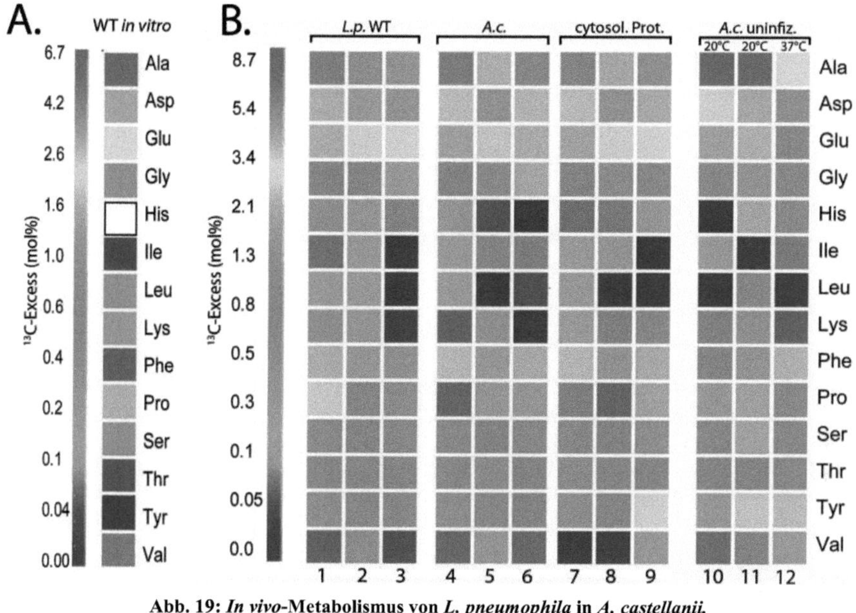

Abb. 19: *In vivo*-Metabolismus von *L. pneumophila* in *A. castellanii*.
(A) Repräsentative Ergebnisse des ^{13}C-Überschusses in [mol %] der markierten, proteinogenen Aminosäure-Isotopologe aus *L. pneumophila* Paris Wildtyp nach Kultivierung mit 11 mM [U-$^{13}C_6$]Glukose in YEB-Medium. (B) ^{13}C-Überschuss in [mol %] der markierten, proteinogenen Aminosäure-Isotopologe aus drei getrennten Fraktionen der *A. castellanii/L. pneumophila* Paris Wildtyp-Cokultur, gemessen mit GC/MS. Es wurden 11 mM [U-$^{13}C_6$]Glukose während der Infektion zugesetzt. 1-3, *L. pneumophila*-Fraktionen; 4-6, *A. castellanii*-Membranfraktionen; 7-9, Cytosolfraktionen; 10,11, *A. castellanii* uninfiziert bei 20 °C; 12, *A. castellanii* uninfiziert bei 37 °C. Der Farbcode zeigt den ^{13}C-Überschuss quasilogarithmisch, um auch kleine Unterschiede deutlich zu machen. Jede Probe wurde dreimal vermessen, gezeigt sind die Mittelwerte (Messwerte in Tab. 38, S. 162).

Uninfizierte *A. castellanii*-Zellen inkorporierten die ^{13}C-Atome von [U-$^{13}C_6$]Glukose in Alanin, Aspartat, Glutamat, Prolin, Serin und Threonin sowie in die aromatischen Aminosäuren Phenylalanin und Tyrosin (Abb. 19B, Spuren 10–12). Glycin und Histidin wurden in jeweils zwei der drei Experimente als ^{13}C-angereicherte Verbindungen detektiert. Die ^{13}C-Inkorporation erreichte mit 7,49 mol% in der Aminosäure Alanin ihr Maximum. Aus diesen Werten lässt sich belegen, dass *A. castellanii* exogene Glukose als Kohlenstoffquelle für die Biosynthese von Aminosäuren verwendet.

Die ^{13}C-Markierungsprofile von allen separierten Fraktionen der Cokultur wiesen weitgehende Übereinstimmungen mit denen der uninfizierten Amöben auf (Abb. 19B). Dies bedeutet, dass *L. pneumophila* die detektierten Aminosäuren intrazellulär von den Wirtszellen bezogen hatte. Lediglich eine moderate Steigerung der ^{13}C-Anreicherungen in Histidin war in der *L. pneumophila*-Fraktion nachweisbar, sowie eine deutlich erhöhte ^{13}C-Inkorporation in Prolin, die in zwei der drei Experimente in allen Fraktionen detektiert wurde (Abb. 19B, Spuren 1–2, 4–5 und 7–8).

3.1.6.2 *L. pneumophila* Δ*zwf*/*A. castellanii*-Cokultur in Anwesenheit von ^{13}C-Glukose

Wie bereits in dieser Arbeit dargelegt, besitzt ein *zwf*-Deletionsstamm von *L. pneumophila* verminderte Fitness in der Replikationsfähigkeit in *A. castellanii* sowie im sich anschließenden Überleben in nährstoffarmer Umgebung (vgl. Kapitel 3.1.5). Außerdem ist dieser Deletionsstamm nur noch zu stark vermindertem Glukosekatabolismus fähig (vgl. Kapitel 3.1.4). Um diesen Phänotyp näher zu charakterisieren, wurde der intrazelluläre Metabolismus des *zwf*-Deletionsstamms mit von [U-$^{13}C_6$]Glukose in *A. castellanii*-Wirtszellen untersucht. Hier egab sich ein analoges Bild zum Wildtypstamm mit hohen Übereinstimmungen der ^{13}C-Anreicherungen in allen Fraktionen (Abb. 20B). Eine leicht erhöhte ^{13}C-Anreicherung in Histidin in der Bakterienfraktion war auch hier in zwei Versuchen nachweisbar (Abb. 20B, Spuren 1 und 3); eine abweichende ^{13}C-Inkorporation in Prolin wurde hingegen nicht detektiert. In Abb. 20A sind als Vergleich die vorher bestimmten ^{13}C-Anreicherungen aus *in vitro*-Kultivierung in YEB-Medium für den Wildtyp- sowie den *zwf*-Deletionsstamm dargestellt (Abb. 20A). Der *zwf*-Deletionsstamm besitzt *in vivo* ein ähnliches ^{13}C-Markierungsprofil wie der Wildtypstamm aus *in vitro*-Versuchen. Es lässt sich daher belegen, dass *L. pneumophila* intrazellulär auf die im Wirt verfügbaren Aminosäuren zurückgreift und diese in eigene Proteine inkorporiert. Das Defizit in der Glukose-Verwertung durch den unterbrochenen Entner-Doudoroff-Weg wird somit in den *in vivo*-Versuchen nicht sichtbar.

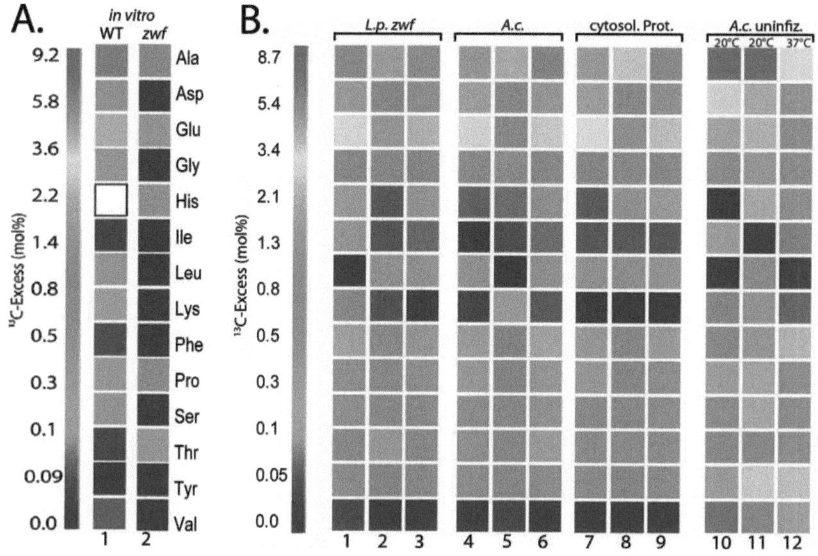

Abb. 20: ***In vivo*-Metabolismus des *zwf*-Deletionsstamms von *L. pneumophila* in *A. castellanii.***
(A) Repräsentative Ergebnisse des ^{13}C-Überschusses in [mol %] der markierten, proteinogenen Aminosäure-Isotopologe aus *L. pneumophila* Paris Wildtyp sowie Δ*zwf* nach Kultivierung mit 11 mM [U-$^{13}C_6$]Glukose in YEB-Medium. (B) ^{13}C-Überschuss in [mol %] der markierten, proteinogenen Aminosäure-Isotopologe aus drei getrennten Fraktionen der *A. castellanii/L. pneumophila* Paris Δ*zwf*-Cokultur, gemessen mit GC/MS. Es wurden 11 mM [U-$^{13}C_6$]Glukose während der Infektion zugesetzt. 1-3, *L. pneumophila* Paris-Fraktionen; 4-6, *A. castellanii*-Membranfraktionen; 7-9, Cytosolfraktionen; 10,11, *A. castellanii* uninfiziert bei 20 °C; 12, *A. castellanii* uninfiziert bei 37 °C. Der Farbcode zeigt den ^{13}C-Überschuss quasilogarithmisch, um auch kleine Unterschiede deutlich zu machen. Jede Probe wurde dreimal vermessen, gezeigt sind die Mittelwerte (Messwerte in Tab. 39, S. 163).

3.2 Die Glukoamylase GamA von *L. pneumophila*

Es wurde gezeigt, dass *L. pneumophila* Paris Glukose als Kohlenstoffquelle für Aminosäuren verwendet und dabei der Entner-Doudoroff-Weg die Hauptkatabolismusroute für Glukose darstellt (diese Arbeit und (Eylert 2009). Diese Arbeit hat außerdem gezeigt, dass ein Glukose-6-Phosphat-Dehydrogenase-Deletionsstamm einen intrazellulären Replikationsdefekt in *A. castellanii* aufweist (siehe Abb. 16, S. 70). Glukose existiert in der Umwelt in Form von Polymeren wie Glykogen, Stärke und Cellulose. Frühere Arbeiten hatten im Genom von *L. pneumophila* ein Gen mit Ähnlichkeit zu eukaryotischen Glukoamylasen identifziert (*gamA*), das auf Transkriptebene *in vivo* hochreguliert wird (Bruggemann et al. 2006). Die vorliegenden Arbeit sollte die Funktionsfähigkeit des kodierten Enzyms überprüfen, sowie die Regulation der Genexpression und die Bedeutung für den Lebenszyklus von *L. pneumophila* charakterisieren.

3.2.1 Stärke-, Glykogen- und Cellulosehydrolyse

Glykogen und Stärke bestehen aus α-glukosidisch vernetzten Glukosemonomeren; Cellulose setzt sich aus Glukosemolekülen zusammen, die β-glukosidisch verbunden sind. Der Wildtyp-Stamm von *L. pneumophila* Paris wurde auf Glykogen-, Stärke- und Cellulose-degradierende Aktivitäten hin untersucht. Hierfür wurden zum einen Bakterienkolonien, zum anderen aufkonzentrierter, zellfreier Kulturüberstand auf mit 0,1 % Glykogen, Stärke bzw. Carboxymethylcellulose (CMC) supplementierten Agarplatten aufgetragen und für drei Tagen bei 37 °C inkubiert (Methode unter 2.2.14.1). Der Abbau der Substrate konnte nach Färbung des Glykogen- bzw. Stärke-haltigen Agars mit Iod/Kaliumiodid-Lösung (Lugol'sche Lösung) anhand klarer Hydrolysehöfe sowohl durch die Bakterienkolonien, als auch durch Kulturüberstand nachgewiesen werden (Abb. 21). Die Cellulosehydrolyse wurde durch Färbung des CMC-haltigen Agars mit Kongorot ebenfalls für ganze Zellen und Kulturüberstände gezeigt. (Abb. 21).

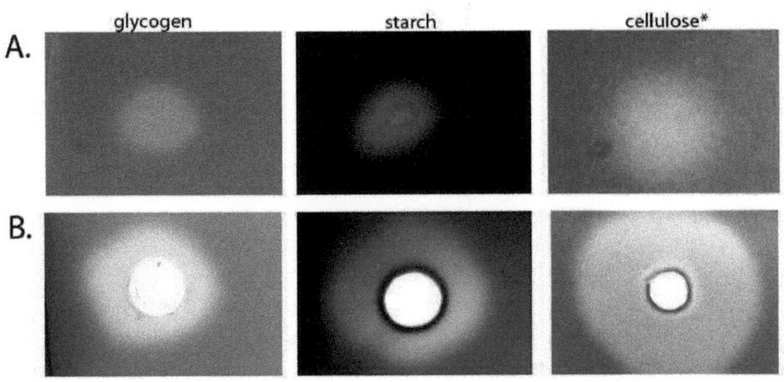

Abb. 21: Glykogen-, Stärke- und Cellulosedegradation durch *L. pneumophila* Paris auf Agarplatten.

Supplementierte Agarplatten mit 0,1 % Glykogen, Stärke oder Cellulose*(lösliches Cellulosederivat Carboxymethylcellulose) wurden mit (A) ganzen Zellen oder (B) 20 µl 75-fach aufkonzentrierten, zellfreien Kulturüberständen beimpft. Nach drei Tagen Inkubation bei 37 °C und entsprechender Färbung zeigten sich klare Hydrolysehöfe. Das gezeigte Bild ist ein repräsentatives Ergebnis aus mindestens drei unabhängigen Experimenten.

3.2.2 GamA als verantwortliches Enzym der Stärke- und Glykogenhydrolyse

Microarraystudien hatten gezeigt, dass die Transkription einer eukaryoten-ähnlichen Glukoamylase von *L. pneumophila in vivo* hochreguliert wird (Bruggemann et al. 2006). Glukoamylasen (EC 3.2.1.3, Glukan-1,4-alpha-Glukosidase) katalysieren die Hydrolyse von α-1,4- und α-1,6-glykosidischen Bindungen am nicht-reduzierenden Ende von Kohlenhydraten unter Bildung von β-D-Glukose. Das Gen *lpp0489* aus *L. pneumophila* Paris kodiert für eine putative, eukaryoten-ähnliche Glukoamylase, die im Folgenden als GamA bezeichnet wird. Zur Untersuchung, ob GamA verantwortlich für die Glykogen- und Stärkehydrolyse in *L. pneumophila* Paris ist, wurde ein *gamA*-Deletetionsstamm verwendet, bei dem das entsprechende Gen durch eine Kanamycin-Resistenzkassette inaktiviert ist (Buchrieser, Paris). Ein Komplementationsstamm wurde erstellt, der neben der chromosomalen Deletion von *gamA*, das rekombinante Plasmid pIB2 (*gamA-yozG*) trägt. Wildtypstamm, Deletetionsstamm sowie Komplementationsstamm wurden auf Substrat-haltigen Agarplatten aufgebracht und die Hydrolyse nach drei Tagen Inkubation bei 37 °C durch entsprechende Färbung bestimmt (Abb. 22). Der *gamA*-Deletionsstamm war hierbei nicht in der Lage, Glykogen und Stärke zu hydrolysieren, zeigte jedoch eine zum Wildtyp vergleichbare Cellulosedegradation (Abb. 22, Spalte 2). Der Komplementationsstamm konnte die drei getesteten Substrate auf mindestens Wildtyplevel hydrolysieren (Abb. 22, Spalte 3). Die Analyse zeigte, dass GamA für die Hydrolyse von Glykogen und Stärke durch *L. pneumophila* erforderlich ist.

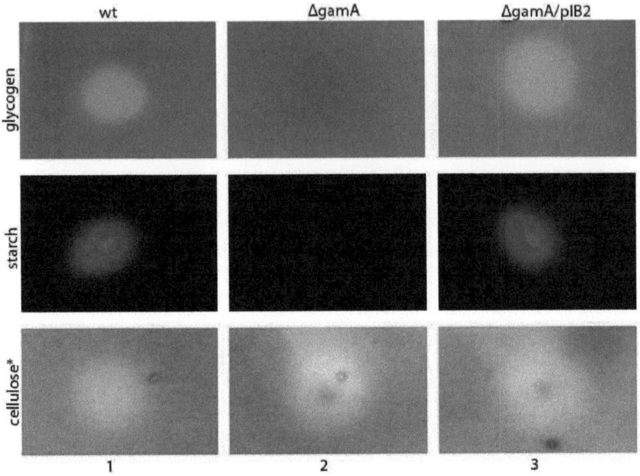

Abb. 22: Glykogen-, Stärke- und Cellulose-Hydrolyseaktivität von verschiedenen *L. pneumophila*-Stämmen.

Supplementierte Agarplatten mit 0,1 % Glykogen, Stärke oder Cellulose* (lösliches Cellulosederivat Carboxymethylcellulose) wurden mit *L. pneumophila* Paris beimpft und nach drei Tagen Inkubation bei 37 °C entsprechend gefärbt. Deletion von *gamA* (ΔgamA)führt zum Verlust der Aktivität von *L. pneumophila* Paris gegenüber Glykogen und Stärke (keine Hydrolysehöfe) jedoch nicht gegenüber Cellulose. Der Komplementationsstamm (ΔgamA/pIB2) hydrolysiert Stärke. Das gezeigte Bild ist ein repräsentatives Ergebnis aus mindestens drei unabhängigen Experimenten.

3.2.3 Aufnahme und biosynthetische Verwertung von ^{13}C-Stärke

Um die mögliche biosynthetische Verwertung von Stärke durch *L. pneumophila* zu untersuchen, wurde chemisch definiertes Medium (CDM) mit 0,1 g/l ^{13}C-Stärke (Cambridge Isotope Laboratories) versetzt. Das Medium wurde mit 4 ml einer *L. pneumophila* Paris-Vorkultur (gewachsen in YEB-Medium) beimpft und bei 37 °C inkubiert. Die Ernte erfolgte nach 40 Stunden bei einer Optischen Dichte (OD_{600nm}) von 1,9 in der frühen stationären Phase. Dabei wurden für den Wildtypstamm und den *gamA*-Deletionsstamm jeweils zwei Replikate durchgeführt. Der *gamA*-Deletionsstamm wies keinen Wachstumsdefekt auf (vgl. Abb. 43A, S. 96). Abb. 23 zeigt die ^{13}C-Anreicherung in den proteinogenen Aminosäuren beider Stämme bestimmt mit GC/MS. Als Vergleich sind die ^{13}C-Excesswerte nach Kultivierung des Wildtypsstamms mit 11 mM [U-$^{13}C_6$]Glukose gezeigt. Wie aus dem Farbschema ersichtlich, lag die Kohlenstoff-Inkorporation aus Stärke deutlich unter der aus Glukose (Abb. 23), dennoch fand eine geringe Anreicherung in mehrere Aminosäuren statt. Zur Verdeutlichung sind in Abb. 24 die ^{13}C-Excesswerte der Aminosäuren Alanin, Aspartat, Glutamat, Glycin und Tyrosin, isoliert aus dem Wildtypstamm sowie dem *gamA*-Deletionsstamm, als Balkendiagramm dargestellt. Für Alanin ergab sich ein signifikanter Unterschied in der ^{13}C-Anreicherung zwischen Wildtyp und Deletionsstamm (1,48 im Vergleich zu 0,28 mol%). Die Werte der anderen Aminosäuren lagen in einem zu geringen Bereich mit zum Teil erheblichen Standardabweichungen, so dass eine sichere Beurteilung nicht möglich ist. Der Versuch zeigte jedoch zweifelsfrei, dass *L. pneumophila* Paris ^{13}C-Stärke katabolisiert und als Kohlenstoffquelle für Aminosäuren verwendet. An dieser Verstoffwechselung ist darüber hinaus die Glukoamylase GamA beteiligt.

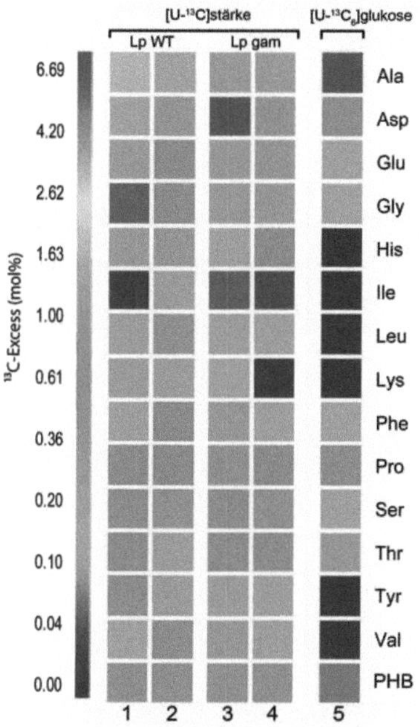

Abb. 23: ^{13}C-Überschuss in [mol %] der markierten, proteinogenen Aminosäure-Isotopologe aus *L. pneumophila* Paris Wildtyp (1, 2) sowie des *gamA*-Deletionsstamms (3, 4) nach Kultivierung mit 0,1 g/l ^{13}C-Stärke in chemisch definiertem Medium (CDM).
Als Vergleich ist ein Wildtyp-Experiment mit [U-$^{13}C_6$]Glukose in CDM gezeigt (5). Der Farbcode zeigt den ^{13}C-Überschuss quasilogarithmisch, um auch kleine Unterschiede deutlich zu machen. Jede Probe wurde dreimal vermessen, gezeigt sind die Mittelwerte (Messwerte in Tab. 37, S. 161).

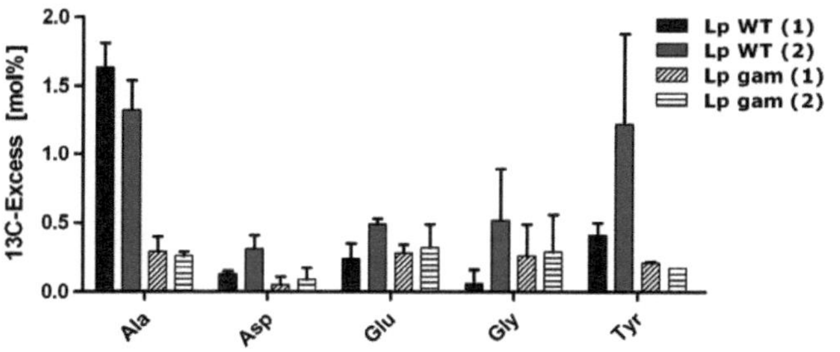

Abb. 24: ^{13}C-Excesswerte in [mol%] der deutlich ^{13}C-markierten, proteinogenen Aminosäure-Isotopologe aus *L. pneumophila* Paris Wildtyp (WT) und Δ*gam* (gam) nach Kultivierung mit 0,1 g/l ^{13}C-Stärke in chemisch definiertem Medium.

Gezeigt sind die Mittelwerte aus drei Messungen sowie die Standardabweichungen (Messwerte in Tab. 37, S. 161).

3.2.4 *In silico*-Analysen von GamA

Vergleiche zwischen den GamA-Proteinsequenzen der sequenzierten *L. pneumophila*-Stämme Paris, Corby, Philadelphia und Lens zeigten sehr hohe Übereinstimmungen mit 98–99 % identischen Aminosäuren. Die höchste Ähnlichkeit zu Nicht-*Legionella*-Proteinen besteht zur Glukoamylase des eukaryotischen Pilzes *Puccinia graminis* mit 36 % identischen Aminosäuren und 55 % homologen Aminosäuren gefolgt von *Arxula adenivirovans* (Tab. 28)

Tab. 28: Identische Aminosäuren der GamA-Proteinsequenzen zwischen verschiedenen *Legionella*-Spezies und *Puccinia graminis* sowie *Arxula adeninivorans*

	Lp Paris	*Lp* Corby	*Lp* Philadelphia	*Lp* Lens	*L. longbeachae*	*L. hackeliae*	*Puccinia graminis*	*Arxula adenivirovans*
Lp Paris	100 %	99 %	98 %	98 %	70 %	58 %	36 %	32 %
Lp Corby		100 %	99 %	99 %	71 %	59 %	37 %	33 %
Lp Philadelphia			100 %	99 %	71 %	59 %	36 %	33 %
Lp Lens				100 %	71 %	59 %	36 %	33 %
L. longbeachae					100 %	60 %	37 %	32 %
L. hackeliae						100 %	36 %	34 %
P. graminis							100 %	30 %
A. adenivirovans								100 %

Für die gut untersuchten Glukoamylasen von *Aspergillus niger* sowie *Aspergillus awamori* wurden die katalytischen Zentren, bestehend aus den Aminosäuren Aspartat und zwei Glutamat (DEE), charakterisiert (Sierks et al. 1990; Svensson et al. 1990). Ein analoges, putatives katalytisches Zentrum existiert auch in der Proteinsequenz von GamA aus *L. pneumophila* Paris (Abb. 25) sowie den anderen sequenzierten *L. pneumophila*-Stämmen. Allerdings besitzt GamA keine Homologien im C-terminalen Bereich, der bei den Enzymen aus *A. niger* und *A. awamori* als Stärkebindedomäne fungiert (Sauer et al. 2000). Jedoch beeinhaltet GamA mit hoher Wahrscheinlichkeit (99,5% laut SignalP 3.0) eine Signalsequenz für den Transport über Zellmembranen. Die vorausgesagte Spaltung würde zwischen den Aminosäuren 18 und 19 erfolgen (Abb. 25). Das theoretische Molekulargewicht beträgt ca. 50,3 kDa, nach Abspaltung der putativen Signalsequenz ca. 48,1 kDa.

*MLKRIFFLMIFFVSQTMA*SVFTHEEVQILKKHFLNNFQTNGAIVASPSQYNPN
YYYDWIRDSAIAMGLVETWYEASQSARYKKLLLEYVSWTEKIQHQADPIAGQ
DILGEPKFYINGNPFDGEWGRPQNDGPALRASVLIRFAQQLLDHNEIDYVKS
HLYNNTMDPQSMGTIKMDLEYIAHHWQDANF**D**LW**EE**VYGHHFFTAMTQQK
ALTDGAILAHQLHDRQAAVFYEMQANLINSRLQQHLDHQNKIIQATLLPHPGP
QKTLELDSSVMLGILTNPQKEGVFAPHHTFVRNTAKALHEQFNLMFPINKNR
SGAILFGRYPGDTYDGYQTNSIGNPWFILTATMAEYYFTMAHNLSLNSSNKL
HIQNYLKKGDNYLRLIKQYGPDLNLSEQINLNTGVQQGATSLTWSYVSVLRA
IHLREQLENRIKTMGWNTY

Abb. 25: Proteinsequenz von GamA (kodiert durch *lpp0489*) aus *L. pneumophila* Paris.
Das putative Signalpeptid ist rot, das putative katalytische Zentrum blau markiert.

Im Genom von *L. pneumophila* Paris ist stromaufwärts von *gamA* in gleicher Richtung ein weiteres Protein, YozG, kodiert, das die höchste Ähnlichkeit auf Proteinebene zu einem Transkriptionsregulator aus *Geobacter lovleyi* SZ mit 73 % identischen und 88 % homologen Aminosäuren aufweist. Die molare Masse von YozG beträgt ca. 8,7 kDa und die Proteinsequenz besitzt ein putatives Helix-Turn-Helix-Motiv der XRE-Familie (*xenobiotic response element*). Diese wirken als DNA-bindende Proteine als Transkriptionsregulatoren in Prokaryoten. Ein gut untersuchter Vertreter dieser Proteinfamilie ist Xre aus *Bacillus subtilis*, zu dem YozG 71 % Identität und 87 % Homologie auf Proteinebene aufweist. Aufgrund der Organisation im Genom ist zu vermuten, dass *gamA* und *yozG* zusammen in einem Operon kodiert sind, das eventuell auch die benachbarten Gene *lpp0491*, *hemZ* (*lpp0492*) und *cspD* (*lpp0493*) umfasst.

3.2.5 *GamA* und *yozG* als Gene eines Operons

Zur Untersuchung der Transkription sowie Operonstruktur von *gamA* und *yozG* wurde Gesamt-RNA von *L. pneumophila* Paris isoliert und für Northern Blot-Analysen verwendet (Methode siehe 2.2.11). Weder mit einer *gamA*- noch mit einer *yozG*-spezifische DNA-Sonde konnten mRNA-Spezies detektiert werden. Daher wurde die sensitivere Methode der Reversen-Transkriptase-PCR eingesetzt (siehe 2.2.7.9). Es konnte gezeigt werden, dass *gamA* und *yozG* exprimiert werden, wobei für eine deutliche Reaktion relativ viel Template-RNA (400 ng) eingesetzt werden musste (Abb. 26A, Spuren 1 und 2). Dies erklärt auch, warum die Northern Blot-Analysen nicht erfolgreich waren.

Zur Bestimmung der Operonstruktur wurden Primer gewählt, deren amplifizierter Bereich die offenen Leserahmen von jeweils zwei benachbarten Genen überlappten. Nach Gelelektrophorese zeigte sich dann eine Bande in entsprechender Höhe, wenn beide Gene auf einer gemeinsamen mRNA transkribiert werden. In Abb. 26A ist erkennbar, dass *gamA* und *yozG* (Spur 3), *yozG* und *lpp0491* (Spur 4), sowie *lpp0491* und *hemZ* (Spur 5) jeweils gemeinsam transkribiert werden. Die Transkription von *cspD* erfolgt durch eine separate mRNA (Spur 6 und 7). Die RT-PCR fiel für den Genübergang *lpp0491-hemZ* deutlich schwächer aus, woraus man spekulieren kann, dass im 5'-Bereich von *lpp0491* ein weiterer Transkriptionsstartpunkt vorhanden ist. Auf Ebene der DNA-

Sequenz konnte zudem im 5'-Bereich vor *yozG* eine putative Terminationsschleife identifiziert werden, weshalb zu vermuten ist, dass *yozG* und *gamA* nochmals einen eigenen Promotor besitzen (Abb. 26B, gestrichtelter, dünner Pfeil). Abb. 26B zeigt die konservierte Genomorganisationen von vier sequenzierten *L. pneumophila*-Stämmen sowie die ermittelten putativen mRNA-Spezies von *L. pneumophila* Paris (Abb. 26B, schwarze, dünne Pfeile).

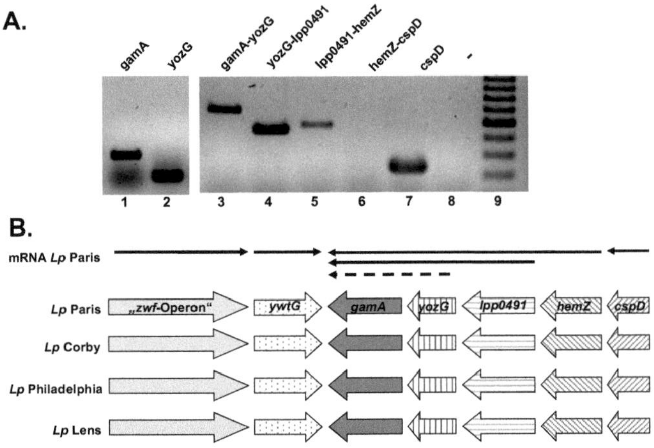

Abb. 26: Reverse-Transkriptase-PCR mit Gesamt-RNA von *L. pneumophila* Paris.
(A) Eingesetzt wurden 400 ng RNA und 30 Zyklen. Gesamte Gene: 1, Primer RT-gamA-F/R; 2, Primer RT-yozG-F/R. Zur Bestimmung der Genomorganisation wurden Primer verwendet, die überlappende Bereiche benachbarter Gene innerhalb einer putativen mRNA amplifizieren.: 3, überlappende Region zwischen *gamA* (*lpp0489*) und *yozG* (*lpp0490*); 4, *yozG-lpp0491*; 5, *lpp0491-hemZ* (*lpp0492*); 6, *lpp0492-cspD* (*lpp0493*); 7, Primer innerhalb des *cspD*-Gens; 8, Negativkontrolle; 9, 1 kb-Marker. (B) Genomorganisationen der vier sequenzierten *L. pneumophila*-Stämme. Homologe Gene sind gleich gemustert dargestellt. Die mittels RT-PCR identifizierten mRNA-Spezies von *L. pneumophila* Paris sind als schwarze Pfeile über den Genen eingezeichnet. Der gestrichelte Pfeil zeigt eine putative mRNA ermittelt aus *in silico*-Analysen.

In den sequenzierten *L. pneumophila*-Stämmen (Paris, Corby, Philadelphia, Lens) existiert stromaabwärts des *gamA*-enthaltenden Operons und in entgegengesetzter Orientierung ein weiteres Operon („*zwf*-Operon"), welches Gene des Entner-Doudoroff-Wegs enthält (*lpp0483-lpp0487*, (Blädel 2008). Das *gamA*-benachbarte Gen *lpp0488/ywtG*, das für einen putativen Zuckertransporter kodiert, wird als eigene mRNA transkribiert (Blädel 2008).

3.2.6 Glukoamylaseaktivität in verschiedenen *Legionella*-Stämmen

Verschiedene *L. pneumophila*- sowie Nicht-*pneumophila*-Stämme wurden auf ihre Glukoamylaseaktivität mit supplementierten Agarplatten getestet. Mit Ausnahme von *L. micdadei* und *L. oakridgensis* waren alle untersuchten Stämme in der Lage, Stärke zu hydrolysieren (Abb. 27).

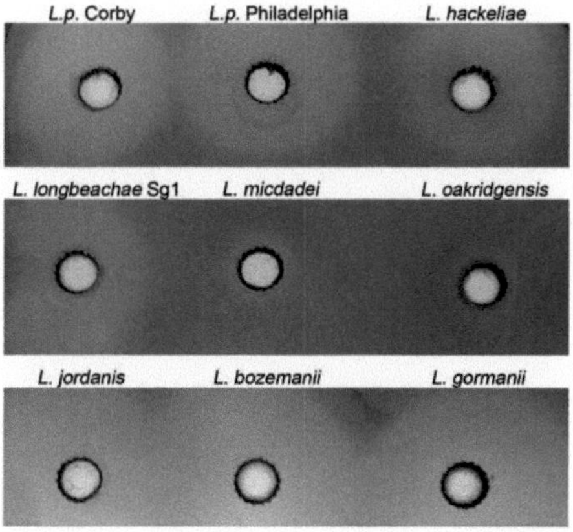

Abb. 27: Stärkehydrolyse von verschiedenen *Legionella*-Spezies.
Supplementierte Agarplatten mit 0,1 % Stärke wurden mit verschiedenen *L. pneumophila*-Stämmen und Nicht-*pneumophila*-Spezies beimpft und nach fünf Tagen Inkubation bei 37 °C mit Iod/Kaliumiodid-Lösung gefärbt. Klare Hydrolysehöfe zeigen die Stärkedegradation, gezeigt ist ein repräsentatives Ergebnis aus drei unabhängigen Experimenten.

Eine den *pneumophila*-Stämmen analoge Operonstruktur (vgl. Abb. 26, S. 82) wurde in den Spezies *L. hackeliae* und *L. longbeacheae* nicht gefunden. Beide Spezies besitzen zwar ein *gamA*-Homolog, aber nur *L. longbeachae* auch ein putativ *yozG*-ähnliches Gen, welches jedoch an einer anderen Stelle im Genom lokalisiert ist (*llo28011/gamA, llo0147/yozG*). Beide Stämme sind in der Lage, Stärke zu hydrolysieren (Abb. 27). In *L. micdadei* konnte weder ein *gamA*- noch ein *yozG*-Homolog identifiziert werden. Wie oben gezeigt, kann dieser Stamm keine Stärke hydrolysieren (Abb. 27). Homologe Gen zu *hemZ* und *cspD* sind in allen genannten Spezies vorhanden, jedoch nicht in Nachbarschaft zu *gamA*. Laut der ersten Annotation des Genoms von *L. oakridgensis* konnte in dieser Spezies kein homologes Gen zu *gamA* identifiziert werden (Heuner, Berlin). *L. jordanis, L. bozemanii und L. gormanii* wurden bisher nicht sequenziert; sie exprimieren nach den Ergebnissen dieser Arbeit jedoch wahrscheinlich ein *gamA*-homologes Gen.

3.2.7 Bestimmung des Transkriptionsstarts von *gamA*

Um den Transkriptionsstartpunkt von *gamA* in *L. pneumophila* Paris zu identifizieren, wurde die RACE- (*rapid amplification of cDNA ends*) Methode angewandt (siehe 2.2.9). Mit dieser Methode kann das 5'Ende und damit die Promotorregion von mRNAs amplifiziert werden. Zunächst wurde die Gesamt-RNA von drei unabhängig voneinander, exponentiell gewachsenen *L. pneumophila* Paris-Kulturen isoliert und die DNA-Freiheit überprüft (Abb. 28A). Die präparierte mRNA wurde in cDNA umgeschrieben und jeweils an ihre 3'Enden eine Poly-Adenin-Sequenz ligiert. Neben der isolierten RNA von *L. pneumophila* Paris wurde in die Reaktionsansätze auch eine im Kit enthaltene RNA hinzugefügt. Dadurch konnte die erfolgreiche Durchführung der Experimente mit ebenfalls im Kit enthaltenen Primern in Kontroll-PCR-Reaktionen überprüft werden. Hierbei wurde bestätigt, dass die RNA während der Durchführung nicht degradiert worden war. Es ergaben sich in allen drei Versuchsansätzen für die Kontroll-PCR-Reaktionen der cDNA-Synthese (Abb. 28B, Spuren 1, 4, 7) und -Reinigung (Abb. 28B, Spuren 2, 5, 8) die Banden in der erwarteten Höhe von 157 bp. Die PCR-Reaktionen zur Kontrolle der Polyadenylierung ergaben ebenfalls korrekte Banden bei 293 bp (Abb. 28B, Spuren 3, 6, 9).

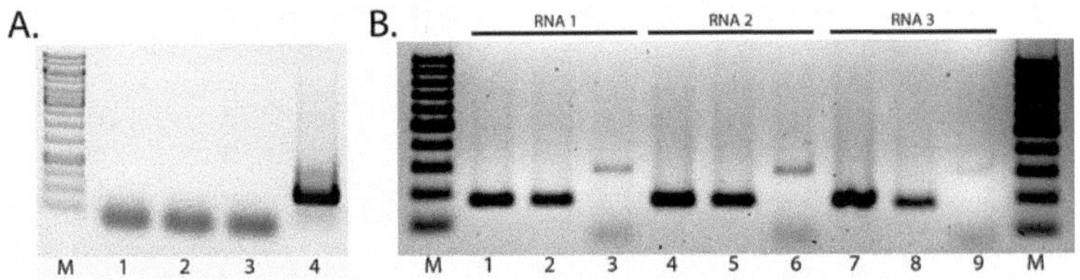

Abb. 28: Kontroll-PCR-Reaktionen der RACE-Analysen.
(A) Kontrolle der isolierten Gesamt-RNA aus *L. pneumophila* Paris auf DNA-Freiheit. M, 1 kb-DNA-Marker; 1-3, RNA 1-3; 4, Positivkontrolle mit chromosomaler DNA; verwendete Primer gyrA-F und -R. (B) Überprüfung der RACE-Reaktionsschritte mittels PCR unter Verwendung einer internen Kontroll-RNA. M, 1 kb-DNA-Marker; Kontrolle der cDNA-Synthese (Spuren 1, 4, 7) und -Reiningung (2, 5, 8) mit den Primern neo3-U/neo2-R, Produkt 157 bp; Kontrolle der Polyadenylierung (3, 6, 9) mit den Primern neo2-R/oligo(dT)-Anker, Produkt 293 bp. RNA 1, 2 und 3 wurden aus drei unabhängigen Kulturen isoliert.

Nach Überprüfung der Reaktionsschritte wurde das 5'Ende der cDNA von *gamA* mit dem Oligo(dT)-Anker-Primer und dem spezifischen Primer Race2 amplifiziert. Die PCR-Produkte besaßen eine Länge von etwa 900 bp, waren aber nur in geringer Menge vorhanden (Abb. 29 Spuren 1, 2, 3). Daher wurden erneute PCR-Amplifikationen mit dem Oligo(dT)-Anker-Primer und dem spezifischen Primer Race3 durchgeführt, der die Template-cDNA näher ihrem 3'Ende bindet (Abb. 29, Spuren 4, 5, 6).

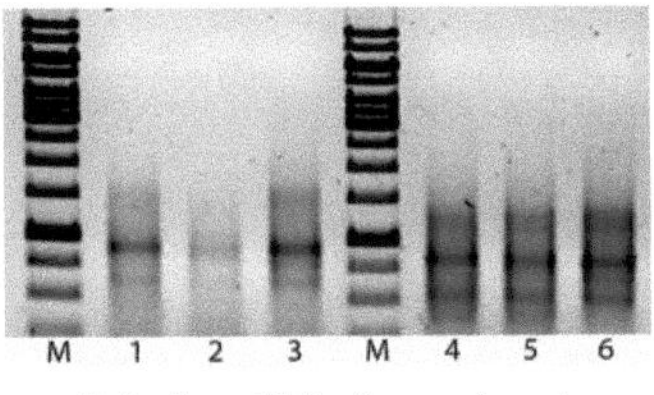

Abb. 29: RACE-PCR-Reaktionen mit drei unabhängig voneinander synthetisierten cDNA-Spezies von *gamA* aus *L. pneumophila* Paris.
M, 1kb-DNA-Marker; 1–3, cDNA 1–3 mit den Primern oligo(dT)Anker/Race2, Produkt ca. 900 bp; 4–6, cDNA 1–3 mit den Primern oligo(dT)Anker/Race3, Produkt ca. 800 bp.

Alle sechs PCR-Produkte wurden anschließend gereinigt und mit dem spezifischen Primer Race4 sequenziert. Durch Vergleiche mit der Genomregion von *gamA* wurden in allen Sequenzen die jeweils erste Nukleotidbase +1 der mRNA identifiziert (Abb. 30A, Box). Der Transkriptionsstart entspricht dabei der letzten Base vor der Poly-(A)-Sequenz in den sequenzierten PCR-Produkten und war in allen

Sequenzen identisch. Das Gen *gamA* scheint demnach einen eigenen Transkriptionsstartpunkt zu besitzen. Es konnte eine Ribosomen-Bindungsstelle, sieben Basen in 5'Richtung vor dem Startcodon identifiziert werden (Shine and Dalgarno 1974); Abb. 29B). Es wurde keine bekannte σ-Faktor-Bindungsstelle vor dem Transkriptionsstartpunkt identifiziert.

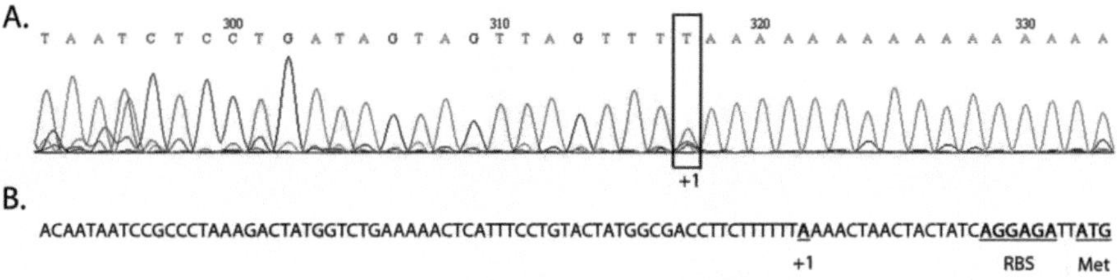

Abb. 30: Nukleotidsequenz des 5'Endes der *gamA*-mRNA aus *L. pneumophila* Paris.
(A) Repräsentative Darstellung einer Sequenzierung eines RACE-PCR-Produkts mit dem Primer Race4. Der Transkriptionsstart entspricht der letzten Base vor der angefügten Poly-Adenin-Sequenz und ist als +1 sowie durch Umrahmung gekennzeichnet. (B) Upstream-Sequenz von *gamA*. Der Transkriptionsstart (+1), die Ribosomenbindestelle (RBS) sowie das Startcodon (für Methionin, Met) sind eingezeichnet. Die Sequenzierung ergab für drei unabhängige Experimente den gleichen Transkriptionsstartpunkt.

3.2.8 Überexpression von GamA in *E. coli* und *L. pneumophila*

Wie gezeigt, werden GamA und YozG in *L. pneumophila* Paris in einem Operon kodiert (siehe 3.2.5). Da YozG Ähnlichkeit zu bekannten Transkriptionsfaktoren besitzt, wurde der mögliche Einfluss von YozG auf die Expression von *gamA* untersucht. Zu diesem Zweck wurden die entsprechenden Proteine zunächst in *E. coli* DH5α überexprimiert. Hierfür wurden das Gen *gamA (lpp0489),* das Gen *yozG (lpp0490)* sowie *gamA* zusammen mit *yozG (lpp0489-lpp0490)* aus *L. pneumophila* Paris amplifiziert und die PCR-Produkte jeweils in den *high copy*-Vektor pBC KS ligiert. Die resultierenden Plasmide pIB1 (*gamA*), pIB2 (*gamA-yozG*) und pVH6 (*yozG*) wurden in *E. coli* DH5α elektroporiert und exprimiert. Es wurde anschließend überprüft, ob die auf den Vektoren liegenden Gene in *E. coli* DH5α transkribiert werden. Hierfür wurde die Gesamt-RNA der rekombinanten Stämme isoliert und die entsprechenden RNA-Bereiche mittels RT-PCR-Reaktionen nachgewiesen. Es zeigte sich, dass alle Plasmide die vorhandenen Gene exprimierten (Abb. 31).

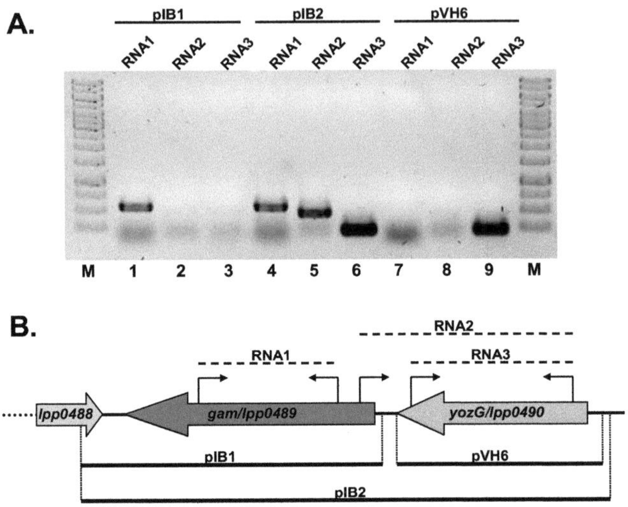

Abb. 31: Transkription der Gene *gamA* und *yozG* von rekombinanten Vektoren in *E. coli* DH5α.
(A) RT-PCR-Reaktionen der mRNA von *gamA* und *yozG*, exprimiert von den rekombinanten Vektoren pIB1, pIB2 und pVH6 in *E. coli* DH5α. (B) Gezeigt sind die in den jeweiligen, rekombinanten Vektoren kodierten Gene (große Pfeile) und die Bindungsstellen der verwendeten Primer der RT-PCR-Reaktionen (kleine Pfeile). M, 1kb DNA-Marker; 1–3, RNA des pIB1-überexprimierenden DH5α-Stamms; 4–6, RNA des pIB2-überexprimierenden DH5α-Stamms; 7–9, RNA des pVH6-überexprimierenden DH5α-Stamms; 1, 4, 7, Primer spezifisch für *gamA*-internen Bereich, 2, 5, 8, Primer spezifisch für *gamA-yozG*-Übergang; 3, 6, 9, Primer spezifisch für *yozG*-internen Bereich.

Die überprüften rekombinanten *E. coli* DH5α-Stämme wurden daraufhin auf ihre Stärkehydrolyse unter Verwendung Substrat-haltiger Agarplatten getestet. Hierbei war eine *E. coli* DH5α-eigene, sehr geringe Stärke-degradierende Aktivität nachweisbar (Abb. 32A, 1). Alle rekombinanten *E. coli*-Stämme zeigten nach zweitägiger Inkubation und anschließender Färbung jedoch verstärkte Stärkehydrolyse, wobei die Aktivität des Stamms, der GamA zusammen mit YozG exprimierte, am deutlichsten ausgeprägt war (Abb. 32A, 3). YozG verstärkte in Abwesenheit des Gens *gamA* die *E. coli*-eigene Stärkehydrolyse (Abb. 32A, 4).

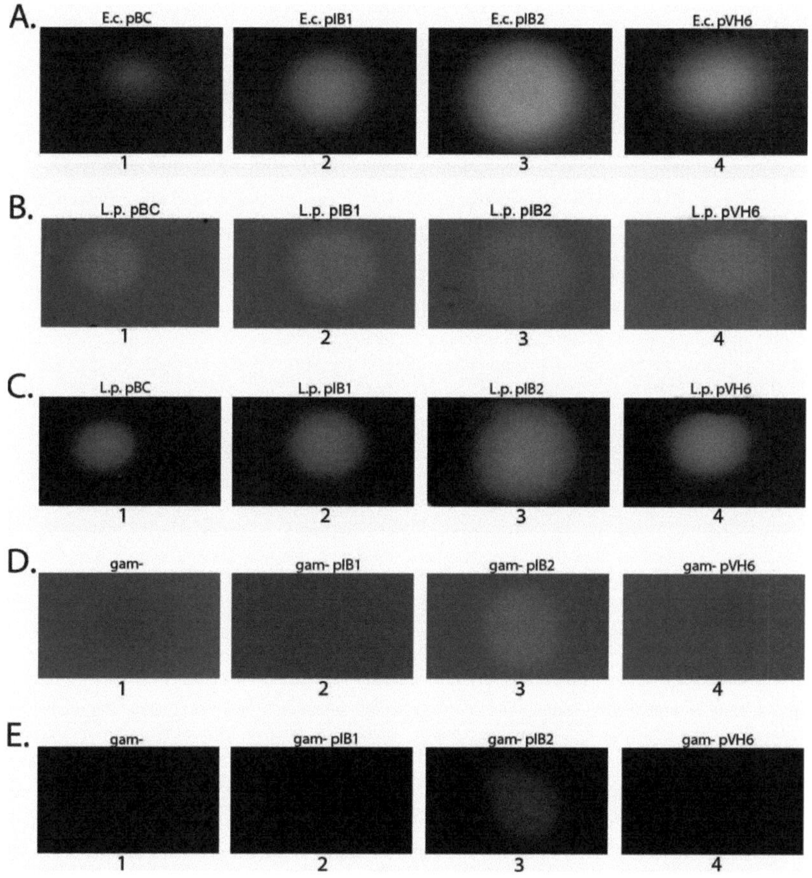

Abb. 32: Überexpression von GamA und YozG in *E. coli* DH5α und *L. pneumophila* Paris.
(A) Überexpression von GamA (2, rekombinanter Vektor pIB1) bzw. GamA zusammen mit YozG (3, pIB2) bzw. YozG (4, pVH6) in *E.coli* DH5α auf Stärke-haltigen Agarplatten (0,1 %). (B + C) Überexpression mittels der rekombinanten Plasmide in *L. pneumophila* Paris auf Glykogen- (B) bzw. Stärke- (C) haltigen Agarplatten (0,1 %). (D + E) Komplementation der Glukoamylaseaktivität durch Überexpression mittels der rekombinanten Plasmide im gamA-Deletionsstamm von *L. pneumophila* Paris (*gam-*) auf Glykogen- (D) bzw. Stärke- (E) haltigen Agarplatten mit jeweils 0,01 % Substrat. Nach zwei (*E. coli*) bzw. drei (*L. pneumophila*) Tagen Inkubation bei 37 °C und Iod/Kaliumiod-Färbung zeigten klare Hydrolysehöfe den Abbau der jeweiligen Substrate. Die gezeigten Bilder sind repräsentative Versuch aus mindestens drei unabhängigen Experimenten.

Die rekombinanten Vektoren pIB1, pIB2 sowie pVH6 wurden daraufhin in *L. pneumophila* Paris überexprimiert und die Stärke- sowie Glykogenhydrolyse der resultierenden Stämme auf Agarplatten untersucht (Abb. 32B und C) Die Glykogen- sowie Stärkehydrolyse des pIB2-tragenden Stamms (*gamA-yozG*) war im Vergleich zum Leervektor-tragenden Stamm jeweils deutlich gesteigert (Abb. 32B, 3 sowie Abb. 32C, 3). Sowohl der GamA- wie auch der YozG-überexprimierende Stamm zeigten nur eine sehr geringe Zunahme im Hydrolyseverhalten (Abb. 32B, 2 sowie Abb. 32C, 2). Die

Überexpression von YozG allein hatte keinen Effekt auf die Hydrolyseaktivität in *L. pneumophila* (Abb. 32B, 4 sowie Abb. 32C, 4). Die Ergebnisse ließen vermuten, dass YozG einen positiven Einfluss auf die Stärkehydrolyseaktivität der Glukoamylase GamA in *L. pneumophila* besitzt, der jedoch nur *in cis*, und nicht *in trans.* wirksam wird.

Zur näheren Charakterisierung von GamA sowie des putativen Transkriptionsaktivators YozG sollte der *gamA*-Phänotyp mit den verschiedenen, rekombinanten Plasmiden *in trans.* komplementiert werden. Hierfür wurden die rekombinanten Plasmide im *gamA*-Deletionsstamm exprimiert und der resultierende Phänotyp auf supplementierten Agarplatten untersucht (Abb. 32D und E). Der Deletionsstamm zeigte, wie bereits gezeigt, keine Aktivität gegenüber Glykogen oder Stärke (Abb. 32D, 1 und Abb. 32E, 1) Die Expression von GamA oder YozG allein bewirkte keine Komplementation dieses Phänotyps (Abb. 32D, 2 und 4 sowie Abb. 32E, 2 und 4). Eine Überexpression von GamA zusammen mit YozG mittels des rekombinanten Plasmids pIB2 im *gamA*-Deletionsstamm führte allerdings zu einer wildtypischen Aktivität gegenüber Stärke sowie Glykogen (Abb. 32D, 3 und Abb. 32E, 3).

Zur genaueren Analyse wurde die Methode des Zymogramms eingesetzt, um die Enzymaktivität *in situ* zu detektieren. Hierfür wurden Substrat-haltige SDS-Polyacrylamidgele mit 0,1% Glykogen bzw. Stärke eingesetzt und die Hydrolyseaktivität nach Auftrennung und Renaturierung der Proteine, dreitägiger Inkubation bei 37 °C sowie Färbung mit Iod/Kaliumiodid-Lösung analysiert (siehe 2.2.14.2). Für den GamA-überexprimierenden Stamm von *E. coli* DH5α konnte eine helle Hydrolysebande in der Höhe von ca. 55 kDa detektiert werden (Abb. 33A, 3 und Abb. 33B, 3). Auf derselben Höhe fand sich im pIB2-tragenden Stamm (GamA-YozG-Überexpression) eine bedeutend stärkere Bande und somit stärkere Hydrolyse des jeweiligen Substrats (Abb. 33A, 5 und Abb. 33B, 5). Auf einer niedrigeren Höhe von ca. 25 kDa war eine *E. coli* DH5α-eigene Hydrolyseaktivität in allen untersuchten Stämmen beobachtbar (nicht gezeigt). Da den Proben kein β-Mercaptoethanol zugesetzt worden war, sind nur ungefähre Angaben zu Proteingrößen möglich. In *L. pneumophila* Paris zeigte die GamA-YozG-Überexpression analog den Agarplattenversuchen ebenfalls im Zymogramm verstärkte Glykogen- sowie Stärkehydrolyse (Abb. 34A, 3 und Abb. 34B, 3). Die Ergebnisse der Überexpression bestätigten, dass GamA von *L. pneumophila* Paris eine aktive Glukoamylase darstellt, die Stärke und Glykogen degradiert. YozG erhöhte die enzymatische Aktivität dieser Glukoamylase und besitzt daher wahrscheinlich eine regulatorische Funktion.

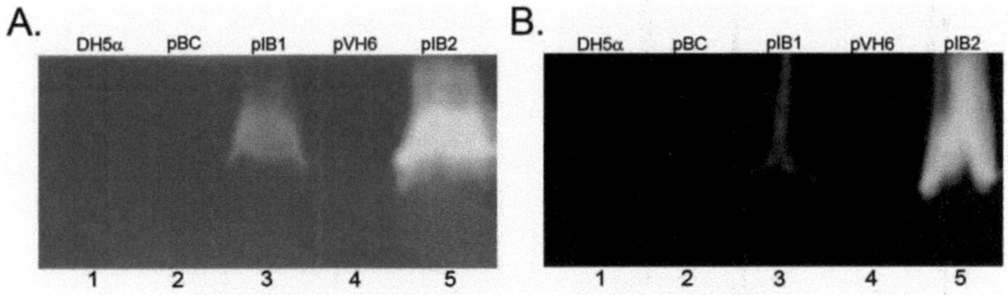

Abb. 33: In-Gel-Detektion der enzymatischen Aktivität gegenüber Glykogen (A) bzw. Stärke (B) von verschiedenen, rekombinanten *E. coli* DH5α-Stämmen.
Es wurden je 10 µl 75-fach aufkonzentrierter Zellsuspension eingesetzt. 1, *E. coli* DH5α; 2, *E. coli* DH5α pBC (Leervektor); 3, *E. coli* DH5α pIB1 (*gamA*); 4, *E. coli* DH5α pBH6 (*yozG*); 5, *E. coli* DH5α pIB2 (*gamA yozG*). Das gezeigte Bild ist ein repräsentatives Ergebnis aus mindestens drei unabhängigen Experimenten.

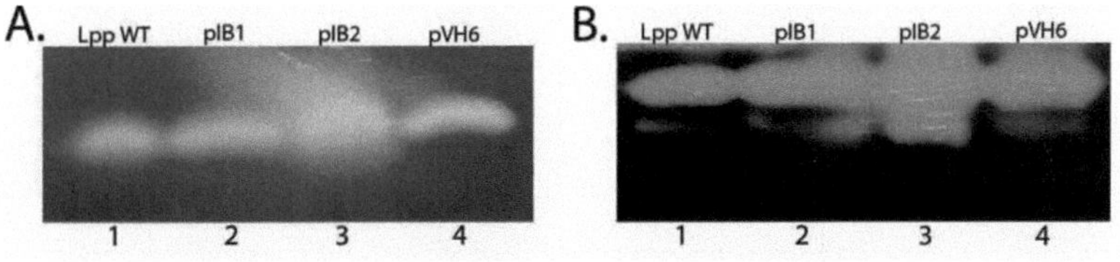

Abb. 34: In-Gel-Detektion der enzymatischen Aktivität gegenüber Glykogen (A) bzw. Stärke (B) von verschiedenen, rekombinanten *L. pneumophila* Paris-Stämmen.
Es wurden je 10 µl 75-fach aufkonzentrierter Zellsuspension eingesetzt. 1, *L. pneumophila* Wildtyp; 2, *L. pneumophila* pIB1 (*gamA*); 3, *L. pneumophila* pIB2 (*gamA-yozG*); 4, *L. pneumophila* pVH6 (*yozG*). Das gezeigte Bild ist ein repräsentatives Ergebnis aus mindestens drei unabhängigen Experimenten.

Mittels der Zymogramm-Technik wurden außerdem der *gamA*-Deletionsstamm von *L. pneumophila* Paris sowie die jeweiligen Komplementationsstämme im Vergleich zum Wildtyp untersucht. Beim wildtypischen Stamm zeigte sich in Höhe von ca. 55 kDa eine helle Bande, an deren Stelle das Substrat (Glykogen) abgebaut worden war (Abb. 35, Spur 1). Der *gamA*-Deletionsstamm zeigte keine Hydrolyse (Abb. 35, Spur 2). Ein Komplementationsstamm mit dem rekombinanten Plasmid pIB2 (*gamA-yozG*) wies eine Bande auf wildtypischer Höhe auf (Abb. 35, Spur 3). Die Komplementation dieser fehlenden Aktivität war mit einem pIB1 (*gamA*)- sowie einem pVH6 (*yozG*)-tragenden Stamm hingegen nicht erfolgreich (Abb. 35, Spur 6 und nicht gezeigt). Die Ergebnisse der Zymogramm-Versuche decken sich mit denen der Agarplattenassays (vgl. Abb. 32, S.87).
Die Ergebnisse der Komplementationsstämme waren überaschend, denn der verwendete *gamA*-Deletionsstamm besaß das intakte Gen *yozG*, wie eine RT-PCR-Analyse dieses Stramms zeigte (Abb. 36). Dennoch waren beide Gene – *gamA* und *yozG* – notwendig für die Komplementation des *gamA*-Phänotyps. Die Anwesenheit von YozG scheint also in *L. pneumophila* für die Aktivität von GamA erforderlich zu sein. Aufgrund seines putativen Helix-Turn-Helix-Motifs und der genomischen Colokalisation des kodierenden Gens mit *gamA*, wurde vermutet, dass YozG als

Transkriptionsaktivator von GamA auf bisher unbekannte Weise wirkt. In der vorliegenden Arbeit wurde daher die Funktion von YozG genauer untersucht.

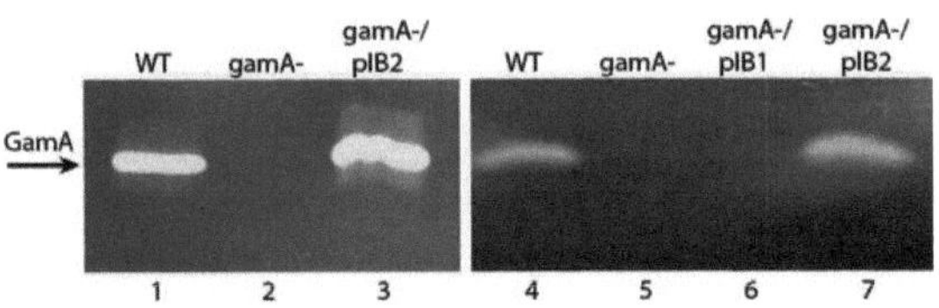

Abb. 35: In-Gel-Detektion der enzymatischen Aktivität gegenüber Glykogen von verschiedenen *L. pneumophila*-Paris Stämmen.
Es wurden je 10 µl 75-fach aufkonzentrierter, zellfreier Kulturüberstand eingesetzt. 1 und 4, *L. pneumophila* Paris Wildtyp; 2 und 5, *gamA*-Deletionsstamm von *L. pneumophila* Paris; 3 und 7, Komplementationsstamm *L. pneumophila gamA*-/pIB2 (*gamA-yozG*); 6, Komplementationsstamm *L. pneumophila gamA*-/pIB1 (*gamA*). Das gezeigte Bild ist ein repräsentatives Ergebnis aus mindestens drei unabhängigen Experimenten.

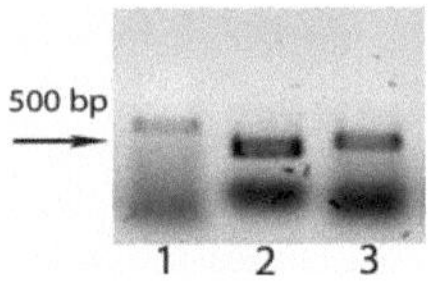

Abb. 36: Reverse-Transkriptase-PCR mit Gesamt-RNA des *gamA*-Deletionsstamms von *L. pneumophila* Paris.
Eingesetzt wurden 400 ng RNA mit 30 Reaktionszyklen. 1, überlappende Region zwischen *gamA* (*lpp0489*) und *yozG* (*lpp0490*); 2, *yozG-lpp0491*; 3, *lpp0491-hemZ* (*lpp0492*).

3.2.9 Detektion von GamA mittels Immunoblot

Zur Detektion des Proteins GamA wurde ein polyklonaler Antikörper gegen zwei synthetische Peptide aus der GamA-Proteinsequenz in Kaninchen hergestellt (Metabion AG, Planegg/Martinsried): NH2-DHNEIDYVKSH-COOH und NH2-SLTWSYVSVLRAIHLR-COOH. Eine Detektion von GamA in rekombinanten *E. coli*-Stämmen konnte mittels Immunoblot nicht erzielt werden. Der Antikörper zeigte hier deutliche Kreuzreaktionen mit unbekannten Antigenen, jedoch keine auf der nach Proteinsequenz vorhergesagten Größe von ca. 48–50 kDa oder auf Höhe von ca. 25 kDa (*E. coli*-eigene Stärkehydrolyse).

Für die Analyse der Überexpressionsstämme von *L. pneumophila* Paris wurden zellfreie Kulturüberstände des Wildtyps, des *gamA*-Deletionsstamms sowie der zwei *gamA in trans.* (pIB1 bzw. pIB2) tragenden Komplementationsstämme in einer denaturierenden SDS-Polyacrylamid-Gelelektrophorese aufgetrennt. Nach dem Transfer auf eine Nitrocellulosemembran wurde der Primär-Antikörper in einer Verdünnung von 1:500 in TBS/1 % Milch eingesetzt; der HRP-gekoppelte α-Kaninchen-Sekundärantikörper wurde 1:1000 in TBS/1 % Milch verwendet. Zur Detektion wurde das hochsensitive Detektionskit ECL-Advance (GE Healthcare, München) eingesetzt. GamA konnte im Wildtypstamm sowie im Komplementationsstamm (pIB2) auf einer Höhe von ca. 48 kDa detektiert werden (Abb. 37, Spuren 1 bzw. 4). Im Kulturüberstand des Deletionsstamms (Abb. 37, Spur 2) sowie des Komplementationsstamms, mit dem rekombinanten Plasmid pIB1 (Abb. 37, Spur 3) ließ sich GamA nicht detektieren. GamA wird demnach in Abwesenheit von YozG nicht in für diesen Nachweis ausreichender Menge exprimiert. Die Ergebnisse bekräftigen die These, dass YozG einen Einfluss auf die Expression von GamA besitzt.

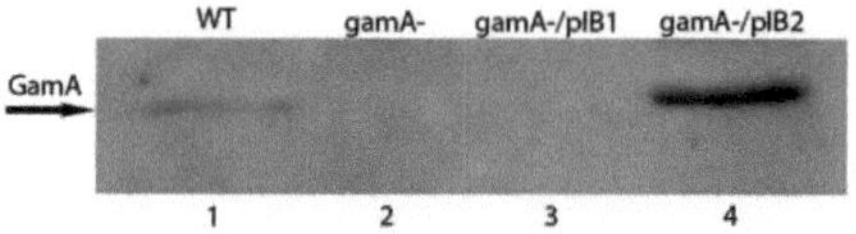

Abb. 37: Immunoblot zur Dektektion des Proteins GamA aus *L. pneumophila* Paris.
1, *L. pneumophila* Paris Wildtyp; 2, *gamA*-Deletionsstamm; 3, Komplementationsstamm *gamA*-/pIB1 (*gamA*); 4, Komplementationsstamm *gamA*/pIB2 (*gamA-yozG*). Größe ca. 48 kDa.

3.2.10 Bandshift-Experimente zur Funktion von YozG

Zur genaueren Analyse der Regulationsfunktion von YozG wurde überprüft, ob YozG spezifisch an die Promotorsequenz von *gamA* und/oder an seine eigene Promotorsequenz bindet. Hierfür wurden Bandshift-Experimente mit Lysaten des YozG-Überexpressionsstamms von *E. coli* DH5α (rekombinantes Plasmid pVH6) durchgeführt. Zwei DNA-Bereiche aus *L. pneumophila* Paris wurden für die Sondenherstellung mittels PCR amplifiziert: DNA A wurde mit den Primern A-F und A-R amplifiziert und enthielt den Nukleotidbereich stromaufwärts von *yozG* und somit den putativen Promotor dieses Gens. DNA B wurde mit den Primern B-F und B-R amplifiziert und umschloss den Sequenzbereich zwischen *gamA* und *yozG* und somit den laut RACE (siehe Kapitel 3.2.7) bestimmten Promotorbereich von *gamA*. Die Sonde AB umschloss beide untersuchten DNA-Bereiche. Abb. 38 zeigt den untersuchten *gamA*- sowie *yozG*-kodierenden DNA-Bereich aus *L. pneumophila* Paris, die Bindungsstellen der Primer zur Sondenherstellung (A, B und AB) sowie der Primer zur Konstruktion der rekombinanten Plasmide zur Überexpression (pIB1, pIB2 und pVH6). Zusätzlich sind putative Regulationselemente gekennzeichnet (vgl. hierzu Diskussion ab S. 121).

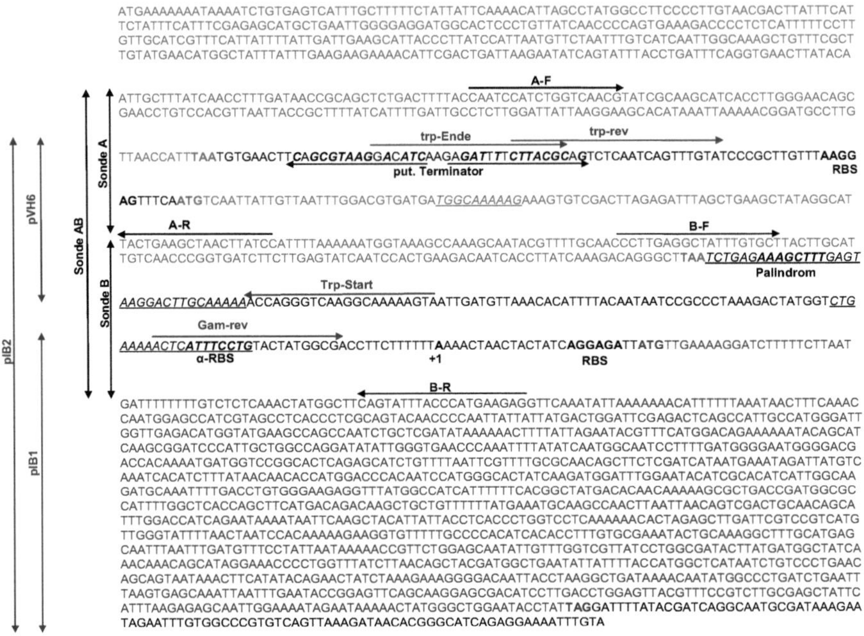

Abb. 38: Basensequenz von *lpp0491* (grün), *yozG* (rot) und *gamA* (blau) aus *L. pneumophila* Paris. Die *in silico* ermittelten Ribosomen-Bindungsstellen (RBS) sowie die Start- und Stoppcodons sind fett markiert. Der Transkriptionsstartpunkt von *gamA*, bestimmt mittels RACE, ist als +1 gekennzeichnet. Die Basen einer putativen Terminatorstruktur im 5'-Bereich von *yozG* sind durch zwei gegenläufige Pfeile markiert. Die Primer für die RACE-DNA-Sonden A, B und AB sowie für die Konstruktion der rekombinanten Plasmide pIB1, pIB2 und pVH6 sind als Pfeile über den Nukleotiden gekennzeichnet. Zusätzlich sind die umschlossenen Bereiche links als senkrechte Pfeile dargestellt. Putative regulatorische Sequenzen sind kursiv und unterstrichen markiert (vgl. hierzu Diskussion ab S. 121).

Die PCR-Produkte A und B wurden auf 100 ng/µl in H_2O_{dd} eingestellt mittels eines Testgels mit 6 % Acrylamid auf ihr Laufverhalten hin untersucht (Abb. 39A). Anschließend wurde die DNA laut Herstellerangaben (DIG Gel Shift Kit, 2nd Generation, Roche) in drei verschiedenen Konzentrationen (A1, A2, A3 bzw. B1, B2, B3 mit 100, 200 oder 300 ng/µl DNA) mit Digoxigenin (DIG) markiert und die Markierung nach Fixierung auf einer Nylonmembran überprüft (Abb. 39B). Parallel dazu wurde eine Kontrollsonde (K) aus dem Kit analog behandelt. Das UV-Crosslinking, die Waschschritte, die Antikörperinkubation sowie Detektion erfolgten laut Herstellerangaben (Methode siehe 2.2.10). Alle Sonden zeigten ausreichende DIG-Markierungen (Abb. 39B). Zur weiteren Analyse wurden die DNA-Sonden mit einer Konzentration von 100 ng/µl (entspricht A1 und B1) eingesetzt.

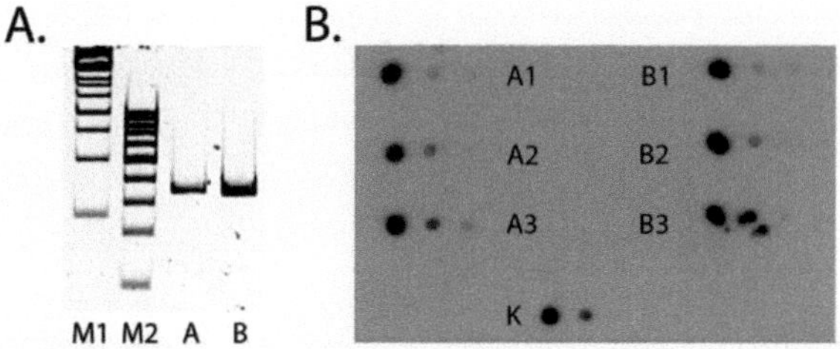

Abb. 39: Kontrollen der Bandshift-Analysen zu YozG aus *L. pneumophila*.
(A) Testgel der unmarkierten DNA-Sonden. M1, 1 kb-DNA-Standard; M2, 100 bp-DNA-Standard; A, DNA-Sonde A, 330 bp; B, DNA-Sonde B, 341 bp. (B) Kontrolle der DIG-Markierung der DNA-Sonden A und B sowie der Kontrollsonde K. Die Sonden A und B wurden in den Konzentrationen 100, 200 bzw. 300 ng/µl DIG-markiert (A1–A3 bzw. B1–B3) und anschließend je 1 µl unverdünnt, 1:10 sowie 1:100 verdünnt auf eine Nylonmembran aufgetragen. Nach der Inkubation mitdem spezifischen Antikörper erfolgte die Detektion für 30 min mit einem Röntgenfilm.

Zur Herstellung der Testlysate wurden die rekombinanten Stämme *E. coli* DH5α pBC (Leervektor), *E. coli* DH5α pIB1 (trägt *gamA*) und *E. coli* DH5α pVH6 (trägt *yozG*) bis zu einer OD_{600} von 0,8 kultiviert und für zwei Stunden mit 2 mM IPTG die Plasmidexpression induziert. Die Bakterien wurden pelletiert, in PBS resuspendiert und Ultraschall-behandelt. Für die Bandshift-Reaktion wurde parallel ein Kontrollansatz ohne Testlysat durchgeführt. Einige Proben enthielten neben dem Testlysat zusätzlich unspezifische DNA im 500-fachen Überschuss zur Kontrolle der unspezifischen Bindung an DNA (unspezifische Kompetition). Andere Proben enthielten unmarkierte Sonden-DNA ebenfalls im 500-fachen Überschuss (spezifische Kompetition). Außerdem wurden Proben mit markierter Sonde A in jeweils einem Ansatz mit unmarkierter Sonde B sowie entgegengesetzt inkubiert. Zur näheren Charakterisierung der Bindung von Sonde B wurde das YozG-Lysat in verschiedenen Konzentrationen eingesetzt und außerdem eine Kompetition mit dem gesamten DNA-Bereich A-B durchgeführt. Abb. 40 zeigt die repräsentativen Ergebnisse der Bandshift-Experimente.

Bei Verwendung der DIG-markierten Sonde A kam es durch Zugabe des YozG-Lysats (*E. coli* DH5α pVH6, Abb. 40A, Spur2), im Vergleich zur Negativkontrolle ohne Lysat (Abb. 40A, Spur 1) zu einer Verschiebung der Bande nach oben. Diese Verschiebung blieb bei gleichzeitiger Zugabe von unspezifischer DNA im Überschuss bestehen (Abb. 40A, Spur 3) und trat bei Zugabe des Lysats aus *E. coli* DH5α pBC (Leervektor, Abb. 40A, Spur 6) nicht auf. Durch Kompetition mit unmarkierter Sonde A oder unmarkierter Sonde B in 500-fachen Überschuss trat keine Bandenverschiebung auf (Abb. 40A, Spuren 4 bzw. 5). Das Ergebnis für Sonde B stimmte mit dem von Sonde A zu großen Teilen überein. Der einzige Unterschied bestand darin, dass in der Kompetition mit unmarkierter Sonde A im 500-fachen Überschuss die Bandenverschiebung bestehen bliebt (Abb. 40A, Spur 11).

Für Sonde B wurde außerdem die Bindung an verschiedene YozG-Lysatmengen getestet. Dabei trat eine zunehmende Bandenverschiebung mit steigender YozG-Menge auf (Abb. 40B, Spuren 2–5), die durch Zugabe von unspezifischer DNA bestehen blieb (Abb. 40B, Spur 6). Die Kompetition mit unmarkierter Sonde B führte zur einer Bande auf Ausgangshöhe (Abb. 40B, Spur 7). Mit gleichzeitiger Zugabe von unmarkierter Sonde A im Überschuss ließ sich die Verschiebung nicht beheben (Abb. 40B, Spur 8). Bei Zugabe von unmarkierter Sonde A-B, die beide DNA-Bereiche enthielt, kam es zu einer Bandenverschiebung auf eine mittlere Höhe (Abb. 40B, Spur 9).

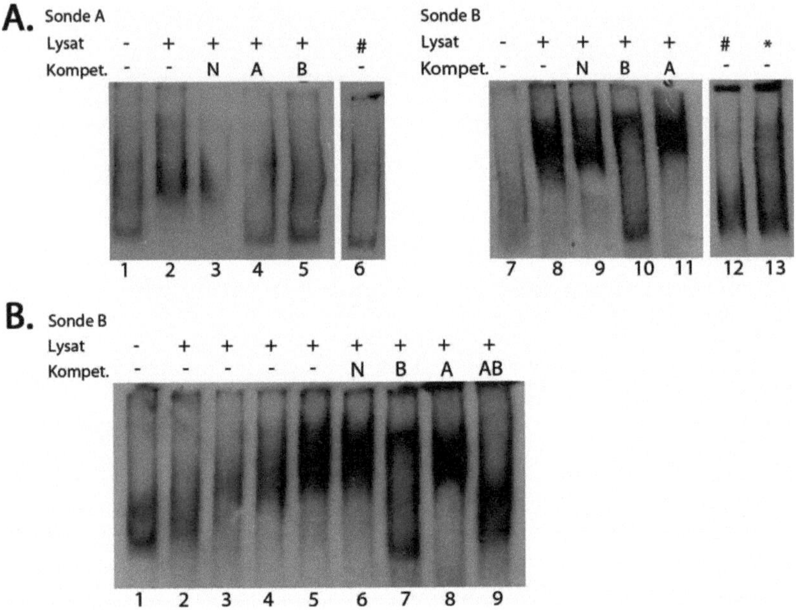

Abb. 40: Ergebnisse der Bandshift-Experimente mit YozG aus *L. pneumophila* Paris.
(A) 1–6, DIG-markierte Sonde A; 1, Negativkontrolle ohne YozG; 2, Zugabe von Lysat von *E. coli* DH5α pVH6 (YozG); 3, Kompetition mit unspezifischer DNA im 500-fachen Überschuss; 4, spezifische Kompetition mit unmarkierter Sonde A (500 x); 5, Kompetition mit unmarkierter DNA B (500 x); 6, Lysat von *E. coli* DH5α pBC KS (Leervektor, #); 7–13, DIG-markierte Sonde B; 7, Negativkontrolle ohne YozG; 8, Zugabe von Lysat von *E. coli* DH5α pVH6 (YozG); 9, Kompetition mit unspezifischer DNA (500 x); 10, spezifische Kompetition mit unmarkierter Sonde B (500 x); 11, Kompetition mit unmarkierter Sonde A (500 x); 12, Lysat von *E. coli* DH5α pBC KS (Leervektor, #); 13, Lysat von *E. coli* DH5α pIB1 (GamA, *). (B) DIG-markierte Sonde B; 1, Negativkontrolle ohne YozG; 2–5, steigende Konzentrationen an YozG-Lysat (0,1 µl; 0,3 µl; 1 µl; 3 µl); 6, Kompetition mit unspezifischer DNA (500 x); 7, spezifische Kompetition mit unmarkierter Sonde B (500 x); 8, Kompetition mit unmarkierter Sonde A (500 x); 9, Kompetition mit unmarkierter Sonde A-B (500 x) (Zu den DNA-Bereichen der Sonden A und B vgl. Abb. 38).

Die Ergebnisse zeigten, dass YozG an den DNA-Bereich stromaufwärts von *gamA* sowie an die eigene 5'-Region bindet. Die Bindung an den 5'-Bereich von *gamA* ließ sich dabei nicht durch Zugabe einer DNA-Sonde mit der 5'Region von *yozG* im Überschuss aufheben, wohingegen dies umgekehrt der Fall war. Daraus ließ sich schließen, dass die Bindung von YozG an den stromaufwärts gelegenen Bereich von *gamA* deutlich stärker ist, als die Bindung an den eigenen putativen Promotorbereich.

3.2.11 Sekretion von GamA über das Typ II-Sekretionssystem

Da in der Proteinsequenz von GamA eine putative Signalsequenz kodiert ist (vgl. Abb. 25, S. 81), wurde ein Typ II-Sekretionsstamm (*lspDE-*, Flieger, Wernigerode) von *L. pneumophila* Corby eingesetzt, um die Typ II-Abhängigkeit der sekretierten Glukoamylase GamA zu untersuchen. Der verwendete Deletionsstamm zeigte eine deutlich schwächere Hydrolyseaktivität im Überstand (Abb. 41, Spur 3) als der entsprechende Wildtypstamm (Abb. 41, Spur 1). GamA wird also zumindest teilweise über das Typ II-Sekretionssystem transportiert.

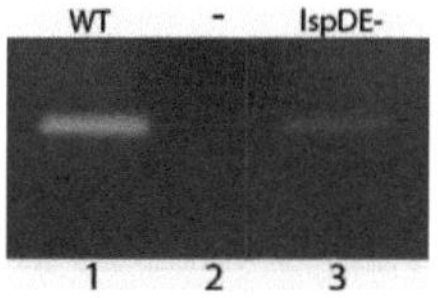

Abb. 41: In-Gel-Detektion der enzymatischen Aktivität gegenüber Glykogen von verschiedenen *L. pneumphila*-Corby-Stämmen.
Es wurden je 10 µl 75-fach aufkonzentrierter, zellfreier Kulturüberstand eingesetzt. 1, *L. pneumophila* Corby Wildtyp; 2, Negativkontrolle; 9, *L. pneumophila* Corby *lspDE*-Deletionsstamm. Das gezeigte Bild ist ein repräsentatives Ergebnis aus mindestens drei unabhängigen Experimenten.

3.2.12 Intrazelluläre Expression von GamA

Im Anschluss wurde untersucht, ob GamA auch intrazellulär in *A. castellanii* exprimiert wird und dort aktiv ist. Hierfür wurden *A. castellanii*-Kulturen mit *L. pneumophila* Paris Wildtyp bzw. mit dem *gamA*-Deletionsstamm infiziert und nach 20 Stunden mit 10 % SDS lysiert. Unter Verwendung der Zymogramm-Methode konnte eine Hydrolysebande bei den mit dem Wildtyp infizierten *A. castellanii*-Zellen (Abb. 42, Spur 3), auf Höhe der Positivkontrolle von *L. pneumophila* Paris (Abb. 42, Spur 1) nachgewiesen werden. Bei der Infektion der Amöben mit dem *gamA*-Deletionsstamm (Abb. 42, Spur 4) sowie der uninfizierten *A. castellanii*-Kultur (Spur 2) konnte keine Glykogenhydrolyse festgestellt werden. Die Ergebnisse zeigten, dass GamA während der Replikation in *A. castellanii* exprimiert wird und aktiv ist.

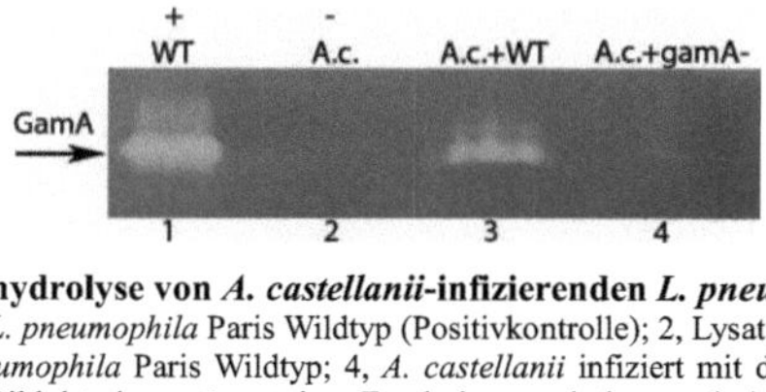

Abb. 42: Glykogenhydrolyse von *A. castellanii*-infizierenden *L. pneumophila*-Bakterien.
1, zellfreier Kulturüberstand von *L. pneumophila* Paris Wildtyp (Positivkontrolle); 2, Lysat von *A. castellanii*-Trophozyten; 3, *A. castellanii* infiziert mit *L. pneumophila* Paris Wildtyp; 4, *A. castellanii* infiziert mit dem *gamA*-Deletionsstamm von *L. pneumophila* Paris. Das gezeigte Bild ist ein repräsentatives Ergebnis aus mindestens drei unabhängigen Experimenten.

3.2.13 Replikationsverhalten eines *gamA*-Deletionsstamms

Wie zuvor für der *zwf*-Deletionsstamm (siehe Kapitel 3.1.5) wurde auch für den *gamA*-Deletionsstamm das Replikationsverhalten in Kulturmedium sowie in *A. castellanii* untersucht (Abb. 43). In chemisch definiertem Medium (*in vitro*) wurde dabei kein Replikationsdefekt im Vergleich zum Wildtyp festgestellt (Abb. 43A). Auch innerhalb von *A. castellanii* konnte keine verminderte Replikationsfähigkeit über einen vollendeten Lebenszyklus (Abb. 43B), über mehrere Lebenszyklen (Abb. 43C) sowie in Kompetition mit dem Wildtypstamm in mehreren Replikationsrunden (Abb. 43D) nachgewiesen werden.

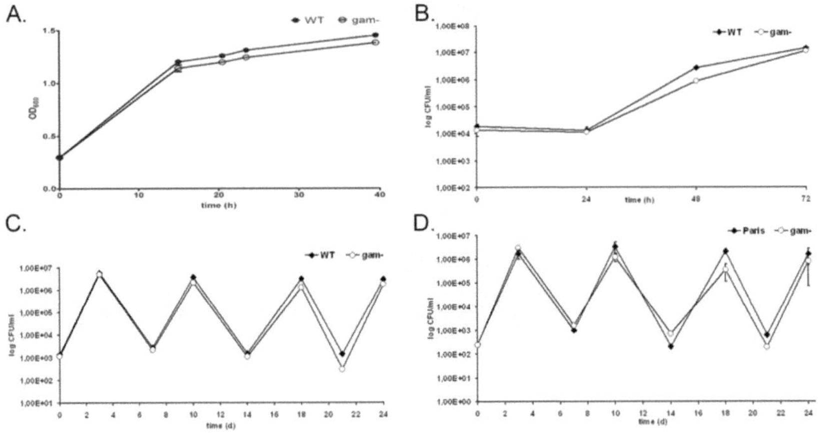

Abb. 43: Replikationsverhalten des *gamA*-Deletionsstamms von *L. pneumophila.*
(A) Vermehrung von *L. pneumophila* Paris Wildtyp (WT) bzw. des *L. pneumophila gamA*-Deletionsstamms (*gam-*) *in vitro* in chemisch definiertem Medium. (B) Replikation des Wildtyp- bzw. des *gamA*-Deletionsstamms in *A. castellanii.* (C) Replikations-Überlebens-Assay des Wildtyp- bzw. des *gamA*-Deletionsstamms in *A. castellanii.* (D) Replikations-Überlebens-Assay des Wildtyp- und *gamA*-Deletionsstamms in *A. castellanii* bei gleichzeitiger Infektion (in Kompetition). Gezeigt ist jeweils ein repräsentatives Ergebnis aus mindestens drei Wiederholungsexperimenten, mit jeweils Doppelansätzen.

3.3 Biosynthese von Polyhydroxybutyrat in *L. pneumophila*

Polyhydroxybutyrat (PHB) gehört zur Gruppe der Polyhydroxyalkonate und wird von verschiedenen Mikroorganismen, darunter *L. pneumophila,* als Energie- und Kohlenstoffspeichermolekül verwendet (James et al. 1999). PHB wird dabei aus identischen Monomeren β-Hydroxybutyrat biosynthetisiert.

3.3.1 Serin und Glukose als biosynthetische Vorstufen von Polyhydroxybutyrat

Nach Kultivierung von *L. pneumophila* Paris unter Zugabe eines ^{13}C-haltigen Substrats (Serin oder Glukose) wurden in den Dichlormethanextrakten mittels ^{13}C-NMR-Spektroskopie hohe ^{13}C-

Anreicherungen in einer Verbindung nachgewiesen, die anhand ihrer chemischen Verschiebungen als β-Hydroxybutyrat identifiziert werden konnte (James et al. 1999) Tab. 29).

Tab. 29: ^{13}C-NMR-Daten des ^{13}C-markierten β-Hydroxybutyrats (monomere Einheit von PHB) aus Inkorporationsexperimenten mit *L. pneumophila* Paris Wildtyp.

C-Atom	Chemische Verschiebung [ppm]	$^{13}C^{13}C$-Kopplungskonstante [Hz]
1	169,10	58,1 (2)
2	40,75	58,1 (1); 39,5 (3)
3	67,55	39,4 (2); 39,0 (4)
4	19,72	38,9 (3)

Kopplungspartner sind in Klammern angegeben.

Die ^{13}C-NMR-Signale besaßen intensive Satellitpaare durch $^{13}C^{13}C$-Kopplungen (vgl. Abb. 62, S. 166). Dabei zeigten die Signale nach Kultivierung mit [U-$^{13}C_6$]Glukose dieselben Kopplungsmuster wie im Versuch mit [U-$^{13}C_3$]Serin, wobei die Intensitäten der Kopplungssatelliten in den [U-$^{13}C_6$]Glukose-Experimenten höher waren. Das bedeutet, dass verhältnismäßig mehr PHB aus dieser markierten Vorstufe synthetisiert worden war. Die quantitative Auswertung mittels GC/MS (Tab. 30) zeigte, dass aus 3 mM [U-$^{13}C_3$]Serin ca. 3,39 mol% (in YEB-Medium) bzw. 2,70 mol% (in chemisch definiertem Medium) des PHB multiple ^{13}C-Markierungen aufwies und daher aus [U-$^{13}C_3$]Serin oder einem mehrfach markierten Zwischenprodukt gebildet worden war. In den Experimenten mit 11 mM [U-$^{13}C_6$]Glukose in YEB-Medium fanden sich ^{13}C-Markierungen in PHB von durchschnittlich 6,28 mol% (Tab. 30). Die ^{13}C-Anreicherung unterschied sich zwischen den beiden eingesetzten Kulturmedien und war im Komplexmedium dreifach höher als in chemisch definiertem Medium (2,01 mol%, Tab. 30). In einem weiteren Versuch wurde β-Hydroxybutyrat 1:5 verdünnt mit natürlicher Glukose eingesetzt. Die erhaltenen Werte der ^{13}C-Anreicherung in PHB lagen bei etwa einem Fünftel und bestätigten somit die gemessenen Werte der ^{13}C-Inkorporation aus ^{13}C-Glukose. Im Vergleich mit den Einbauraten in Aminosäuren zeigte sich, dass die Kohlenstoffatome von Glukose zu einem größeren Anteil in PHB eingebaut werden, während Serin – neben der direkten Inkorporation in Proteine – hauptsächlich als Kohlenstoffquelle für Aminosäuren verwendet wird (siehe dazu Kapitel 3.1.1).

Tab. 30: ^{13}C-Überschuss in [mol%] in Polyhydroxybutyrat (PHB) aus *L. pneumophila* Paris Wildtyp- und einem *zwf*-Deletionsstamm.

L.p. Wildtyp							*L.p. zwf-*
[U-$^{13}C_3$]Serin		[U-$^{13}C_6$]Glukose				[1,2-$^{13}C_2$]Glukose	[U-$^{13}C_6$]Glukose
YEB	CDM	YEB	YEB	CDM	CDM	YEB	YEB
3,39	2,70	6,19	6,37	1,85	2,16	1,55	0,60

Kulturen versetzt mit 3 mM [U-$^{13}C_3$]Serin bzw. 11 mM [U-$^{13}C_6$]Glukose bzw. 11 mM [1,2-$^{13}C_2$]Glukose in YEB- oder CDM-Medium, gemessen mit GC/MS (Messwerte in Tab. 32, Tab. 33 und Tab. 36, S. 159ff).

Zusätzlich wurde die Inkorporation von Kohlenstoffatomen aus Glukose in PHB bei einem *zwf*-Deletionsstamm untersucht, der den oxidativen Pentose-Phosphat- sowie den Entner-Doudoroff-Weg nicht mehr beschreiten kann. Die Kopplungssatelliten im NMR-Spektrum waren hier deutlich geringer ausgeprägt (vgl. Abb. 62 im Anhang) und die ^{13}C-Einbaurate betrug lediglich 0,60 mol%, war also gegenüber dem Wildtypstamm um den Faktor 10 verringert (Tab. 30).
In allen Experimenten mit vollmarkierten Vorstufen waren [1,2-$^{13}C_2$]- und [3,4-$^{13}C_2$]PHB die dominanten Spezies, sowohl im Wildtyp wie auch im *zwf*-Deletionsstamm (Abb. 44, rote Balken). Ein kleinerer Teil des PHB lag im Wildtypstamm zusätzlich als $^{13}C_4$-Isotopolog vor (Abb. 44, rote Balken), besaß also an allen Positionen ^{13}C-Atome. Zur Bestimmung des katabolen Wegs von Glukose wurde [1,2-$^{13}C_2$]Glukose als Ausgangsverbindung eingesetzt (siehe auch Kapitel 3.1.4). Im Wildtypstamm fanden sich hierbei ^{13}C-Atome lediglich an den Positionen 1 und 3 des β-Hydroxybutyrats (Abb. 44, rote Punkte). Dieses Ergebnis steht im Einklang mit den Reaktionsschritten des Entner-Doudoroff-Wegs, bei dem [1-$^{13}C_1$]Acetyl-CoA entsteht. Im *zwf*-Deletionsstamm fanden sich [1,2-$^{13}C_2$]- und [3,4,-$^{13}C_2$]PHB-Spezies sowohl mit vollmarkierter, als auch 1,2-$^{13}C_2$-markierter Glukose als Substrat, wenngleich, wie oben genannt, in deutlich geringeren Mengen. Der Glukoseabbau fand in diesem Stamm demzufolge über die Glykolyse statt (vgl. dazu Diskussion). Es waren keine signifikanten ^{13}C-Signale von Lipiden oder Fettsäuren nachweisbar.

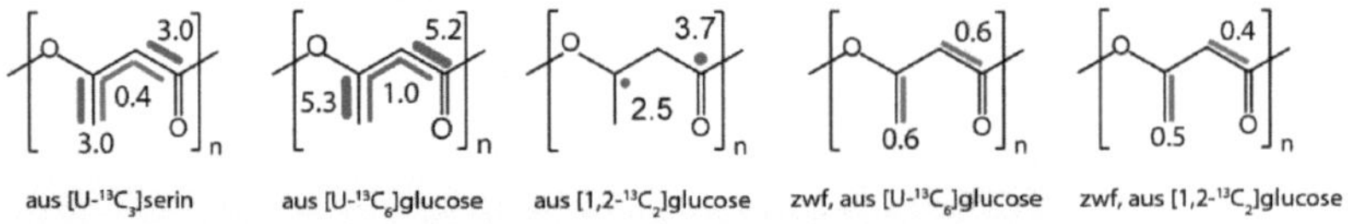

Abb. 44: ^{13}C-Markierungsmuster von Polyhydroxybutyrat (PHB) aus *L. pneumophila* Paris Wildtyp sowie einem *zwf*-Deletionsstamm, kultiviert mit ^{13}C-Serin bzw. -Glukose in YEB-Medium, gemessen mit quantitativer ^{13}C-NMR-Spektroskopie.
Farbige Balken zeigen benachbarte ^{13}C-Atome, farbige Punkte ^{13}C-Atome mit benachbarten ^{12}C-Atomen.

3.3.2 Glukose als Kohlenstoffquelle für PHB zu verschiedenen Wachstumsphasen

Um den Zeitraum der Glukoseverwertung während des Wachstums von *L. pneumophila* zu bestimmen, wurde [U-$^{13}C_6$]Glukose zu verschiedenen Wachstumsphasen dem Kulturmedium zugesetzt (vgl. Kapitel 3.1.2). In diesem Rahmen wurde auch die zeitabhängige ^{13}C-Inkorporation in PHB untersucht. Ab einer OD_{600} von 1,0 bis 1,5 war hier die Verwendung von Glukose als Kohlenstoffquelle für PHB mit durchschnittlich 2,56 mol% nachweisbar (Tab. 31). Die Inkorporation der ^{13}C-Atome verstärkte sich im Zeitraum der OD_{600} 1,5–1,9 auf durchschnittlich 6,15 mol% (Tab. 31). Bei [U-$^{13}C_6$]Glukose-Zugabe ab einer OD_{600} von 1,9 wurden immerhin noch 4,50 mol% ^{13}C-Anreicherung generiert. Somit ließ sich zeigen, dass Glukose vor allem in der post-exponentiellen und frühen stationären Wachstumsphase als Kohlenstoffquelle für PHB in *L. pneumophila* fungiert.

Tab. 31: ^{13}C-Überschuss in [mol%] von Polyhydroxybutyrat (PHB) aus *L. pneumophila* Paris Wildtyp-Kulturen versetzt mit 11 mM [U-$^{13}C_6$]Glukose in YEB-Medium zu verschiedenen Wachstumsphasen, gemessen mit GC/MS.

OD < 1,0	OD 1,0—1,5		OD 1,5—1,9		OD > 1,9	
- - -	2,40 ± 0,06	2,71 ± 0,06	6,56 ± 0,01	5,74 ± 0,10	3,79 ± 0,06	5,12 ± 0,05

Es wurden zwei bzw. drei Ansätze jeweils dreimal vermessen, gezeigt sind die Mittelwerte und Standardabweichungen.

3.3.3 Konstruktion eines β-Ketothiolase-Deletionsstamms

Die drei Enzyme der PHB-Biosynthese sind in *L. pneumophila* im Gegensatz zu *R. eutropha* nicht als Gencluster organisiert (Steinbuchel and Schlegel 1991). Im Genom von *L. pneumophila* Paris existieren drei homolge Gene zu einer β-Ketothiolase (*lpp1307, lpp1555, lpp1788*), vier putative Acetoacetyl-CoA-Reduktasen (*lpp0620, lpp0621, lpp2035, lpp2322*) und ebenfalls vier Gene mit Ähnlichkeit zu PHB-Polymerasen (*lpp0650, lpp2038, lpp2214, lpp2323*). Zur näheren Charakterisierung der PHB-Biosynthese wurde ein Deletionsstamm erstellt, dessen deletiertes Gen *lpp1788 (keto)* als β-Ketothiolase (EC 2.3.1.16) annotiert ist, ein Enzym, das die Acetylierung von Acetyl-CoA sowie die Umkehrreaktion katalysiert. Dieses Enzym kann damit sowohl an der PHB-Biosynthese als auch an der β-Oxidation von Fettsäuren beteiligt sein. Aus Vorarbeiten (Blädel 2008) stand ein Vektorkonstrukt zur Verfügung, welches eine Kanamycin-Resistenzkassette sowie die flankierenen Bereiche (1149 bp bzw. 1296 bp) des Gens *lpp1788 (keto)* enthielt (pIB-Keto4, Abb. 45). Mit den Primern Keto-fwd und -rev wurden die flankierenden Regionen des Gens mit inserierter Kanamycinkassette amplifiziert und über natürliche Transformation in *L. pneumophila* Paris eingebracht. Die homologe Rekombination der flankierenden Regionen und der daraus resultierende Austausch des chromosomalen Gens gegen die Kanamycinkassette wurden mittels PCR-Reaktionen bestätigt (Abb. 46A). Zusätzlich wurden zur Überprüfung der korrekten Rekombination Primer verwendet, die außerhalb des rekombinanten Bereichs binden (Keto-OutsideF und Keto-OutsideR) und mit den Primern Keto-rev bzw. Keto-fwd sowie Primern der Kanamycinkassette (KmU bzw. KmR) kombiniert (Abb. 46B). Durch PCR-Reaktionen wurde bestätigt, dass die Kanamycin-Resistenzkassette an der gewünschten Position im Genom integriert worden war. Daraufhin wurden drei unabhängige Klone für die weiteren Analysen ausgewählt.

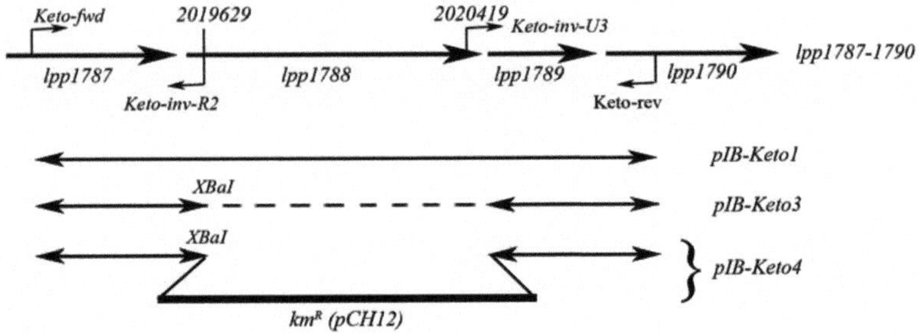

Abb. 45: Schema zur Generierung des β-Ketothiolase-Deletionsstamms (*lpp1788*::*kmR*) von *L. pneumophila* Paris.

Keto-fwd und Keto-rev, Primer zur Amplifikation von *lpp1788* mit flankierenden Sequenzen. Ligation des PCR-Produkts in pGEM-TEasy führte zu pIB-Keto1, der die flankierenden Sequenzen von *lpp1788* trägt. Inverse PCR mit den Primern Keto-inv-R2 und Keto-inv-U3 mit anschließender Religation lieferte pIB-Keto3. Insertion einer Kanamycin-Resistenzkassette aus pCH12 in pIB-Keto3 resultierte in pIB-Keto4 (Blädel 2008).

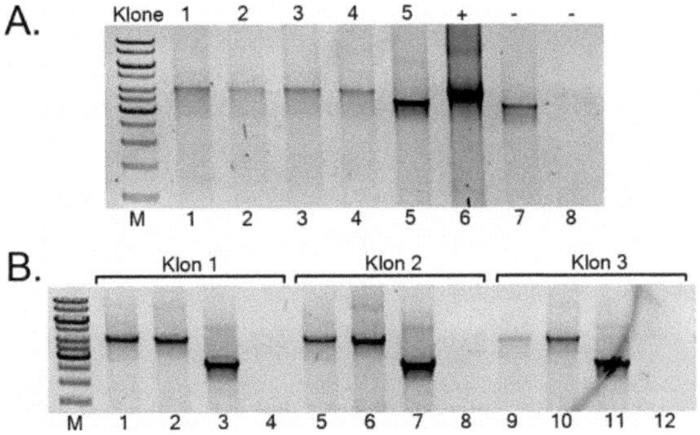

Abb. 46: Gelelektrophoretische Auftrennung von PCR-Produkten zur Überprüfung der rekombinanten *L. pneumophila keto*-Klone.

(A) PCR mit den Primern keto-fwd und keto-rev. M, 1 kb DNA-Standard; 1–5, Klone 1–5; 6, Positivkontrolle mit dem rekombinanten Plasmid pIB-Keto4; 7, Negativkontrolle mit *L. pneumophila* Paris Wildtyp; 8, Negativkontrolle ohne DNA-Template. (B) PCR der rekombinanten Klone 1, 2 und 3. 1, 5, 9, Primer Keto-OutsideF und Keto-rev; 2, 6, 10, Primer Keto-OutsideR und Keto-fwd; 3, 7, 11, Primer Keto-OutsideF und KmR; 4, 8, 12, Primer Ketoside-OutF und KmU.

3.3.4 Replikationsverhalten eines *keto*-Deletionsstamms

Die drei unabhängig voneinander erzeugte *keto*-Deletionsstämme von *L. pneumophila* Paris (vgl. Kapitel 3.3.3) wurden in ihrem Wachstumsverhalten in YEB-Medium untersucht. Alle drei Klone zeigten verlangsamtes Wachstum *in vitro* (Abb. 47A) sie erreichten jedoch nach 24 h die gleiche OD_{600} wie der Wildtypstamm nach 13,5 h. Für die folgenden Untersuchungen wurde Klon 1 ausgewählt. Im Replikationsmodell innerhalb von *A. castellanii*-Zellen (Methode in Kapitel 2.2.2) zeigte der *keto*-Deletionsstamm weder einzeln (Abb. 47B und C) noch in Kompetition (Abb. 47D) einen vom Wildtypstamm abweichenden Phänotyp.

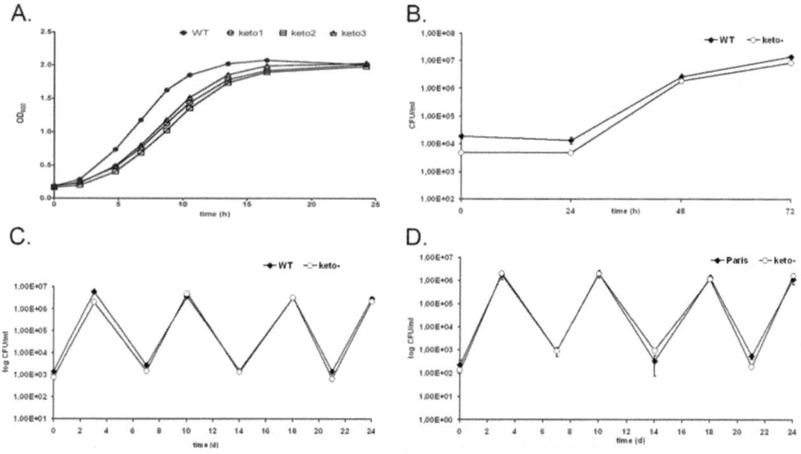

Abb. 47: Replikationsverhalten des *keto*-Deletionsstamms von *L. pneumophila*.
(A) Vermehrung *von L. pneumophila* Paris Wildtyp (WT) sowie drei unabhängigen *L. pneumophila keto*-Deletionsstämmen (*keto1–keto3*; *lpp1788*) *in vitro* in YEB-Medium. (B) Replikation des Wildtyp- und *keto*-Deletionsstamms in *A. castellanii*. (C) Replikations-Überlebens-Assay des Wildtyp- und *keto*-Deletionsstamms in *A. castellanii*. (D) Replikations-Überlebens-Assay des Wildtyp- und *keto*-Deletionsstamms in *A. castellanii* bei gleichzeitiger Infektion (in Kompetition). Gezeigt ist jeweils ein reprästentatives Ergebnis aus mindestens drei Wiederholungexperimenten, mit jeweils Doppelansätzen.

3.3.5 Glukose als Kohlenstoffquelle für PHB in einem *keto*-Deletionsstamm

Zur metabolischen Charakterisierung des *keto*-Deletionsstamms wurde dieser in Anwesenheit von 11 mM [U-$^{13}C_6$]Glukose in YEB-Medium kultiviert (Methode siehe Kapitel 2.2.1.7 und 2.2.1.8). In der GC/MS-Analyse des Dichlormethanextrakts wurden 1,05 mol% ^{13}C-Inkorporation für PHB nachgewiesen. Im Vergleich zum Wildtypstamm mit durchschnittlich 6,28 mol% war die Markierungsrate ausgehend von Glukose also deutlich reduziert. Mittels NMR-Spektroskopie wurde das Markierungsmuster der Substanz als Mischung aus [1,2-1$^3C_2$]- und [3,4-$^{13}C_2$]-Isotopomeren charakterisiert (Abb. 48). Zusätzlich wurde der ^{13}C-Gehalt der proteinogenen Aminosäuren mittels GC/MS bestimmt. Alanin, Aspartat und Glutamat wiesen im Vergleich zum Wildtypstamm geringfügig erhöhte ^{13}C-Excesswerte auf (Abb. 49). Die Markierungsprofile beider Stämme, kultiviert mit [U-$^{13}C_6$]Glukose, zeigten ansonsten keine auffälligen Unterschiede.

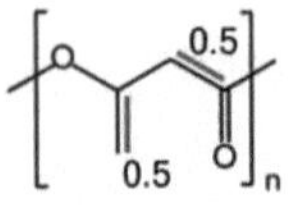

Abb. 48: ^{13}C-Markierungsmuster von PHB eines β-Ketothiolase-Deletionsstamms (*lpp1788*) von *L. pneumophila* Paris, kultiviert mit [U-$^{13}C_6$]Glukose in YEB-Medium, gemessen mit quantitativer NMR-Spektroskopie.

Die farbigen Balken zeigen benachbarte ^{13}C-Atome.

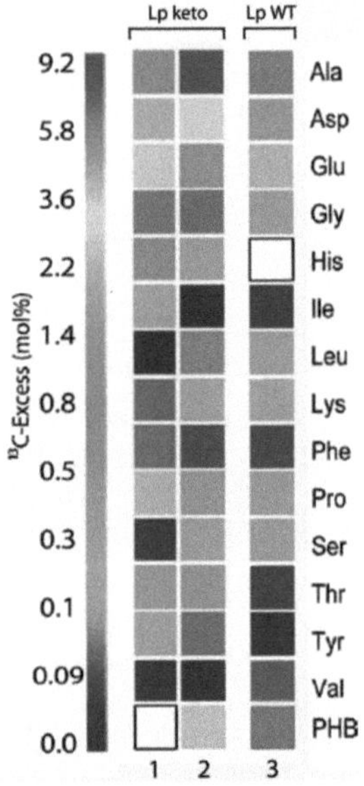

Abb. 49: ^{13}C-Überschuss in [mol %] der markierten, proteinogenen Aminosäure-Isotopologe aus *L. pneumophila* Paris Wildtyp sowie eines *keto*-Deletionsstamms nach Kultivierung mit 11 mM [U-$^{13}C_6$]Glukose in YEB-Medium.

Der Farbcode zeigt den ^{13}C-Überschuss quasilogarithmisch, um auch kleine Unterschiede deutlich zu machen. Jede Probe wurde dreimal vermessen, gezeigt sind die Mittelwerte. PHB und Histidin konnte in einem Experiment nicht gemessen werden (weiße Kästchen; Messwerte in Tab. 36, S. 161).

3.3.6 PHB-Bestimmung mittels Infrarotspektroskopie

Die in den bisherigen Experimenten bestimmten ^{13}C-Einbauraten lassen lediglich Aussagen über die Verwendung von Glukose bzw. Serin als Substrat für die PHB-Biosynthese in *L. pneumophila* zu. PHB, das ausgehend von anderen Substraten bebildet wird, wurde hierbei nicht erfasst und die Gesamtmenge des Polymers in den Zellen ist daher unbekannt. Aus diesem Grund wurde der jeweilige PHB-Gehalt der *L. pneumophila*-Deletionsstämme *zwf*, *gamA* und *keto* sowie des Wildtypstamms mittels Infrarotspektroskopie in YEB-Flüssigkultur sowie in Agarkultur über einen Zeitraum von 108 bzw. 168 h bestimmt (Methode unter 2.2.19). Für die PHB-Mengenbestimmung aus *in vitro*-

Flüssigkulturen wurden dabei für jeden Zeitpunkt die Optische Dichte bei 600 nm (Abb. 50A) sowie die Kolonie-bildenden Einheiten (cfu/ml, Abb. 50B) ermittelt. Da *L. pneumophila* nach einiger Zeit in einen nicht mehr kultivierbaren, aber lebenden Zustand übergeht (Steinert et al. 1997), wurde außerdem mittels Fluoreszenzmikroskopie die Anzahl der Zellen mit intakten Membranen bestimmt (Abb. 50C). Aufgrund des veränderten Wachstums des *keto*-Deletionsstamms (siehe Kapitel 3.3.4) waren sowohl die cfu-Werte als auch die Zahl der Membran-intakten Bakterien zu späteren Zeitpunkten (ab 80 Stunden Kultivierung) gegenüber den anderen Stämmen erhöht (Abb. 50B und C).

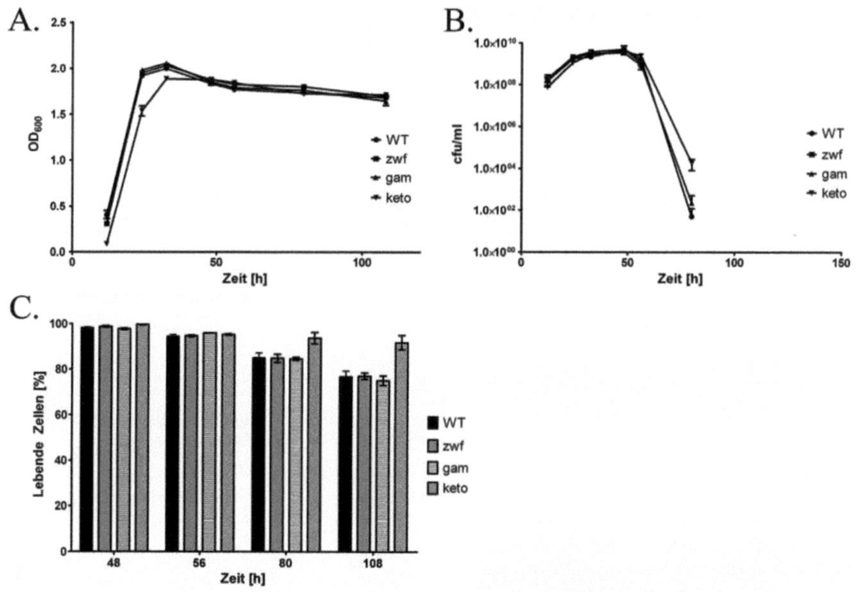

Abb. 50: Wachstum und Überleben verschiedener *L. pneumophila*-Stämme zur Bestimmung des PHB-Gehalts über 108 Stunden in YEB-Flüssigkultur.
(A) Optische Dichte bei 600 nm (OD_{600}). (B) Kolonie-bildende Einheiten (*cfu*/ml) bestimmt durch Ausplattieren auf BCYE-Agarplatten. (C) Relativer Anteil lebender Zellen bestimmt durch Fluoreszenzmikroskopie mit dem Live/Dead-Kit von Invitrogen. WT, Wildtyp; *zwf*, *zwf*-Deletionsstamm; *gam*, *gamA*-Deletionsstamm; *keto*, *keto*-Deletionsstamm von *L. pneumophila* Paris (Messwerte in Tab. 41, Tab. 42 und Tab. 43, S. 165ff).

In der Infrarotspektroskopie wurden die Carbonylgruppen der PHB-Moleküle im Wellenzahlbereich 1750–1727 cm^{-1} mit einem Maximum bei 1739 cm^{-1} detektiert. Für jeden Messwert wurden Doppelbestimmungen durchgeführt. Zur Veranschaulichung sind Ausschnitte aus den Infrarotspektren des Wildtypstamms (Abb. 51A) sowie des *keto*-Deletionsstamms (Abb. 51B), kultiviert auf Agarplatten, gezeigt. Auffällig war der hohe PHB-Gehalt des *keto*-Deletionsstamms zu allen untersuchten Zeitpunkten, der sich durch erhöhte Absorptionswerte in diesem Wellenzahlbereich zeigte (Abb. 51B, Pfeil). Für den *zwf*-Deletionsstamm wurden geringfügig niedrigere

Absorptionswerte gemessen; das Spektrum des *gamA*-Deletionsstamms zeigte keine signifikanten Unterschiede zum Wildtypstamm (nicht gezeigt).

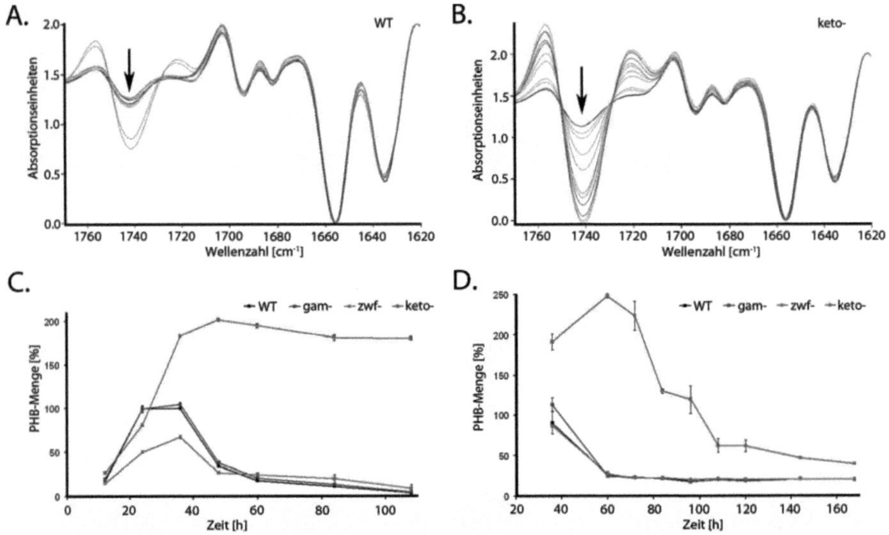

Abb. 51: PHB-Gehalt verschiedener *L. pneumophila* Paris-Stämme ermittelt durch Infrarot (IR)-Spektroskopie.

(A)+(B) Ausschnitte aus den IR-Spektren von *L. pneumophila* Wildtyp (A) bzw. eines β-Ketothiolase-Deletionsstamms (B) zu verschiedenen Zeitpunkten auf Agarplatten. Im Wellenzahlbereich 1750–1727 cm-1 wurden die Carbonylgruppen von PHB detektiert (Pfeile). Pink, 36 h; rot, 60 h; violett, 72 h; grün, 96 h; grau, 120 h; schwarz, 168 h. (C)+(D) Relativer PHB-Gehalt von verschiedenen *L. pneumophila* Paris-Deletionsstämmen im Vergleich zum Wildtypstamm, ermittelt via Infrarotspektrokopie bei 1750–1727 cm-1. (C) Kultivierung in YEB-Flüssigmedium. (D) Kultivierung auf Agarplatten. WT, Wildtyp; *gam-*, *gamA*-Deletionsstamm; *zwf-*, *zwf*-Deletionsstamm; *keto-*, *keto*-Deletionsstamm. Als 100 %-Wert wurde der jeweils höchste Wert des Wildtypstamms als Fläche der zweiten Ableitung (bei 36 h) definiert.

Aus den Infrarot-Spektren wurden die relativen PHB-Mengen der Deletionsstämme im Vergleich zum Wildtyp berechnet (Abb. 51C und D). Sowohl in Flüssig- als auch in Agarplattenkultur erreichte der Wildtypstamm die maximale PHB-Menge nach 36 Stunden. Dieser Wert (als Fläche der zweiten Ableitung im Wellenzahlbereich 1750–1727 cm^{-1}) wurde jeweils als 100 % definiert. Nach diesem Zeitpunkt verringerte sich die PHB-Menge. Eine Ausnahme bildete jedoch der *keto*-Deletionsstamm, dessen PHB-Gehalt, mit bis zu 250 %, deutlich über dem der anderen Stämme lag. Seine maximale PHB-Menge erreichte dieser Stamm nach 48 Stunden in Flüssigkultur (Abb. 51C) bzw. 60 Stunden in Agarkultur (Abb. 51D). In der Flüssigkultivierung war PHB noch nach 108 Stunden auf hohem Niveau detektierbar. Im Gegensatz dazu produzierte der Deletionsstamm der Glukose-6-Phosphat-dehydrogenase (*zwf*) in YEB-Medium nur maximal 68 % der wildtypischen PHB-Menge (Abb. 51C). Die Werte des Glukoamlyase-Deletionsstamms (*gamA*) wiesen keine Unterschiede zum Wildtypstamm auf (Abb. 51C und D).

Die β-Ketothiolase katalysiert den ersten Schritt in der PHB-Biosynthese. Da wie gezeigt eine Deletion dieses Enzyms zu verstärkter PHB-Akkumulation führte, muss ein alternativer Biosyntheseweg in *L. pneumophila* existieren. In *Pseudomonas aeruginosa* und *Aeromonas caviae* existiert eine Querverbindung der Fettsäureoxidation zum PHB-Aufbau auf Höhe von Crotonyl-CoA oder längerkettigen Enoyl-CoA-Verbindungen (Langenbach et al. 1997; Fukui et al. 1998; Tsuge et al. 2000; Steinbuchel and Hein 2001). Hier findet man eine D-spezifische Enoyl-CoA-Hydratase (EC 4.2.1.55), welche Crotonyl-CoA in D-β-Hydroxybutyryl-CoA umwandelt und somit die letzte Vorstufe von PHB synthetisiert (Fukui et al. 1998; Steinbuchel and Hein 2001). Im Genom *L. pneumophila* Paris wurde ein homologes Gen (*lpp0932*) für dieses Enzym identifiziert. In gleicher Orientierung befinden sich zwei Gene mit Bedeutung für die β-Oxidation (*lpp0931*, *lpp0933*). Mittels RT-PCR wurde belegt, dass die drei Gene in einem Operon organisiert sind (Abb. 52). Daraufhin wurden Bemühungen unternommen, einen Deletionsststamm dieses Operons zu erstellen (Abb. 53). Es wurden rekombinante Vektoren erstellt, die die flankierenden Sequenzen des zu deletierenden Bereichs mit inserierter Gentamycin- (pVH13) oder Kanamycin-Resistenzkassette (pVH14; Abb. 53,) enthielten. Weder Einzel- noch Doppelmutanten (mit bereits deletiertem *keto*-Gen) konnten generiert werden. Es ist daher zu vermuten, dass die kodierenden Gene für *L. pneumophila* essentielle Stoffwechselfunktionen übernehmen.

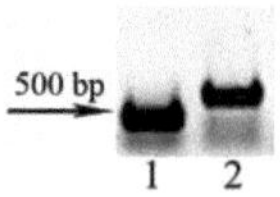

Abb. 52: RT-PCR zur Bestimmung der Operonstruktur von *lpp0931-33*.
Es wurden Primerpaare gewählt, die überlappende Bereiche benachbarter Gene innerhalb einer putativen mRNA amplifizieren. 1, *lpp0930-lpp0931*; 2, *lpp0931-lpp0932*.

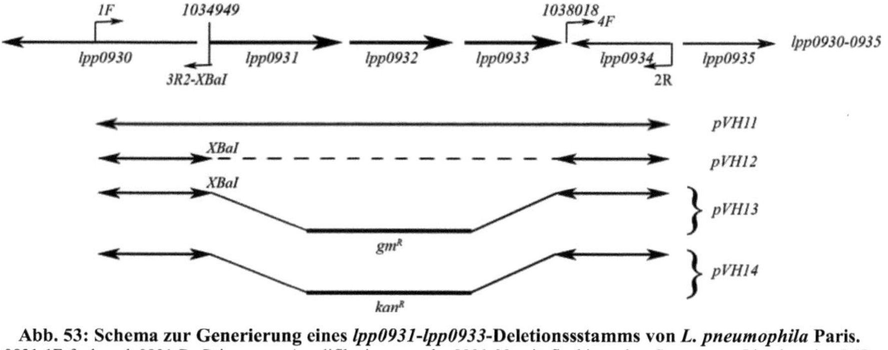

Abb. 53: Schema zur Generierung eines *lpp0931-lpp0933*-Deletionssstamms von *L. pneumophila* Paris.
0931-1F-fwd und 0931-R, Primer zur Amplifikation von *lpp0931-33* mit flankierenden Sequenzen. Ligation des PCR-Produkts in pGEM-TEasy führt zu pVH11. Inverse PCR mit den Primern 0931-3R2 und 0931-4F mit anschließender Religation liefert pVH12. Insertion einer Gentamycin-Resistenzkassette (gmR) in pVH12 resultierte in VH13, Insertion einer Kanamycin-Resistenzkassette (kanR) in pVH14.

4 Diskussion

4.1 Kohlenstoffquellen von *L. pneumophila*

Diese Arbeit hat gezeigt, dass sowohl Serin als auch Glukose Kohlenstoffquellen für den Aufbau von Aminosäuren in *L. pneumophila* darstellen. Im Folgenden werden Modelle für die jeweilige Verwertung dieser Vorstufen aufgestellt. Im Anschluss wird die Bedeutung von Glukose für den Lebenszyklus und die Fitness von *L. pneumophila* erörtert.

4.1.1 ^{13}C-Serin als Kohlenstoffquelle für Aminosäuren

Wenige Jahre nach der ersten Isolation von *L. pneumophila* wurde gezeigt, dass Serin das Wachstum dieser Spezies unterstützt und als wichtige Energiequelle dient (George et al. 1980; Tesh et al. 1983). Für die Serindehydratase, die Serin in Pyruvat überführt, wurde in zellfreien Extrakten eine hohe enzymatische Aktivität nachgewiesen (Keen and Hoffman 1984). Neuere Arbeiten haben zudem demonstriert, dass ^{13}C-markiertes Serin bei Kultivierung in YEB-Komplexmedium eine Kohlenstoffquelle für die Biosynthese von Aminosäuren darstellt (Herrmann 2007; Eylert 2009). Bei Verwendung von 3 mM [U-$^{13}C_3$]Serin betrug die ^{13}C-Anreicherung in proteinogenem Serin ca. 26 mol% (Herrmann 2007; Eylert 2009). In der vorliegenden Arbeit wurde ein chemisch definiertes Medium (CDM) mit 16 Aminosäuren als Energiequellen mit 3 mM [U-$^{13}C_3$]Serin supplementiert. Die ^{13}C-Anreicherung wurde in der stationären Wachstumsphase untersucht und in proteinogenem Serin mit ca. 15 mol% bestimmt. Ein großer Teil des exogenen Serins wurde direkt ohne Katabolismus für die Biosynthese von Proteinen verwendet und fand sich daher als dreifach ^{13}C-markiertes Serin wieder. Geringere ^{13}C-Markierungen ließen sich in den Aminosäuren Alanin, Aspartat, Glutamat, Prolin, Glycin und Threonin nachweisen. Der Anteil an [U-$^{13}C_3$]Serin, der zur Energiegewinnung in $^{13}CO_2$ umgewandelt worden ist, wurde im Rahmen dieser Versuche nicht bestimmt. Die Ergebnisse bestätigen die Tatsache, dass Serin eine Kohlenstoffquelle für Aminosäuren in *L. pneumophila* darstellt. Die geringe ^{13}C-Anreicherung in den anderen genannten Aminosäuren lässt darauf schließen, dass größere Fraktionen dieser Aminosäuren aus unmarkierten Bestandteilen des Mediums inkorporiert wurden. Serin ist demnach nicht die einzige Kohlenstoffquelle von *L. pneumophila*. In Histidin, Isoleucin, Leucin, Lysin, Phenylalanin, Tyrosin und Valin war keine ^{13}C-Anreicherung detektierbar. Diese Aminosäuren stammen demzufolge aus unmarkierten Aminosäuren des Mediums und/oder werden unter den geltenden Bedingungen nicht *de novo* synthetisiert. An Hand der vergleichsweise geringen ^{13}C-Anreicherung in Threonin kann nicht eindeutig geklärt werden, ob diese Aminosäure in *L. pneumophila* unter den untersuchten Bedingungen *de novo* synthetisiert wurde. Allerdings ist eine geringe ^{13}C-Anreicherung in dieser Aminosäure bereits in YEB-Medium nachgewiesen worden (Herrmann 2007; Eylert 2009). Bei Verwendung des definierten Mediums kam es in der vorliegenden Arbeit zu keiner eindeutigen ^{13}C-Anreicherung in dieser Aminosäure. Dennoch sind die Ergebnisse größtenteils mit denen aus YEB-Kultivierung vergleichbar. Da *L. pneumophila* in YEB eine kürzere Verdopplungszeit aufweist, wurde dieses gebräuchlichere Medium für die weiteren Analysen verwendet. Die ^{13}C-markierten Aminosäuren wurden mittels NMR-Spektroskopie näher charakterisiert. Hierbei konnten die genauen Positionen der ^{13}C-Atome in Alanin, Serin, Glutamat und Aspartat bestimmt und darüber hinaus ihre ^{13}C-Anreicherung quantifiziert werden. Die dabei erhaltenen ^{13}C-Excesswerte korrespondierten sehr eng mit denen aus der Massenspektrometrie, die lediglich Angaben über den Gesamtgehalt der ^{13}C-Atome in einem Molekül machen kann. Aus den Ergebnissen der ^{13}C-NMR-Spektroskopie ließ sich der Biosyntheseweg der markierten Aminosäuren ausgehend von Serin als Kohlenstoffquelle rekonstruieren (Abb. 54; (Eylert et al. 2010).

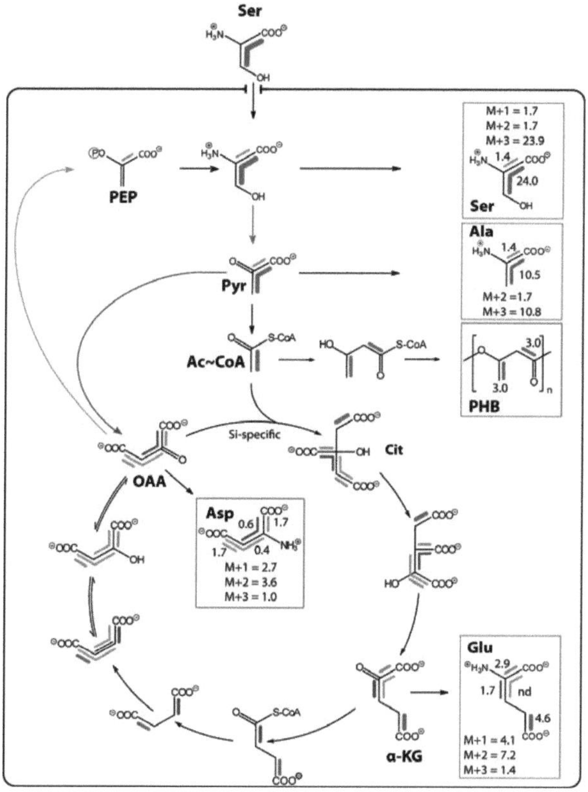

Abb. 54: Modell der Serin-Verstoffwechselung in *L. pneumophila* Paris kultiviert in YEB-Medium.
Gezeigt sind die ^{13}C-Anreicherungen in proteinogenen Aminosäuren und PHB (in Boxen), die aus der Inkorporation von exogenem [U-^{13}C$_3$]Serin hervorgehen. Farbige Balken zeigen benachbarte ^{13}C-Atome von multiplen ^{13}C-Isotopologen, gemessen mit NMR-Spektroskopie. Die Zahlen beziffern die molaren Häufigkeiten der entsprechenden Isotopologe. Zudem

sind die molaren Häufigkeiten der Isotopologgruppen mit einem, zwei oder drei ^{13}C-Atomen (M+1, M+2 und M+3), gemessen mit Massenspektrometrie, angegeben (Eylert et al. 2010).

Die Dreifachmarkierung im Serin kann leicht durch die direkte Inkorporation von exogenem [U-$^{13}C_3$]Serin in Proteine erklärt werden. Das dargestellte Markierungsmuster von Pyruvat wurde dem Biosyntheseweg gemäß aus Alanin abgeleitet. Im dargestellten Modell wird Serin zu Pyruvat metabolisiert, katalysiert durch die Serindehydratase, und anschließend zur Alaninbiosynthese verwendet. Die Detektion der 1,2-$^{13}C_2$-Isotopologe von Serin und Alanin (Abb. 54, grüne Balken) zeigen deutliche Hinweise auf Serin-Recycling über anaplerotische Reaktionen, im Speziellen die Bildung von Phosphoenolpyruvat aus [1,2-$^{13}C_2$]Oxalacetat (Abb. 54, grüner Pfeil). [1,2-$^{13}C_2$]Phosphoenolpyruvat wird daraufhin in [1,2-$^{13}C_2$]Phosphoglycerat umgewandelt, die Ausgangsverbindung von [1,2-$^{13}C_2$]Serin, die schließlich weiter zu 1,2-$^{13}C_2$-markiertem Pyruvat bzw. Alanin metabolisiert wird (Abb. 54).

Alternativ wird ein großer Teil des Pyruvatpools in Acetyl-CoA überführt und in den Citratzyklus eingeschleust. Die Aktivität der Pyruvatdehydrogenase wurde in einer früheren Studie als sehr gering angegeben (Keen and Hoffman 1984). Die vorliegende Arbeit zeigt jedoch, dass der Großteil des aus Serin generierten Pyruvats über dieses Enzym zu Acetyl-CoA oxidiert wird. Aufgrund der *Si*-spezifischen Citratsynthase wird die Markierung des [1,2-$^{13}C_2$]Acetyl-CoA (Abb. 54, rote Balken) auf die Positionen 4 und 5 von α-Ketoglutarat übertragen und findet sich an denselben Positionen in der Aminosäure Glutamat wieder (Abb. 54, rote Balken). In den weiteren Reaktionen des Citratzyklus entstehen [1,2-$^{13}C_2$]Succinat und [1,2-$^{13}C_2$]Fumarat (Abb. 54, roter Balken). Bedingt durch die intrinsische Symmetrie von Fumarat ergibt sich durch Katalyse der Malatsynthase eine Mischung von [1,2-$^{13}C_2$]- und [3,4-$^{13}C_2$]Malat im Verhätnis von 1:1 (Abb. 54, grüne Balken). Dieselbe Isotopologmischung entsteht folglich auch im Oxalacetatpool und seinem aminierten Produkt Aspartat (Abb. 54, grüne Balken und M+2-Wert des Massenspektrums). Die geringe Dreifachmarkierung in [1,2,3-$^{13}C_3$]Asparat (Abb. 54, blaue Balken und M+3-Wert) lässt sich durch die Carboxylierung von [U-$^{13}C_3$]Pyruvat zu [1,2,3-$^{13}C_3$]Oxalacetat erklären, katalysiert durch die Pyruvatcarboxylase (EC 6.4.1.1, Abb. 54, blauer Pfeil). Für dieses Enzym sind bereits hohe spezifische Aktivitäten (Keen and Hoffman 1984) und zwei homologe Gene (*lpp0531*, *lpp2718*) bekannt. Die relativ geringe ^{13}C-Anreicherung spricht dennoch eher für eine – im Vergleich zur Pyruvatdehydrogenase – untergeordnete Rolle dieser chemischen Reaktion. Die Tatsache, dass [2,3,4-$^{13}C_3$]Asparat (Abb. 54, hellblaue Balken) mit ähnlicher Häufigkeit wie das 1,2,3-$^{13}C_3$-Isotopolog detektiert wurde, lässt sich durch rasche Equilibrierung zwischen Oxalacetat, Malat und Fumarat durch reversible Reaktionen der Malatdehydrogenase, Fumarase und möglicherweise Succinatdehydrogenase erklären. Fumarat und Succinat sind symmetrische Moleküle, so dass eine Dreifachmarkierung randomisiert werden kann.

Ferner dient ^{13}C-markiertes Oxalacetat als Akzeptor von unmarkiertem Acetyl-CoA in einem weiteren Citratzyklus: So wird die Markierung von [3,4-$^{13}C_2$]Oxalacetat schließlich auf die

Kohlenstoffpositionen 1 und 2 von α-Ketoglutarat bzw. Glutamat (Abb. 54, grüne Balken) übertragen. Das Isotopolog [1,2-$^{13}C_2$]Oxalacetat liefert hingegen nach Decarboxylierung von $^{13}CO_2$ schließlich [3-$^{13}C_1$]α-Ketoglutarat bzw. [3-$^{13}C_1$]Glutamat. Die Spezies [1,2,3-$^{13}C_3$]- und [2,3,4-$^{13}C_3$]Oxalacetat resultieren in einer zweiten Runde des Citratzyklus in die 2,3-$^{13}C_2$- bzw. 1,2,3-$^{13}C_3$-markierten Spezies von α-Ketoglutarat/Glutamat (Abb. 54, blaue und hellblaue Balken). All diese Isotopologe konnten in Glutamat detektiert werden, obwohl [1,2,3-$^{13}C_3$]Glutamat (Abb. 54, hellblaue Balken) nur über die Massenspektrometrie als M+3-Spezies nachweisbar war. Die Biosynthese von PHB aus [U-$^{13}C_3$]Serin wird separat in Kapitel 4.3.1 diskutiert.

4.1.2 ^{13}C-Glukose als Kohlenstoffquelle für Aminosäuren

Neben einer Vielzahl von Peptidasen, Proteinasen und Aminosäuretransportern finden sich im Genom von *L. pneumophila* Paris mehrere Gene mit Ähnlichkeiten zu Zuckertransportproteinen: so etwa zu einem D-Xylose/Protonen-Symporter (*lpp0488*) und einem Hexosephosphattransporter (*lpp2623*) (Cazalet et al. 2004). Im Vergleich zu Aminosäuren gelten Glukose und andere Kohlenhydrate jedoch nicht als Energiequellen (Pine et al. 1979; Warren and Miller 1979; Tesh et al. 1983). Zur Untersuchung der Verwertung von Glukose durch *L. pneumophila* wurde der Organismus unter Beigabe von 11 mM [U-$^{13}C_6$]Glukose kultiviert. Anschließend wurden die proteinogenen Aminosäuren mittels Massenspektrometrie sowie NMR-Spektroskopie auf ihre ^{13}C-Anreicherung hin untersucht. Es ließen sich ^{13}C-Inkorporationen (in absteigender Häufigkeit) in Alanin, Glutamat, Asparat, Prolin, Serin und Glycin nachweisen. Threonin war nur in einem der Versuche geringfügig ^{13}C-markiert; der Befund ließ sich im Wiederholungsexperiment nicht bestätigen. Eine *de novo*-Biosynthese dieser Aminosäure kann daher nicht ausgeschlossen werden. Sowohl YEB- wie auch CDM-Kultivierung führten zu ^{13}C-Anreicherungen in identischen Aminosäuren. Die Markierungsmuster wiesen zudem große Übereinstimmungen mit denen aus [U-$^{13}C_3$]Serin-Kultivierung auf.

Die Ergebnisse zeigen, dass Glukose von *L. pneumophila* für die Biosynthese von Aminosäuren verwendet wird. Außerdem wurde deutlich, dass die katabolen Wege von Serin und Glukose an einem Intermediat (Pyruvat) zusammenlaufen. Die ermittelten Excesswerte der markierten Aminosäuren lagen allerdings in den ^{13}C-Glukose-Versuchen deutlich unter denen aus ^{13}C-Serin-Inkorporation, obwohl hier eine höhere Konzentration der Ausgangsverbindung eingesetzt worden war (11 mM statt 3 mM). Glukose dient demzufolge im Vergleich zu Serin zu einem geringeren Teil als Kohlenstoffquelle für Aminosäuren in *L. pneumophila*. Isoleucin, Leucin, Phenylalanin, Tyrosin, Histidin, Prolin und Valin besaßen keine ^{13}C-Anreicherung. Das bestätigt, dass *L. pneumophila* Paris für diese Aminosäuren auxotroph ist. Interessanterweise konnte eine – wenn auch geringe – ^{13}C-Anreicherung in Serin detektiert werden. Der vorherige Versuch zeigte zwar eine effektive Inkorporation von ^{13}C-Serin (siehe Kapitel 4.1.1) in Proteine. Dennoch kann auch die *de novo*-Synthese dieser Aminosäure durch *L. pneumophila* eindeutig nachgewiesen werden (vgl. auch Kapitel

4.1.3). Aus der Isotopologverteilung der markierten Aminosäuren wurde ein Modell zum Glukosekatabolismus in *L. pneumophila* Paris entwickelt (Abb. 55; (Eylert et al. 2010).

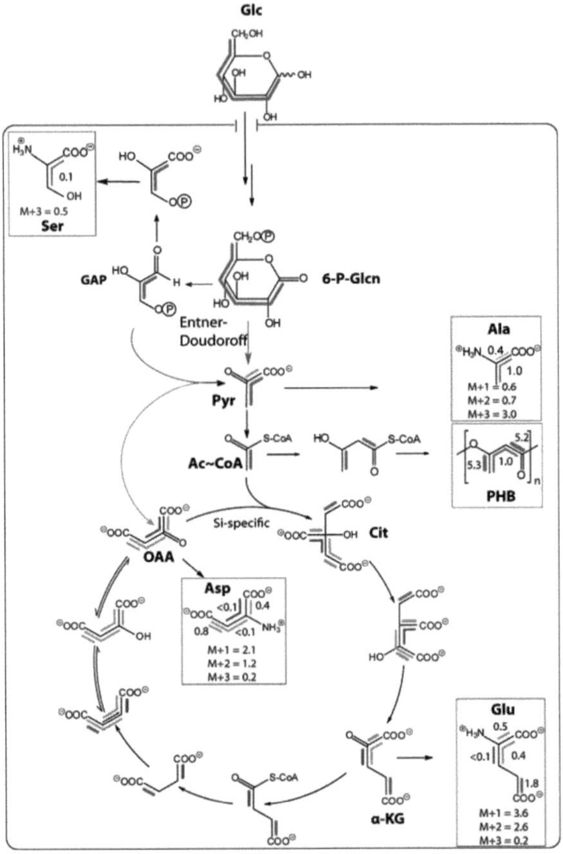

Abb. 55: Modell der Glukose-Verstoffwechselung in *L. pneumophila* Paris, kultiviert in YEB-Medium. Gezeigt sind die ^{13}C-Markierungen von proteinogenen Aminosäuren und PHB (in Boxen), die aus der Inkorporation von exogener [U-$^{13}C_6$]Glukose hervorgehen. Farbige Balken zeigen benachbarte ^{13}C-Atome von multiplen ^{13}C-Isotopologen, gemessen mit NMR-Spektroskopie. Die Zahlen beziffern die molaren Häufigkeiten der entsprechenden Isotopologe. Zudem sind die molaren Häufigkeiten der Isotopologgruppen mit einem, zwei oder drei ^{13}C-Atomen (M+1, M+2 und M+3), gemessen mit Massenspektrometrie, angegeben (Eylert et al. 2010).

Die mittels Massenspektrometrie bzw. NMR-Spektroskopie detektierten Verbindungen sind in Boxen dargestellt (Abb. 55). Aus dem Isotopologprofil von Alanin konnte analog zur [U-$^{13}C_3$]Serin-Inkorporation das Markierungsmuster von Pyruvat rekonstruiert werden: Die dominanten Spezies von Alanin bzw. Pyruvat waren die U-$^{13}C_3$-Isotopologe (Abb. 55, rote Balken). Dieses Markierungsmuster kann durch die Reaktionswege der Glykolyse, des Pentose-Phosphat-Wegs oder des Entner-

Doudoroff-Wegs erklärt werden. Zu einem kleineren Teil als Alanin war die Aminosäure Serin ebenfalls U-$^{13}C_3$-markiert (Abb. 55, roter Balken, siehe auch Kapitel 4.1.3). Zusätzlich wurde [1,2-$^{13}C_2$]Alanin als kleine Fraktion nachgewiesen, was vermuten lässt, dass ein Teil des Pyruvats durch Decarboxylierung von Oxalacetat (über Phosophoenolpyruvat) entsteht (Abb. 55, grüner Pfeil). Die Markierungsmuster von Glutamat und Aspartat repräsentieren den Fluss durch den vollständigen Citratzyklus wie schon im Kapitel 4.1.1 für die Serin-Verstoffwechselung beschrieben. Die Biosynthese von PHB aus [U-$^{13}C_6$]Glukose wird in Kapitel 4.3.1 diskutiert.

In früheren Arbeiten wurde postuliert, dass Glukose keinen Effekt auf die Wachstumsrate von *L. pneumophila* besitzt und die erreichte Zelldichte nicht erhöht (Pine et al. 1979; Warren and Miller 1979). ^{14}C-markierte Glukosemoleküle werden jedoch in kleinen Mengen durch *L. pneumophila* umgesetzt (Weiss et al. 1980; Harada et al. 2010). Dabei wird Glukose – im Vergleich zu Glutamat – zum größeren Teil für den Aufbau von Zellsubstanz und weniger zur Oxidation zu CO_2 verwendet (Weiss et al. 1980). Beide Tatsachen konnten für das Wachstum in chemisch definiertem Medium bestätigt werden: Zum einen war keine Wachstumsteigerung durch Glukosezugabe beobachtbar. Zum anderen wurde Glukose metabolisiert und als Kohlenstoffquelle für Aminosäuren verwendet. Die Glukoseverwertung war dabei in der stationären Wachstumsphase höher als in der exponentiellen Wachstumsphase. So nahmen die ^{13}C-Anreicherungen in Alanin, Glutamat sowie Asparat im Wachstumsverlauf stetig zu. Dies steht im Einklang mit den Beobachtungen von Harada et. al, die zeigen konnten, dass die Konzentration freier ^{14}C-Glukose im Medium mit Eintritt in die spät-exponentielle Wachstumsphase abnimmt (Harada et al. 2010). Die ^{13}C-Anreicherungen in Aminosäuren aus ^{13}C-Glukose blieben jedoch in ihrer Gesamtheit unter den Werten der ^{13}C-Serin-Inkorporation.

Die vorliegende Arbeit hat außerdem bekräftigt, dass Glutamin eine wichtige Energie- und Kohlenstoffquelle für *L. pneumophila* darstellt (Weiss et al. 1980). So zeigte *L. pneumophila* in Glutamin-freiem Medium einen Wachstumsdefekt, wobei sowohl die Teilungsrate als auch die Zelldichte verringert waren. Der Wachstumsdefekt fiel jedoch im Vergleich zu fehlendem Serin gering aus. Da das eingesetzte Medium kein Glutamat enthielt, ist zu vermuten, dass die Aminosäure Aspartat den Glutaminmangel zumindest teilweise ersetzen kann. So wird für die Glutamat-Aspartat-Transaminase (EC 2.6.1.-, Transaminasen) eine hohe enzymatische Aktivät in *L. pneumophila* beschrieben (Keen and Hoffman 1984). Dieses Enzym katalysiert die Übertragung einer Aminogruppe von Asparat auf α-Ketoglutarat, wobei Glutamat und Oxalacetat entstehen. Glutamat kann mittels der Glutaminsynthetase (EC 6.3.1.2) in Glutamin überführt werden; die Aktivität dieses Enzyms ist ebenfalls bekannt (Keen and Hoffman 1984). Zusätzlich ist die Glutamatsynthase (EC 1.4.1.13) aktiv, welche NADPH-abhängig aus Glutamin und α-Ketoglutarat zwei Moleküle Glutamat generiert (Keen and Hoffman 1984). Durch Zugabe von 3 mM Glukose konnte das Wachstum von *L. pneumophila* in

Glutamin-freiem Medium in der post-exponentiellen Phase geringfügig gesteigert werden, den Glutamatmangel jedoch nicht ausgleichen.

4.1.3 *De novo*-Biosynthese von Serin

Serin wird aus der Verbindung 3-Phosphoglycerat biosynthetisiert, wobei als Zwischenprodukte 3-Phosphohydroxypyruvat und 3-Phosphoserin entstehen. Für beide Reaktionsschritte kodiert *L. pneumophila* Paris homologe Gene (D-3-Phosphoglycerat-Dehydrogenase, EC 1.1.1.95, *lpp0312* bzw. Phosphoserin-Aminotransferase, EC 2.6.1.52, *lpp1373*). Für den finalen katalytischen Schritt der Phosphoserin-Phosphatase (EC 3.1.3.3) existiert kein bekanntes homologes Gen. Diese Arbeit hat gezeigt, dass *L. pneumophila* dennoch die Fähigkeit zur *de novo*-Biosynthese von Serin aus [U-$^{13}C_6$]Glukose besitzt (siehe Kapitel 4.1.2). Vor allem für die stationäre Wachstumsphase wurde die Inkorporation von Kohlenstoffatomen aus Glukose in Serin nachgewiesen. Zusätzlich wird ein geringer Teil des eingesetzten [U-$^{13}C_3$]Serins über den Citratzyklus recycelt (vgl. Kapitel 4.1.1). *L. pneumophila* Paris ist demnach nicht auxotroph für diese Aminosäure. Aufgrund dieser Beobachtung wurde der Organismus in chemisch definiertem Medium ohne Serin kultiviert, wobei ein geringes Wachstum bis zu einer Optischen Dichte (OD_{600}) von ca. 0,6 nachweisbar war. Aus den Ergebnissen dieser Arbeit ergibt sich, dass Serin keine essentielle Aminosäure ist, jedoch bestätigt sich ihre Funktion als wichtige Energiequelle. Der Wachstumsdefekt konnte durch Zugabe von Glukose nicht kompensiert werden, was nochmals bestätigt, dass Glukose nicht als Energie lieferndes Substrat verwendet wird.

4.1.4 Der Entner-Doudoroff-Weg als Hauptroute des Glukosekatabolismus

Glukose kann in Mikroorganismen über verschiedene Oxidationswese verstoffwechselt werden. Die verbreitetsten sind die Glykolyse (Emden-Meyerhof-Parnas-Weg), der Pentose-Phosphat-Weg (PPW) und der Entner-Doudoroff-Weg (EDW) (White 2007). Alle drei Stoffwechselwege liefern Glycerinaldehyd-3-Phosphat, das über identische Reaktionen zu Pyruvat oxidiert wird (siehe Abb. 56). Im Genom des untersuchten *L. pneumophila*-Stamms Paris sind alle Enzyme der Glykolyse und des EDW kodiert, es fehlen aber homologe Gene für die 6-Phosphoglukonat-Dehydrogenase (Gnd) und Transaldolase (Tal) des PPW (Abb. 56). Das erste Enzym konnte jedoch anhand seiner Aktivität nachgewiesen werden (Keen and Hoffman 1984). Interessanterweise übernimmt die Phosphofruktokinase (PfkA) möglicherweise reversible Reaktionen in Glykolyse und Glukoneogenese und kann somit die fehlende Fruktose-1,6-bisphosphatase ersetzen (Fonseca et al. 2008). In dieser Arbeit konnte gezeigt werden, dass manche Gene auf gemeinsamen mRNA-Molekülen cotranskribiert werden. Dazu gehören Gene des EDW (*lpp0483-lpp0487*) sowie Gene des PPW (*lpp0151-lpp0154*, Abb. 56).

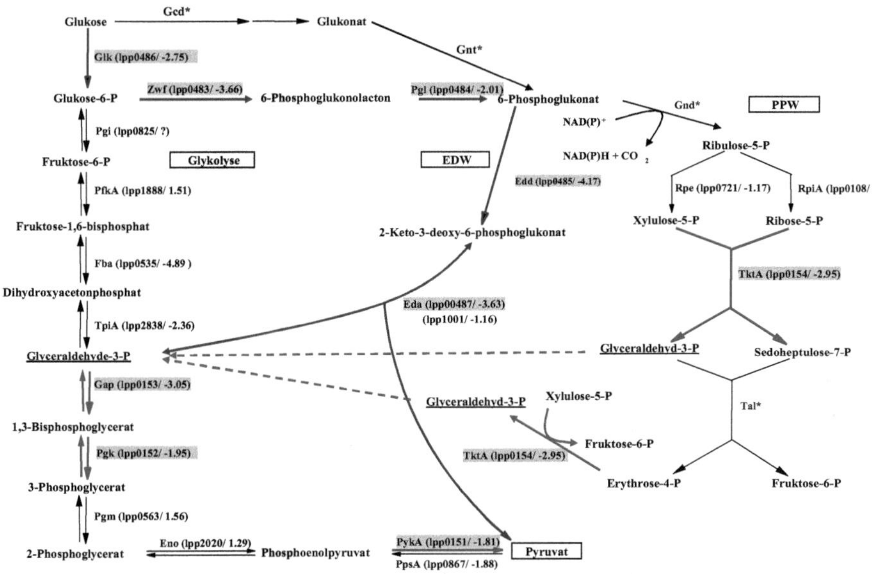

Abb. 56: Putative Reaktionen der Glykolyse, des Entner-Doudoroff-Wegs (EDW) und des Pentose-Phosphat-Wegs (PPW) in *L. pneumophila* Paris.

Die Namen der Enzyme, die putativen Gene sowie die *fold change*-Werte aus Microarray-Analysen (exponentielle versus stationäre Phase; (Bruggemann et al. 2006) sind angegeben. Für die mit einem Stern markierten Enzyme existieren keine annotierten Homologe im Genom von *L. pneumophila* Paris. Gene, die cotranskribiert werden, sind farblich grün bzw. orange hinterlegt. Glk, Glukokinase; Pgi, Phosphoglukose-Isomerase; Pfk, Phosphofruktokinase; Fba, Fruktose-bisphosphat-Aldolase; TpiA, Triosephosphat-Isomerase; Gap, Glycerinaldehyd-3-Phosphat-Dehydrogenase; Pgk, Phosphoglycerat-Kinase; Pgm, Phosphoglycerat-Mutase; Eno, Enolase; PykA, Pyruvat-Kinase; Zwf, Glukose-6-Phosphat-Dehydrogenase; Pgl, Phosphoglukonolactonase; Edd, Phosphoglukonat-Dehydratase; Eda, 2-Keto-3-deoxy-phosphoglukonat-Aldolase; Gnd, 6-Phosphoglukonat-Dehydrogenase; Rpe, Ribulosephosphat-3-Epimerase; RpiA, Ribose-5-Phosphat-Isomerase; TktA, Transketolase; Tal, Transaldolase; Gcd, Glukose-Dehydrogenase; Gnt, Glukonat-Transporter (Fonseca et al. 2008; Eylert et al. 2010).

Zur Bestimmung der Glukose-Abbauwege in *L. pneumophila* wurde der Organismus unter Zugabe von 11 mM [1,2-$^{13}C_2$]Glukose kultiviert, einem Molekül, das an den Kohlenstoffpositionen 1 und 2 jeweils ein ^{13}C-Atom trägt und je nach Stoffwechselweg unterscheidbare Isotopologe von Pyruvat und Acetyl-CoA liefert. Die proteinogenen Aminosäuren wurden mittels Massenspektrometrie und NMR-Spektroskopie analysiert. Abb. 57A zeigt das entwickelte Modell der [1,2-$^{13}C_2$]Glukose-Verstoffwechselung in *L. pneumophila* Paris.

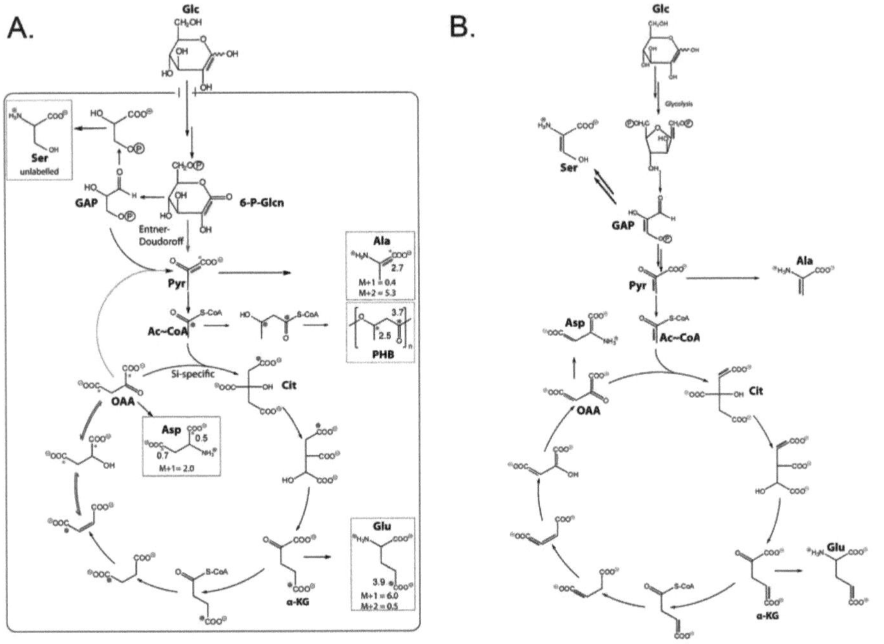

Abb. 57: (A) Modell der Glukose-Verstoffwechselung in *L. pneumophila* Paris, kultiviert in YEB-Medium, supplementiert mit [1,2-$^{13}C_2$]Glukose.

Gezeigt sind die ^{13}C-Markierungen von proteinogenen Aminosäuren und PHB (in Boxen), die aus der Inkorporation von exogener [1,2-$^{13}C_2$]Glukose hervorgehen. Farbige Balken und Punkte zeigen ^{13}C-Atome von multiplen ^{13}C-Isotopologen, gemessen mit NMR-Spektroskopie. Die Zahlen beziffern die molaren Häufigkeiten der entsprechenden Isotopologe. Zudem sind die molaren Häufigkeiten der Isotopomergruppen mit einem oder zwei ^{13}C-Atomen (M+1, M+2), gemessen mit Massenspektrometrie, angegeben (Eylert et al. 2010); (B) Theoretische Modell der [1,2-$^{13}C_2$]Glukose-Katabolismus über Reaktionen der Glykolyse.

Die 1,2-$^{13}C_2$-Markierung im Alanin zeigt eindeutig, dass [1,2-$^{13}C_2$]Glukose über den EDW verstoffwechselt wird (Abb. 57A, rote Balken). Das hypothetische Produkt der Glykolyse, [2,3-$^{13}C_2$]Alanin, konnte dahingegen nicht detektiert werden (Abb. 57B). Im Einklang dazu konnte keine ^{13}C-Anreicherung in Serin nachgewiesen werden; die Glykolyse hätte hier [2,3-$^{13}C_2$]Serin geliefert (Abb. 57B). Der Pentose-Phosphat-Weg kann ebenfalls ausgeschlossen werden, da er kein oder nur einfach-markiertes Alanin (^{13}C an Position C-3) ergeben hätte, das ebenfalls nicht nachweisbar war. Dies deckt sich mit einer frühen Beobachtung von Weiss et. al, nach der das Kohlenstoffatom 1 aus Glukose-6-Phosphat fast ausschließlich in Biomasse eingebaut wird (Weiss et al. 1980). Würde der PPW ablaufen, würde dieses Atom in freies CO_2 übergehen. Die geringe detektierte ^{13}C-Anreicherung an der Position C-1 im Alanin reflektiert Kohlenstofffluss von [^{13}C]Oxalacetat (Abb. 57A, grüner Pfeil), wie bereits in Kapitel 4.1.2 diskutiert. Aus [1,2-$^{13}C_2$]Pyruvat (abgeleitet aus [1,2-$^{13}C_2$]Alanin) entsteht durch die Reaktion der Pyruvatdehydrogenase [1-$^{13}C_1$]Acetyl-CoA, das in den Citratzyklus einmündet und so die detektierten Markierungsmuster in Glutamat sowie Asparat hervorruft (Abb. 57A, rote und grüne Punkte). Die ^{13}C-Markierung in PHB bestätigt den EDW in *L. pneumophila* und wird in Kapitel 4.3.1 diskutiert.

Die Ergebnisse dieser Arbeit belegen, dass *L. pneumophila* Paris Glukose hauptsächlich über den Entner-Doudoroff-Weg katabolisiert. Dieser Stoffwechselweg wurde erstmals von den gleichnamigen Autoren 1952 für *Pseudomonas saccharophila* beschrieben (Entner and Doudoroff 1952) und dient auch der NADPH-Generierung. Zur näheren Charakterisierung der Rolle dieses Stoffwechselwegs in *L. pneumophila* wurde ein Glukose-6-Phosphat-Dehydrogenase-Deletionsstamm verwendet, dem das erste Enzym des EDW sowie PPW fehlt (*zwf*/*lpp0483*; Buchrieser, Paris). Nach Kultivierung in Anwesenheit von [U-$^{13}C_6$]- bzw. [1,2-$^{13}C_2$]Glukose zeigten sich um den Faktor 10 reduzierte ^{13}C-Inkorporationsraten in Aminosäuren. Man kann daher schließen, dass das Enzymprodukt von *lpp0483* funktionell in den Glukosekatabolismus von *L. pneumophila* involviert ist und sehr wahrscheinlich die Umwandlung von Glukose-6-Phosphat in 6-Phosphoglukonolacton katalysiert. Außerdem lässt sich nochmals bestätigen, dass der EDW die dominate Route des Glukosekatabolismus in *L. pneumophila* Paris darstellt. Der sehr geringe Fluss von ^{13}C-Atomen zu Alanin repräsentiert den Katabolismus von [U-$^{13}C_6$]Glukose zu Pyruvat durch die Reaktionen der Glykolyse, von denen *L. pneumophila*, wie erwähnt, alle kodierenden Gene besitzt. Eine geringe Aktivität der Glykolyse ist im Einklang mit den durch Keen und Hoffmann gemessenen sehr geringen Enzymaktivitäten (Keen and Hoffman 1984). Über das Ausmaß der Glukoneogenese kann anhand der Daten keine Aussage getroffen werden.

4.1.5 Die Rolle des Entner-Doudoroff-Wegs im Lebensyzklus

Zur Charakterisierung der Funktion des Glukosekatabolismus im Lebenszyklus von *L. pneumophila* wurden Infektionsexperimente mit dem *zwf*-Deletionsstamm im natürlichen Wirstorganismus *A. castellanii* durchgeführt. Durch die Deletion des *zwf*-Gens war die Replikationsfähigkeit der Bakterien in ihren Wirtszellen nicht signifikant gemindert. Allerdings zeigte sich nach mehreren erfolgreichen Infektionszyklen (mit dazwischenliegenden, viertägigen Inkubationspausen) in nährstoffarmer Umgebung eine verringerte Überlebensrate des *zwf*-Deletionsstamms im Vergleich zum Wildtypstamm. Besonders deutlich wurde dieser Replikations-Überlebens-Defekt bei gleichzeitiger Infektion der Wirtszellen mit dem *zwf*-Deletionsstamm und dem isogenischen Wildtypstamm (in Kompetition). Nach vier dieser Infektionszyklen wurde der Deletionsstamm vom Wildtyp vollständig verdrängt und war nicht mehr nachweisbar. Die Ergebnisse demonstrieren also eine wichtige Rolle der Glukose-6-phopshat-Dehydrogenase, des EDW sowie von Glukose für das Überleben von *L. pneumophila* in der Umwelt.

Neuere Arbeiten bestätigen die Bedeutung des EDW für das intrazelluläre Wachstum von *L. pneumophila* (Eylert et al. 2010; Harada et al. 2010). Auch im Stamm Philadelphia befinden sich die Gene *edd*, *glk*, *eda* und *ywtG* wie im Stamm Paris in einem gemeinsamen Operon (Harada et al. 2010).

Deletion eines dieser Gene führt zum Verlust der Fähigkeit der ^{14}C-Glukoseaufnahme aus dem Kulturmedium sowie der Anreicherung von Radioaktivität in den Zellen (Harada et al. 2010). YwtG, annotiert als D-Xylose-Protonen-Symporter, stellt demnach einen funktionsfähigen Glukosetransporter dar. Aufgrund der 99 %-igen Identität (auf Proteinebene) mit dem durch *lpp0488* kodierten Genprodukt kann man vermuten, dass dieser Transporter auch in *L. pneumophila* Paris funktionell ist und der Glukoseaufnahme dient. Im Philadelphia-Stamm zeigen alle Deletionsmutanten der im Operon enthaltenen Gene zwar unverändertes *in vitro*-Wachstum, waren jedoch in ihrer Replikation in humanen Epithelzellen, in Mausmakrophagen sowie in *Acanthamoeba culbertsoni*-Zellen beeinträchtigt (Harada et al. 2010). Diese Studie bestätigt die Bedeutung des EDW für die Fitness von *L. pneumophila*. Es ist außerdem zu vermuten, dass innerhalb der Vakuolen, die *L. pneumophila* zur Replikation ausbildet, Glukose oder ein daraus aufgebautes Polysaccharid einen wichtigen Metaboliten darstellt. Die in der vorliegenden Arbeit gezeigte verminderte Fitness der Bakterien in nährstoffarmer Umgebung, nach erfolgter Replikation im Wirt, ist zudem ein Hinweis darauf, dass Glukose eine wichtige Funktion für das Überleben außerhalb der Wirtszellen besitzt, eine These die in Kapitel 4.3.3 erneut aufgegriffen wird.

4.1.6 *In vivo*-Metabolismus von *L. pneumophila* in *A. castellanii*

Im Genom von *L. pneumophila* werden mehr als 40, zum Teil putative Peptidasen kodiert (Hoffman et al. 2008). Zwei Aminopeptidasen, LapA und LapB, werden in *L. pneumophila* über das Typ II-Sekretionssystem transloziert. Die Enzyme besitzen Aktivität gegenüber Leucin-, Phenylalanin-, Tyrosin- bzw. Lysin- und Arginin-haltigen Peptiden, sind jedoch während der Infektion von *A. castellanii*, *Harmanella vermiformes* sowie U937-Makrophagen entbehrlich (Rossier et al. 2008). Möglicherweise werden LapA und LapB in spezifischen, bislang nicht identifizierten Nischen wirksam. Zusätzlich sekretiert *L. pneumophila* mindestens zwei weitere Aminopeptidasen mit eventuell redundanten Funktionen (DebRoy et al. 2006; Rossier et al. 2008) sowie eine Carboxypeptidase (Berdal et al. 1983). Des Weiteren existieren drei Metalloproteasen, von denen mindestens eine (ProA/MspA) ebenfalls Typ II-abhängig sekretiert wird und Bedeutung für die Virulenz in *H. vermiformes* besitzt (Rossier et al. 2008).

Wieland *et al.* (Wieland et al. 2005) zeigten bereits, dass die Zugabe von Cystein, Glutamin und Serin in das Zellkulturmedium die Replikation von *L. pneumophila* in humanen Monocyten (MM6-Zelllinie) stark steigert. Geringere Effekte wurden auch für die Aminosäuren Arginin, Methionin, Glutamat, Threonin, Tyrosin sowie Valin nachgewiesen (Wieland et al. 2005). Inwieweit diese Aminosäuren jedoch von den Zellen aufgenommen und in die replikativen Vakuolen transportiert werden, ist nicht bekannt. Allerdings ist der Wirtszelltransporter SLC1A5 essentiell für die Vermehrung der Bakterien und wird während der Infektion hochreguliert (Wieland et al. 2005). Dieser Na^+/Cl^--gekoppelte neutrale Aminosäuretransporter besitzt hohe Affinität zu Cystein, Glutamin, Methionin, Isoleucin,

Phenylalanin, Serin, Tryptophan, Tyrosin sowie Valin und befindet sich in der phagosomalen Membran (Wieland et al. 2005). Auf Pathogenseite besitzt *L. pneumophila* einen phagosomalen Transporter (PhtA) für Threonin, der entscheidend ist für die intrazelluläre Differenzierung und Replikation in Makrophagen (Sauer et al. 2005). Dieser Transporter ermöglicht es den Bakterien, die Aminosäureverfügbarkeit in der Vakuole wahrzunehmen und in die replikative Phase zu differenzieren (Sauer et al. 2005). Im Genom von *L. pneumophila* Paris sowie den anderen sequenzierten *pneumophila*-Stämmen befinden sich mindestens zehn weitere Gene mit Homologien zu PhtA bzw. *major facilitator superfamily* (MFS)-Transportern, deren Funktion bisher noch unbekannt ist (Pao et al. 1998). Es ist ohne Zweifel, dass *L. pneumophila* hoch-affine Transportsysteme besitzt, die intrazelluläres Überleben auf Basis von Nährstoffen, vor allem Aminosäuren, der Wirtszellen ermöglichen.
In der vorliegenden Arbeit wurde der intrazelluläre Metabolismus von sich replizierenden *L. pneumophila*-Bakterien in *A. castellanii* durch die Zugabe von [U-$^{13}C_6$]Glukose in das Infektionsmedium untersucht. Hierfür wurde eine Methode zur Fraktionierung dieser Cokultur entwickelt, welche die differentielle Untersuchung der Metabolite von intrazellulären Bakterien sowie *A. castellanii*-Wirtszellen ermöglicht. Die Analyse der proteinogenen Aminosäuren beider Organismen ergab eine hohe Übereinstimmung der jeweiligen ^{13}C-Anreicherungen. Dieser Befund bekräftigt die These, dass *L. pneumophila* auf die innerhalb der Replikationsvakuole vorhandenen Aminosäuren des Wirts zurückgreift und diese direkt in Proteine assimiliert. Als Beleg dafür kann ein Vergleich zur *in vitro*-Kultur von *L. pneumophila* angeführt werden. In den sich intrazellulär replizierenden Bakterien waren hier – im Gegensatz zur *in vitro*-Kultivierung – ^{13}C-Markierungen der aromatischen Aminosäuren Phenylalanin und Tyrosin nachweisbar. Bei manchen Autoren gilt *L. pneumophila* als auxotroph für diese Aminosäuren (George et al. 1980). Tyrosin zählt außerdem zu den genutzten Energiequellen (Tesh et al. 1983). Unter den Bedingungen der Versuche dieser Arbeit wurden beide Aminosäuren durch *L. pneumophila* von den Wirtszellen aufgenommen.
Im Vergleich zu uninfizierten Amöbenkulturen wiesen die Markierungsprofile aller Fraktionen der Cokultur in den meisten Aminosäuren keine signifikanten Unterschiede auf. Diese Aminosäuren werden also von den Wirtszellen bezogen. In der Bakterienfraktion war lediglich eine geringe Steigerung der ^{13}C-Anreicherungen in Histidin nachweisbar. Microarray-Daten zeigten, dass die Expression von Biosynthesegenen dieser Aminosäure *in vivo* hochreguliert werden (Bruggemann et al. 2006). Ein zweiter auffälliger Befund war die erhöhte ^{13}C-Anreicherung in der Aminosäure Prolin, welche besonders in zwei der drei Versuche in allen Fraktionen detektiert wurde und deutlich über denen bei nicht-infizierten Vergleichsexperimenten lag. Die Erhöhung ist dabei nicht durch die Temperatur erklärbar, da ein uninfiziertes Experiment bei 37 °C diesen Effekt nicht zeigte. Die Beobachtung lässt sich wohl nur mit der Interaktion von Bakterien und Wirtszellen untereinander erklären. Die genaue Ursache ist bisher nicht bekannt.

Das Markierungsprofil des *zwf*-Deletionsstamms unterschied sich *in vitro* deutlich von dem des wildtypischen Stamms (vgl. Kapitel 4.1.4). Daher wurde der intrazelluläre Metabolismus des Deletionsstamms in *A. castellanii* ebenfalls unter Zugabe von [U-$^{13}C_6$]Glukose untersucht. *In vivo* egab sich ein analoges Bild zum Wildtypstamm mit hohen Übereinstimmungen der ^{13}C-Anreicherungen in allen Fraktionen. Der *zwf*-Deletionsstamm ist zwar kaum noch in der Lage, Glukose zu verwerten (*in vitro*-Daten), im Wirt hingegen stehen ihm alle essentiellen Aminosäuren zur Verfügung. Eine erhöhte ^{13}C-Anreicherung in Prolin war hier nicht nachweisbar. Zusammenfassend lässt sich sagen, dass *L. pneumophila* innerhalb der replikativen Vakuolen im Wirt auf dessen Aminosäuren zurückgreift und diese in eigene Proteine inkorporiert. Da *L. pneumophila* aktiv die Rekrutierung von rauem Endoplasmatischen Retikulum und dessen Fusion mit den Vakuolen bewirkt, ergibt sich ein proteinreiches Kompartiment (Ninio and Roy 2007). Vorhandene Glukose spielt intrazellulär hingegen nur eine untergeordnete Rolle für die Biosynthese von Aminosäuren. Dies mag darin begründet liegen, dass in der Vakuole ausreichend Aminosäuren zur Verfügung stehen, die den Bedarf an Kohlenstoffquellen von *L. pneumophila* decken. Wie in dieser und anderen Arbeiten gezeigt, vollzieht sich die Verwertung von Glukose *in vitro* vor allem in der post-expontiellen Phase (Harada et al. 2010), in der die Aminosäureverfügbarkeit vermutlich bereits geringer ist. Außerdem besitzt ein *zwf*-Deletionsstamm verminderte Fitness beim Überleben in nährstoffarmer Umgebung nach erfolgter Replikation. Die erzielten Ergebnisse in der vorliegenden Arbeit sind daher starke Argumente für die These, dass *L. pneumophila* Glukose als sekundäre Kohlenstoffquelle verwendet, wenn Aminosäuren nicht (mehr) zur Verfügung stehen. Eine besondere Bedeutung kommt Glukose bzw. daraus aufgebauten Polysacchariden aus diesem Grund auch beim extrazellulären Überleben in der Umwelt zu.

4.2 Die Glukoamylase GamA von *L. pneumophila*

Im vorangegangenen Kapitel wurde diskutiert, dass Glukose neben Serin als Kohlenstoffquelle für *L. pneumophila* dient und die Verwertung hauptsächlich über den Entner-Doudoroff-Weg stattfindet. Zudem besitzt Glukose eine Bedeutung für die Fitness in *A. castellanii* sowie für das Überleben unter nährstoffarmen Bedingungen in der Umwelt. Glukose existiert in der Natur in Form von Polymeren wie Glykogen, Stärke und Cellulose. Stärke und Cellulose sind weit verbreitete, pflanzliche Kohlenhydrate; Glykogen wurde in *Acanthamoeba* und *Dictyostelium* sowie in Makrophagen nach einer *L. pneumophila*-Infektion beobachtet (Bowers and Korn 1968; Baskerville et al. 1983; Williamson et al. 1996). Im Genom von *L. pneumophila* Paris wurde vor einiger Zeit eine eukaryoten-ähnliche Glukoamylase identifiziert, die während der Infektion in *A. castellanii* auf Transkriptebene hochreguliert wird (Bruggemann et al. 2006). Dieses Enzym wurde in der vorliegenden Arbeit charakterisiert (Herrmann et al. 2011).

4.2.1 GamA als verantworliches Enzym der Glykogen- und Stärkehydrolyse

Diese Arbeit hat gezeigt, dass *L. pneumophila* Paris Glykogen, Stärke und Cellulose degradiert und dass diese Aktivitäten im zellfreien Kulturüberstand stattfinden (Herrmann et al. 2011). Eine Cellulose- sowie eine geringe Stärkehydrolyse war bereits früher detektiert worden (Morris et al. 1980; Thorpe and Miller 1981; Pearce and Cianciotto 2009). In der vorliegenden Arbeit wurde die Hydrolyse von Glykogen und Stärke als abhängig vom Genprodukt *lpp0489/gamA* nachgewiesen. So war ein *gamA*-Deletionsstamm nicht mehr in der Lage, Stärke oder Glykogen zu hydrolysieren. Ein Komplementationsstamm, der *gamA* und das stromaufwärts benachbarte Gen *yozG in trans.* exprimierte, zeigte wildtypische Stärke- und Glykogenhydrolyseaktivitäten. Die Cellulosedegradation wurde durch die Deletion sowie Komplementation von *gamA* nicht beeinflusst.
Durch die Verwendung von ^{13}C-markierter Stärke konnte außerdem gezeigt werden, dass *L. pneumophila* die Kohlenstoffatome dieses Polysaccharids für die Biosynthese verschiedener Aminosäuren verwendet. Für Alanin wurde eine ^{13}C-Inkorporationsrate von durchschnittlich 1,48 mol% bestimmt. Da das Medium mit 0,1 g/l ^{13}C-Stärke supplementiert wurde, also 20-fach geringer als im Vergleichsversuch mit ^{13}C-Glukose, fand eine umfangreiche Inkorporation von Kohlenstoffatomen aus dem Polysaccharid statt. Im Gegensatz dazu zeigte der *gamA*-Deletionsstamm deutlich reduzierte ^{13}C-Inkorporation mit zum Teil erheblichen Standardabweichungen. Die Glukoamylase GamA ist daher zumindest an einem Großteil der Stärkeverstoffwechselung durch *L. pneumophila* beteiligt. Für die geringe verbleibende ^{13}C-Anreicherung im GamA-Deletionsstamm könnten zwei putative α-Amylasen (kodiert durch die Gene *lpp1641* und *lpp1643*) verantwortlich sein, die bisher nicht näher charakterisiert wurden. Die GamA-Aktivität wurde *in situ* mittels Glykogen- sowie Stärke-haltigen SDS-Polyacrylamidgelen detektiert (Herrmann et al. 2011). Nach Auftrennung und Renaturierung der Proteine zeigte sich jeweils eine helle Hydrolysebande beim Wildtyp- sowie Komplementationsstamm, nicht jedoch beim *gamA*-Deletionsstamm. Das Vorhandensein lediglich einer Bande mit Glykogen- bzw. Stärke-degradierender Aktivität ist ein Hinweis darauf, dass *L. pneumophila* (zumindest unter den Bedingungen der Experimente) nur ein aktives Enzym für diese Hydrolyse exprimiert.
Das GamA-Protein wurde mittels eines spezifischen Antikörpers im Kulturüberstand von *L. pneumophila* Paris detektiert. Das Molekulargewicht wurde mit ca. 48 kDa bestimmt, was mit der theoretischen Masse nach Abspaltung des Signalpeptids übereinstimmt. Im Kulturüberstand des *gamA*-Deletionsstamms konnte das Protein nicht detektiert werden; im Komplementationsstamm mit pIB2 (*gamA-yozG*) hingegen wurde GamA verstärkt gebildet und sekretiert (Herrmann et al. 2011).

4.2.2 *In silico*-Analysen von GamA

Das Gen *gamA* kodiert für eine Glukoamylase mit Sequenzähnlichkeiten zu eukaryotischen Proteinen. Insgesamt sind im Genom von *L. pneumophila* Paris mindestens 62 Eukaryoten-ähnliche Proteine bzw. Proteine mit eukaryotischen Domänen kodiert (Cazalet et al. 2004). Es wird angenommen, dass diese Proteine besonders für die Pathogen-Wirts-Interaktion von Bedeutung sind (Cazalet et al. 2004; Gomez-Valero et al. 2009) und entweder durch horizontalen Gentransfer von einem anderen Organismus erworben wurden oder durch Coevolution mit Wirtszellen entstanden sind (Albert-Weissenberger et al. 2007; Shin and Roy 2008). Vergleiche zwischen den GamA-Proteinsequenzen der sequenzierten *L. pneumophila*-Stämme Paris, Lens, Philadelphia und Corby zeigen sehr hohe Übereinstimmungen mit 98–99 % identischen Aminosäuren. Die höchste Übereinstimmung zu Nicht-*Legionella*-Proteinen besteht zur Glukoamylase des eukaryotischen Pilzes *Puccinia graminis* mit 36 % identischen und 55 % homologen Aminosäuren. Eine derart hohe Homologie spricht für den Erwerb dieses Gens über horizontalen Gentransfer, zu dem *Legionella* als natürlich-kompetente Gattung fähig ist (Stone and Kwaik 1999; Sexton and Vogel 2004; Glockner et al. 2008).

Für die gut charakterisierten Glukoamylasen von *Aspergillus niger* sowie *Aspergillus awamori* wurden die katalytischen Zentren – bestehend jeweils aus den Aminosäuren Asparatat und zwei Glutamaten (DEE) – bestimmt (Sierks et al. 1990; Svensson et al. 1990). Die erste bakterielle Glukoamylase, die kloniert wurde, stammt von einer *Clostridium*-Spezies und besitzt ebenfalls die typische katalytische Domäne (Ohnishi et al. 1992). Analoge katalytische Zentren finden sich putativ auch in der Proteinsequenz von GamA aus *L. pneumophila* Paris sowie in denen der anderen untersuchten *L. pneumophila*-Stämme. Zusätzlich besitzt GamA mit hoher Wahrscheinlichkeit (99,5% laut SignalP 3.0) eine Signalsequenz zur Sec-abhängigen Sekretion. Die Spaltung würde zwischen den Aminosäuren 18 und 19 erfolgen und ein Protein von ca. 48 kDA produzieren.

4.2.3 *GamA* und *yozG* als Teil eines Operons

Aufgrund der geringen Expression des Gens *gamA* konnte die zugehörige mRNA durch Northern-Blot-Analysen nicht detektiert werden. Bei einer hohen Konzentration an Gesamt-RNA (400 ng) waren jedoch Reverse-Transkriptase-PCR-Reaktionen erfolgreich, die zeigten, dass sowohl *gamA* als auch das stromaufwärts in gleicher Orientierung liegende Gen *yozG* exprimiert werden. RT-PCR-Analysen mit Primerpaaren, die an zwei benachbarten offenen Leserahmen binden, haben gezeigt, dass die Gene *gamA* und *yozG* mittels einer gemeinsamen mRNA transkribiert werden (Herrmann et al. 2011). Das identifizierte Operon schließt außerdem die Gene *lpp0491* und *lpp0492/hemZ* mit ein. Das Gen *lpp0493/cspD* besitzt einen eigenen Transkriptionsstartpunkt. Diese Daten stehen in Einklang mit früheren Microarraystudien, die gezeigt haben, dass die *cspD*-Transkription unabhängig von den anderen Genen reguliert und in der post-exponentiellen Phase deutlich verstärkt wird (Bruggemann et al. 2006). Nach diesen Microarray-Daten werden *gamA* und *yozG* zu allen Zeitpunkten konstitutiv

exprimiert. In der DNA-Sequenz konnte zudem im 5'-Bereich stromaufwärts von *yozG* eine putative Terminationsschleife identifiziert werden, weshalb zu vermuten ist, dass *yozG* und *gamA* nochmals einen eigenen Promotor besitzen. Stromabwärts in entgegengesetzter Richtung befindet sich ein weiteres Operon, das Gene des Entner-Doudoroff-Wegs kodiert (*lpp0483–lpp0487*(Blädel 2008). Die Microarray-Daten sprechen hier für eine gemeinsam koordinierte Transkription, die in der exponentiellen Wachstumsphase geringfügig verstärkt ist (Bruggemann et al. 2006). Die Operonstruktur scheint in den bisher sequenzierten *L. pneumophila*-Stämmen Paris, Corby, Lens und Philadelphia konserviert zu sein. Hingegen wurden in den Genomen der Spezies *L. hackeliae, LLAP10* und *L. longbeacheae* zwar *gamA*-Homologe identifiziert, aber nur *L. longbeachae* besitzt auch ein *yozG*-ähnliches Gen, das an anderer Stelle kodiert ist. In *L. micdadei* konnte weder ein *gamA*- noch ein *yozG*-Homolog identifiziert werden. Wie erwartet, ist dieser Stamm nicht in der Lage, Stärke zu hydrolysieren. Homologe zu *hemZ* und *cspD* sind in allen genannten Spezies vorhanden, jedoch nicht in Nachbarschaft zu *gamA*. Bei der ersten Annotation des Genoms von *L. oakridgensis* konnte kein homologes Gen zu *gamA* identifiziert werden. *L. jordanis, L. bozemanii und L. gormanii* wurden bisher nicht sequenziert; sie besitzen der bebobachteten Stärkehydrolyse nach jedoch wahrscheinlich ein *gamA*-homologes Protein.
Mit der RACE-Methode (*rapid amplification of cDNA ends*) konnte ein Transkriptionsstartpunkt im 5'-Bereich von *gamA*, also im nicht-kodierenden Bereich zwischen *yozG* und *gamA,* identifiziert werden. Sieben Nukleotide vor dem Startcodon von *gamA* wurde eine Ribosomen-Bindungsstelle (Shine and Dalgarno 1974), jedoch keine bekannte σ-Faktor-Bindungsstelle (-10 bzw. -35-Region) vor dem Transkriptionsstartpunkt identifiziert (Pribnow 1975; Schaller et al. 1975; Rosenberg and Court 1979).

4.2.4 Regulation von *gamA* durch YozG

Die Genexpression bei Bakterien wird auf verschiedenen Ebenen reguliert: auf transkriptioneller, post-transkriptioneller, translationeller oder auf Proteinebene. Da die Transkription den ersten Schritt der Genexpression darstellt, ist sie der für Bakterien wichtigste Regulationspunkt (Winkler and Breaker 2005). Die Regulation auf dieser Ebene erfolgt dabei vermittels der Stärke von Promotoren (das heißt die Ähnlichkeit zu Consensussequenzen), der Verwendung alternativer Sigmafaktoren sowie Regulatoren, welche an die RNA-Polymerase oder die DNA binden. Die Proteinsequenz von YozG besitzt Ähnlichkeit zu bekannten Helix-Turn-Helix-Proteinen. Diese Proteine wirken oft als Transkriptionsfaktoren, die als Homodimere oder -multimere sequenzspezifisch in der großen Furche der DNA binden. Als Erkennungssequenzen gelten palindromische Bereiche oder direkte Sequenzwiederholungen (*direct repeats*) in der Ziel-DNA (Rodionov 2007). Transkriptionsfaktoren colokalisieren häufig mit den von ihnen regulierten Genen und bilden mit ihnen Operone (Rodionov 2007). Das Xre-Protein aus *Bacillus subtilis* besitzt Sequenzähnlichkeit zu YozG aus *L. pneumophila* und reguliert die Expression eines Phagen-ähnlichen Bacteriocins (PBSX) sowie seine eigene Expression, in dem es an vier Operatorsequenzen bindet (McDonnell and McConnell 1994). Bandshift-Experimente der vorliegenden Arbeit haben gezeigt, dass YozG sowohl im 5'DNA-Bereich von *gamA* als auch im eigenen, putativen Promotorbereich bindet und so zu einer spezifischen Bandenverschiebung führt. Die Bindung an den 5'-Bereich von *gamA* ließ sich dabei auch durch Zugabe der 500-fachen Konzentration an Kompetitor-DNA, die den putativen *yozG*-Promotorbereich enthielt, nicht aufheben. Zusätzlich führte eine Erhöhung der YozG-Konzentration zu stärkerer Bandenverschiebung der *gamA*-spezifischen Sonde, was bedeutet, dass YozG in mehreren Kopien an seine Ziel-DNA binden kann. Die Ergebnisse führen zur Hypothese, dass YozG als Transkriptionsregulator die Expression von *gamA* reguliert und außerdem einen – wenn auch schwächeren – Einfluss auf seine eigene Transkription ausübt. Im Bereich zwischen *yozG* und *gamA* (von der Sonde B umfasst) wurde eine kurze palindromische Sequenz identifiziert (5'-AAAGCTTT-3'), die als Bindungsstelle für YozG dienen könnte (vgl. Abb. 38, S. 92). Außerdem wurden zwei sich stark ähnelnde Sequenzen in diesem Bereich identifiziert, die in einer vorhergesagten RNA-Sekundärstruktur (vgl. Abb. 58, S. 125) frei zugänglich liegen. Diese zwischen *yozG* und *gamA* liegenden Sequenzen befinden sich relativ nah dem 3'Ende von *yozG*, so dass ein putativer Promotor stromabwärts davon liegen könnte und YozG demzufolge als Aktivatorprotein die Transkription induzieren könnte. Ein weiteres Argument für eine positive Regulation des *gamA*-enthaltenden Operons durch YozG ist, dass solche Operone meistens nur schwache Promotoren besitzen und somit kaum von der RNA-Polymerase transkribiert werden. Erst die Bindung eines Aktivatorproteins ermöglicht eine signifikante Genexpression. Dies steht im Einklang damit, dass über *in silico*-Analysen der DNA-Sequenz keine putative -10- oder -35-Box identifiziert werden konnte. Zusätzlich befindet sich eine weitere Basenähnlichkeit der beiden repetitiven Sequenzen im Bereich innerhalb der kodierenden Basensequenz von YozG (innhalb von Sonde A), welche die schwächere Bindung des Proteins an diese Sonde erklären könnte (vgl. Abb. 38, S. 92).

Zu Beginn der Arbeit wurde die Überexpression der Glukoamylase GamA in *E. coli* DH5α untersucht. Bei gleichzeitiger Expression von YozG zeigte sich hier eine deutlich verstärkte Stärke- und Glykogenhydrolyse. Derselbe Effekt wurde auch in der Überexpression in *L. pneumophila* erzielt. Eine YozG-Überexpression allein führte jedoch nur in *E. coli* zu einer vermehrten Aktivität, die höchstwahrscheinlich auf die Spezies-eigene Amylase-Aktivitäten zurückzuführen ist. So besitzt *E. coli* K-12 zwei α-Amylasen (EC 3.2.1.1), MalS und AmyA, die am beobachteten Stärke- und Glykogenabbau beteiligt sein könnten (Freundlieb and Boos 1986; Raha et al. 1992). Ein Protein mit Ähnlichkeit zu YozG konnte im Genom nicht identifiziert werden. *L. pneumophila* Paris kodiert ebenfalls für zwei putative α-Amylasen: *lpp1641* und *lpp1643*. Diese wurden mit den in dieser Arbeit eingesetzten Enzymassays jedoch eventuell nicht erfasst, da α-Amylasen nur α-1,4-glykosidische Bindungen hydrolysieren und einige Glukosemonomere in Stärke und Glykogen zusätzlich α-1,6-

glykosidisch verbunden sind. Zudem wirken α-Amylasen innerhalb von Polymeren (*endo*-Aktivität), so dass zur vollständigen Spaltung noch mindestens ein weiteres Enzym, zum Beispiel eine Glukoamylase oder β- und γ-Amylasen, notwendig wären. In *L. pneumophila* Paris hatte die Überexpression von YozG nur marginalen Einfluss auf die GamA-Aktivität. Dies steht zunächst im Widerspruch zu der vermuteten Funktion von YozG als Transkriptionsaktivator von *gamA*. Allerdings kann man sich vorstellen, dass wildtypisches, chromosomal kodiertes YozG bereits alle Bindungsstellen vor *gamA* besetzt hält und zusätzliches *in trans.* kodiertes YozG zu keiner Steigerung führen kann. Da YozG zudem an seinen eigenen Promotorbereich bindet, reprimiert es möglicherweise in großer Menge über einen Rückkopplungsmechanismus die Transkription beider Gene. Überexprimiert man hingegen *gamA* zusammen mit *yozG in trans.*, findet eine deutliche Aktivitätssteigerung statt. Eine interessante Beobachtung war auch die Tatsache, dass GamA, wenn allein überexprimiert, ebenfalls nur einen marginalen Effekt auf die Stärke- und Glykogenhydrolyse durch *L. pneumophila* besaß. Analog dazu ließ sich eine *gamA*-Deletion nicht mit dem einzelnen Gen *gamA in trans.* komplementieren. Es wurde zunächst ausgeschlossen, dass bei der Konstruktion der rekombinanten Vektoren eine Mutation aufgetreten war: RT-PCR-Analysen zeigten die korrekte Transkription der jeweiligen kodierten Gene. Zusätzlich war die Überexpression, wie oben erwähnt, in *E. coli* erfolgreich. Es wurde außerdem bestätigt, dass der *gamA*-Deletionsstamm alle weiteren Gene des Operons exprimierte und der Defekt nicht durch ein Fehlen von YozG begründet war. Für die fehlende Komplementation durch *gamA* sowie die nicht-funktionale Überexpression in *L. pneumophila* werden im Folgenden mehrere mögliche Erklärungen aufgezeigt.

(i) Die kodierenden Gene von GamA und YozG müssen in einem 1:1-Verhältnis vorliegen, damit die optimale Expression gewährleistet ist.
(ii) Es existiert ein weiterer regulatorischer Mechanismus für GamA auf post-transkriptioneller, translationeller oder Enzym-Ebene. So ist zum Beispiel bekannt, dass CsrA und CsrB viele Gene der post-transkriptionellen Phase auf mRNA-Ebene regulieren. Während des exponentiellen Wachstums bindet CsrA an mRNA-Transkripte und verhindert deren Translation. In der späten Phase wird CsrA durch die kurze RNA CsrB in mehreren Kopien gebunden und so die Translation der Zielgene ermöglicht. *L. pneumophila* kodiert für drei putative CsrA-Proteine. Für diese Theorie spricht, dass sich die Aktivität von GamA in der spät-exponentiellen Wachstumsphase leicht verstärkte. Allerdings war weder in dieser noch in der stationären Wachstumsphase eine Aktivität von Plasmid-kodiertem GamA nachweisbar, was eine Regulation durch CsrA/B unwahrscheinlich macht.
(iii) Ein Einfluss von YozG auf die Enzymaktivität sowie auf die Translokation kann aufgrund der Homologie zu DNA-bindenden Proteinen als unwahrscheinlich gelten. Der Einfluss auf die Sekretion kann außerdem experimentell ausgeschlossen werden, da wie im Kulturüberstand auch im lysierten Zellpellet bei der GamA-Überexpression bzw. -Komplementation ohne YozG kein Einfluss auf die

GamA-Aktivität erkennbar war. Ein Einfluss auf die Enzymaktivität kann als nicht wahrscheinlich gelten, da eine YozG-Überexpression, wie beschrieben, keinen signifikanten Einfluss auf die Stärke- oder Glykogenhydrolyse zeigte.
(iv) Die Gene *gamA* und *yozG* müssen gemeinsam auf einem DNA-Molekül vorliegen, damit die funktionelle Expression gewährleistet ist. YozG agiert hierbei nicht (nur) als klassischer Transkriptionsaktivator *in trans.*, sondern (auch) als *cis*-aktives Element. Die Konstruktion des GamA-überexprimierenden Vektors (pIB1) enthielt keine der putativen regulatorischen Elemente wie die palindromische YozG-Bindestelle oder die repetitiven Sequenzen (siehe oben). Allerdings befindet sich im 5'-Bereich von *gamA* eine zur Ribosomen-Bindungsstelle (RBS) komplementäre Sequenz, die möglicherweise eine Sekundärstruktur mit jener eingeht und somit die Translation verhindert (siehe Abb. 58). Ein Mechanismus zur Blockierung der Shine-Dalgarno-Sequenz durch Bildung einer RNA-Sekundärstruktur findet u.a. bei „Riboswitches" statt. Durch Bindung eines spezifischen Moleküls an die im 5'-Bereich liegende Aptamerregion kann diese Sekundärstruktur aufgelöst bzw. induziert werden, ein Mechanismus der bei Gram-negativen Bakterien verbreitet ist (Winkler and Breaker 2005). Diese These passt zur Beobachtung, dass mittels Immunoblot-Analysen GamA nur in der GamA-YozG-Überexpression mit einem im Vergleich zum Wildtyp stärkeren Signal detektiert wurde, nicht jedoch in der GamA-Überexpression. Der Vektor pIB1 (*gamA*) enthält zwar nicht die putativen regulatorischen DNA-Bereiche, jedoch die RBS sowie die dazu komplementäre Basensequenz. Somit wird eine Translation möglicherweise verhindert. Befindet sich auf der mRNA vor *gamA* der kodierende Bereich von *yozG* (wie im Wildtyp sowie im rekombinanten Vektor pIB2), so wird möglicherweise die blockierende Sekundärstruktur aufgelöst, eine alternative mRNA-Struktur ausgebildet und die Ribosomen-Bindungsstelle für die Translation verfügbar. Eventuell wird die Auflösung der Sekundärstruktur durch die Bindung eines unbekannten Signalmoleküls iniziiert. Alternativ könnten durch die blockierte RBS auch RNasen zur Degradation der *gamA*-kodierenden mRNA führen – eine Reaktion, die eventuell durch Bindung eines Proteins an die repetitiven Sequenzen in der offenen Schleife der Sekundärstruktur verhindert werden kann. Durch RNase-Aktivität wäre auch ein falsch-positives Ergebnis bei der Bestimmung des Transkriptionsstartpunkts denkbar, da bei der verwendeten Methode an RNA gebundene Proteine entfernt werden. Die Hypothese einer alternativen Sekundärstruktur kann als am wahrscheinlichsten gelten, da sie YozG als Transkriptionsaktivator nicht negiert, aber einen weiteren Mechanismus auf Ebene der Translationsinitiation beschreibt. Ob dieser Mechanismus lediglich ein Artefakt der erfolgten Klonierung oder tatsächlich einen physiologischen Effekt darstellt, kann aus den Ergebnissen dieser Arbeit nicht eindeutig geschlossen werden.

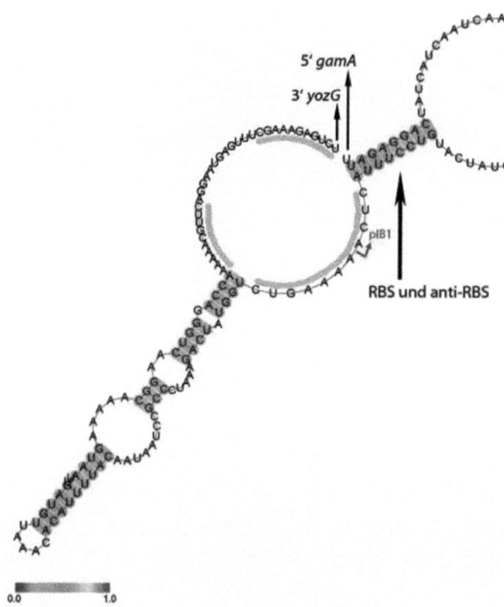

Abb. 58: Vorhergesagte mRNA-Sekundärstruktur des intergenischen Bereichs von *gamA* und *yozG* aus *L. pneumophila* Paris.
Der große Pfeil zeigt die putative Basenpaarung im Bereich der Ribosomen-Bindungsstelle, die kleinen schwarzen Pfeile zeigen das 3'Ende des YozG- bzw. den 5'Beginn der GamA-kodierenden DNA-Bereiche. Orange sind die putativen Bindungsstellen von YozG markiert, die Sequenzähnlichkeiten zueinander aufweisen. Der kleine rote Pfeil markiert den Beginn der DNA-Sequenz auf dem rekombinanten Plasmid pIB1 (*gamA*) (vgl. auch Abb. 38 auf S. 92; verändert nach Centri Fold, http://www.ncrna.org/centroidfold/)

4.2.5 Sekretion von GamA über das Typ II-Sekretionssystem

L. pneumophila besitzt eine Vielzahl an Sekretionssystemen, von denen das Typ II- und das Typ IV-Sekretionssystem Bedeutung für die Virulenz der Spezies besitzen. Ein Typ II-Sekretions-Deletionsstamm (Δ*lspDE*) von *L. pneumophila* Corby zeigte in dieser Arbeit deutlich schwächere Hydrolyse als der entsprechende Wildtypstamm. Die Sekretion von GamA ist also zumindest teilweise Typ II-abhängig (Herrmann et al. 2011). Die Restaktivität im *lspDE*-Deletionsstamm könnte auf Zelllyse oder auf ein alternatives Sekretionssystem zurückzuführen sein. Die Sekretion der Glukoamylase von *L. pneumophila* Philadelphia (*lpg0422*) wurde bereits mittels 2D-Gelen als Typ II-abhängig (DebRoy et al. 2006) sowie Tat-abhängig (De Buck et al. 2008) charakterisiert.

Es ist kein Proteinmotif bekannt, das spezifisch für die Typ II-Sekretion wäre. Die Sekretion über die Cytoplasmamenbran kann jedoch Sec- oder Tat-abhängig erfolgen (Cianciotto 2005; Rossier and Cianciotto 2005; Johnson et al. 2006). Beide Translokationswege kennzeichnet eine N-terminale, hydrophobe Signalsequenz der zu transportierenden Proteine (Gerlach and Hensel 2007). Die putative Spaltung nach Aminosäure 18 des GamA-Vorläuferpeptids deutet auf einen Sec-abhängigen Transport hin, da die Signalsequenzen dieses Wegs meist kürzer sind als die des Tat-Wegs mit ca. 35 Aminosäuren.

Das Typ II-Sekretionssystem Lsp (Legionella *secretion pathway*) ist essentiell für die intrazelluläre Replikation von *L. pneumophila* in verschiedenen Amöben, humanen Makrophagen und Mäusen (Hales and Shuman 1999; Liles et al. 1999; Rossier and Cianciotto 2001; Rossier et al. 2004). Außerdem ist es für die Persistenz in Biofilmen sowie für das Wachstum bei niedrigen Temperaturen von Bedeutung (Soderberg et al. 2004; Lucas et al. 2006; Soderberg et al. 2008; Soderberg and Cianciotto 2010). Die untersuchte Glukoamylase könnte daher sowohl für den Nährstoffaufschluss in Wirtszellen als auch extrazellulär in natürlichen Habitaten eine Rolle spielen.

L. pneumophila sekretiert über das Typ II-Sekretionssystem neben mehreren Peptidasen und Proteinasen eine Endoglucanase (EC 3.2.1.4), kodiert durch das Gen *celA (lpp1893)*, welche die Cellulosehydrolyse katalysiert (DebRoy et al. 2006; Pearce and Cianciotto 2009). Cellulose ist der Hauptbestandteil pflanzlicher Zellwände und besteht aus einer Vielzahl von β-D-Glukosemolekülen, die β-1,4-glykosidisch miteinander verbunden sind. Interessanterweise synthetisiert *A. castellanii* Cellulose bei der Differenzierung in das Cystenstadium (Anderson et al. 2005). Im Überstand von *L. pneumophila* 130b (Serogruppe 1) wurde außerdem eine Eukaryoten-ähnliche Chitinase, ChiA, identifiziert, welche ebenfalls Typ II-abhängig sekretiert wird (DebRoy et al. 2006). In einem Deletionsstamm dieses Transportsystems war die Chitinaseaktivität um 70–75 % vermindert, jedoch nicht komplett unterbunden (DebRoy et al. 2006). Dies ist vergleichbar mit den Ergebnissen der Glukoamylase in der vorliegenden Arbeit. Chitin ist ein in der Natur weit verbreitetes Polysaccharid und findet sich als struktureller Bestandteil in Zellwänden von Pilzen und Algen sowie Exoskeletten von Mollusken und Arthropoden (Dahiya et al. 2006). Viele Mikroorganismen besitzen Chitinasen, die vermutlich der Ernährung dienen (Dahiya et al. 2006). ChiA aus *L. pneumophila* spielt außerdem eine wichtige Rolle bei der intrazellulären Vermehrung in der Lunge von Mäusen; seine genaue Funktion dort ist jedoch bislang unbekannt (DebRoy et al. 2006).

Des Weiteren wurde im Kulturüberstand von *L. pneumophila* Philadelphia vor einigen Jahren ein Xylanase-ähnliches Protein identifiziert (DebRoy et al. 2006). Xylane sind aus verschiedenen Monosacchariden aufgebaut und nach Cellulose das zweithäufigste Polysaccharid in Pflanzen. Im Genom von *L. pneumophila* ist zudem ein homologes Protein für eine Trehalase kodiert (Hoffman et al. 2008). Das Disaccharid Trehalose wird von verschiedenen Pflanzen, Tieren und Mikroorganismen als Schutz gegen osmotischen oder Temperatur-Stress synthetisiert, es dient jedoch auch als Energiespeichersubstanz (Elbein et al. 2003). Da *A. castellanii* eine Threhalose-6-Phosphat-Synthase besitzt, wird vermutet, dass die Spezies zur Biosynthese dieses Saccharids fähig ist (Anderson et al. 2005). Die Vielfalt an Kohlenhydrat-spaltenden Enzymen eröffnet *L. pneumophila* möglicherweise eine Vielzahl an Umweltnischen, sowohl intra- als auch extrazellulär. Zugleich unterstreicht dieser Befund die Bedeutung von Glukose für diesen Mikroorganismus.

4.2.6 Bedeutung von GamA für die Fitness von *L. pneumophila*

In der vorliegenden Arbeit wurde gezeigt, dass die Glukoamylase GamA auch intrazellulär in *A. castellanii*-Wirtszellen durch *L. pneumophila* exprimiert wird (Herrmann et al. 2011). Der *gamA*-Deletionsstamm exprimierte wie zu erwarten auch innerhalb der Wirtszellen kein aktives GamA. *Acanthamoeba*- ebenso wie *Dictyostelium*-Spezies speichern intrazellulär Glykogen mit bis zu 10 % ihres Trockengewichts (Bowers and Korn 1968, 1969; Williamson et al. 1996). Außerdem akkumuliert Glykogen in Makrophagen und Polymorphkernigen Leukozyten von Meerschweinchenlungen, wenn diese mit *L. pneumophila* infiziert sind (Baskerville et al. 1983). Möglicherweise induziert die *L. pneumophila*-Infektion Veränderungen im Stoffwechsel ihrer Wirtszellen, was unter Anderem zur Glykogenbiosynthese führt (Baskerville et al. 1983). Trotz der nachgewiesenen intrazellulären Expression von GamA im Wildtypstamm konnte kein Replikationsdefekt des *gamA*-Deletionsstamms in *A. castellanii* festgestellt werden (Herrmann et al. 2011). Es ist zu vermuten, dass intrazellulär genügend andere Nährstoffe wie beispielsweise Aminosäuren zur Verfügung stehen, die für die optimale Vermehrung ausreichend sind. Diese Erklärung steht im Einklang mit den in dieser Arbeit erzielten Ergebnissen der *in vivo*-^{13}C-Inkorporationsstudien, die zeigten, dass *L. pneumophila* intrazellulär hauptsächlich auf Aminosäuren des Wirts zurückgreift (vgl. Kapitel 4.1.6).

Vergleichbare Ergebnisse wurden auch für die Typ II-sekretierte Endoglucanase gezeigt, welche für die intrazelluläre Infektion in *A. castellanii*, *Harmanella vermiformes* und Makrophagen anscheinend nicht essentiell ist (Pearce and Cianciotto 2009). Allerdings war beispielsweise die Vermehrungsfähigkeit eines Chitinase-Deletionsstamms von *L. pneumophila* in Mäusen beeinträchtigt, nicht jedoch in *H. vermiformes* oder Makrophagen (DebRoy et al. 2006). Es ist denkbar, dass Auswirkungen auf die Fitness durch die Deletion von GamA nur in höheren Organismen sichtbar werden. Alternativ könnte GamA vor allem extrazellulär in Habitaten mit beschränktem Nährstoffangebot von Bedeutung sein, wenn beispielsweise Aminosäuren nur in eingeschränktem Maße zur Verfügung stehen. Der *gamA*-Deletionsstamm akkumulierte PHB auf einem mit dem Wildtypstamm vergleichbaren Niveau. Daher ist anzunehmen, dass – im Gegensatz zu Glukose – Stärke und Glykogen keine notwendigen Vorstufen zur PHB-Biosynthese darstellen, sondern höchstens ergänzend wirken. Die Untersuchungen der Glukoamylase dieser Arbeit bekräftigen und ergänzen dennoch die ^{13}C-Isotopologstudien, da *L. pneumophila* neben Glukose auch in der Lage ist, die natürlich vorkommenden Glukosepolymere Glykogen und Stärke zu hydrolysieren und als Kohlenstoffquellen zu nutzen.

4.3 Biosynthese von Polyhydroxybutyrat aus verschiedenen Kohlenstoffquellen in *L. pneumophila*

Die in dieser Arbeit durchgeführten Inkorporationsexperimente mit [U-$^{13}C_3$]Serin und [U-$^{13}C_6$]Glukose zeigten, dass beide Substrate von *L. pneumophila* für die Biosynthese von Polyhydroxybutyrat (PHB) verwendet werden. In früheren Arbeiten wurde bereits demonstriert, dass die Kohlenstoffatome von Glukose zu über 50 % in die Lipidfraktion von *L. pneumophila* eingehen (Tesh et al. 1983). Da PHB einen Großteil der Lipidfraktion bildet, wurde in der Arbeit von Tesh *et al.* (Tesh et al. 1983) wahrscheinlich diese Speichersubstanz charakterisiert. Im Folgenden werden anhand der Ergebnisse der vorliegenden Studie die Biosynthese von PHB, deren Regulation sowie die Bedeutung dieses Speicherstoffs für den Lebenszyklus von *L. pneumophila* diskutiert.

4.3.1 Serin und Glukose als biosynthetische Vorstufen von Polyhydroxybutyrat

Durch den Einsatz ^{13}C-angereicherter Substrate konnte deren Verwertung als Kohlenstoffquellen für die Biosynthese von PHB in *L. pneumophila* nachgewiesen werden. Ein großer Teil der metabolisierten Kohlenstoffatome von Glukose wird demnach von *L. pneumophila* zur PHB-Biosynthese genutzt. Im Gegensatz dazu wird Serin vermehrt für die Biosynthese von Aminosäuren – vor allem Alanin, Asparat und Glutamat – verwendet (vgl. Kapitel 4.1.1). Aus früheren Studien ist bekannt, dass die maximale Biosyntheserate von PHB bei 24 °C erreicht wird, wobei zugleich die Serinassimilation im Vergleich zu 30 oder 37 °C zurückgeht (Mauchline et al. 1992). Außerdem findet die Akkumulation auch bei ausreichender Serinkonzentration im Kulturmedium statt, ohne dass diese Aminosäure aufgebraucht wird (Mauchline et al. 1992). Die vorliegende Arbeit steht im Einklang mit diesen Daten und bestätigt, dass Serin nicht die Hauptkohlenstoffquelle für die PHB-Biosynthese in *L. pneumophila* darstellt. Ein interessanter Unterschied besteht in der ^{13}C-Anreicherung in PHB aus Glukose bei der Verwendung von verschiedenen Kulturmedien. In chemisch definiertem Medium (CDM), das lediglich Aminosäuren als Kohlenstoffquellen enthielt, lag die ^{13}C-Anreicherung bei ca. einem Drittel verglichen mit den Werten im Komplexmedium, das eine unbekannte Anzahl und Menge weiterer Kohlenstoffquellen enthielt. Da die Mengen der Aminosäuren Glutamin, Serin, Tryptophan und Tyrosin im CDM über denen des Komplexmediums lagen, kann man spekulieren, dass eine größere Verfügbarkeit dieser Aminosäuren die PHB-Akkumulation inhibiert.

Wie bereits in den Kapiteln 4.1.1 und 4.1.2 diskutiert, werden sowohl Serin als auch Glukose im Wildtypstamm von *L. pneumophila* Paris zu Pyruvat und Acetyl-CoA oxidiert. Die in dieser Arbeit charakterisierten 1,2-$^{13}C_2$ und 3,4-$^{13}C_2$-Isotopologe des PHB nach [U-$^{13}C_3$]Serin- bzw. [U-$^{13}C_6$]Glukose-Kultivierung repräsentieren die Biosynthese ausgehend von Acetyl-CoA in einem dreistufigen Prozess (Abb. 59). Hierbei reagiert [1,2-$^{13}C_2$]Acetyl-CoA mit einem umarkierten Molekül Acetyl-CoA, das aus dem Abbau einer unmarkierten Verbindung des Mediums stammt. Es entstehen dabei [1,2-$^{13}C_2$]- bzw. [3,4-$^{13}C_2$]Acetoacetyl-CoA zu gleichen Teilen (Abb. 59, schwarze Balken). Die Reduktion dieser Verbindung liefert [1,2-$^{13}C_2$]- bzw. [3,4-$^{13}C_2$]Hydroxybutyryl-CoA, welches anschließend zu PHB kondensiert (Abb. 59, schwarze Balken). Das weniger häufige [U-$^{13}C_4$]Isotopolog (vgl. Abb. 44, S. 98) von PHB erklärt sich durch die statistische Kombination von zwei markierten Molekülen [1,2-$^{13}C_2$]Acetyl-CoA.

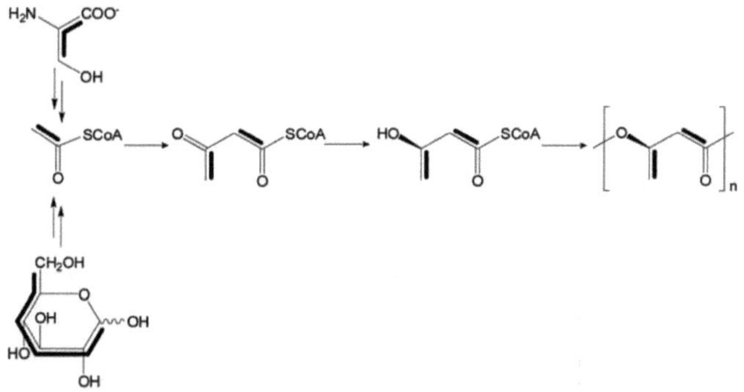

Abb. 59: Biosynthese von Polyhydroxybutyrat (PHB) in *L. pneumophila* Paris ausgehend von [U-$^{13}C_3$]Serin und [U-$^{13}C_6$]Glukose.

Farbige Balken zeigen benachbarte ^{13}C-Atome von multiplen ^{13}C-Isotopologen, gemessen mit NMR-Spektroskopie. Die Markierungsmuster von Acetoacetyl-CoA, Hydroxybutyryl-CoA und PHB sind Kombinationen aus Isotopologen mit jeweils zwei ^{13}C-Atomen im Molekül.

Das Markierungsmuster beim Einsatz von [1,2-$^{13}C_2$]Glukose im Wildtypstamm lieferte die [1-$^{13}C_1$] und [3-$^{13}C_1$]PHB-Spezies. Dieses Ergebnis steht im Einklang mit den Reaktionsschritten des Entner-Doudoroff-Wegs (EDW) sowie der Pyruvat-Dehydrogenase, bei denen [1,2-$^{13}C_2$]Pyruvat bzw. [1-$^{13}C_1$]Acetyl-CoA entsteht, dessen Markierung dann sowohl in das erste wie auch in das dritte Kohlenstoffatom von β-Hydroxybutyrat eingehen kann und zu den detektierten Isotopologen führt. Würde zu einem größeren Prozentsatz die Glykolyse in *L. pneumophila* ablaufen, käme es zur Generierung von [2,3-$^{13}C_2$]Pyruvat bzw. [1,2-$^{13}C_2$]Acetyl-CoA, das als 1,2-$^{13}C_2$ und 3,4-$^{13}C_2$-Isotopologe von PHB sichtbar würde. Die Reaktionen des Pentose-Phosphat-Wegs (PPW) hätten im Gegensatz dazu [2-$^{13}C_1$]Acetyl-CoA und somit PHB mit ^{13}C-Atomen an den Positionen 2 und 4 ergeben. Da dies nicht der Fall war, bestätigt sich die oben aufgestellte These, dass der EDW die dominate Route des Glukosekatabolismus in *L. pneumophila* darstellt (vgl. dazu Kapitel 4.1.4). Die Verwendung von [1,2-$^{13}C_2$]Glukose als metabolische Vorstufe erlaubt also die eindeutige Identifikation des Stoffwechselwegs für den Glukosekatabolismus in *L. pneumophila*.

4.3.2 Zeitverlauf von PHB-Akkumulation und -Degradation

Manche Bakterien akkumulieren PHB während der stationären Wachstumsphase, wenn ein Nährstoff zum limitierenden Faktor wird, jedoch Kohlenstoff noch in ausreichender Menge zur Verfügung steht (James et al. 1999). Andere Bakterienspezies synthetisieren PHB bereits während des logarithmischen Wachstums (Ngo Thi and Naumann 2007). So beginnt in *Ralstonia eutropha* (früher *Alcaligenes eutrophus*) die PHB-Biosynthese bereits während der exponentiellen Wachstumsphase, wenn alle Nährstoffe noch ausreichend zur Verfügung stehen, und setzt sich nach Einstellen des Wachstums verstärkt fort (Sonnleitner et al. 1979).

Der in dieser Arbeit untersuchte *L. pneumophila*-Stamm Paris besaß in YEB-Flüssigkultivierung die maximale PHB-Menge nach 24 Stunden (OD_{600} = 1,9), der Abbau war nach 48 Stunden nachweisbar. Auch bei Kultivierung auf Agarplatten war beim ersten Messwert nach 48 Stunden die PHB-Konzentration bereits auf dem höchsten im Versuch detektierten Level. Ein früherer Zeitpunkt konnte aufgrund der geringen Bakterienanzahl auf Agarplatten nicht gewählt werden; es ist jedoch denkbar, dass die PHB-Konzentration hier bereits rückläufig war. Diese Werte decken sich mit denen der [U-$^{13}C_6$]Glukose-Inkorporation. In der frühen exponentiellen Wachstumsphase war hier kein PHB nachweisbar. Erst im OD_{600}-Bereich von 1,0 bis 1,5, was der spät-exponentiellen Phase entspricht, wurden ^{13}C-Atome in PHB inkorporiert. Diese Anreicherung steigerte sich in der post-exponentiellen Phase und fand – wieder leicht reduziert – bis in die stationäre Wachstumsphase hinein statt. *L. pneumophila* zählt demnach zu den Mikroorganismen, die PHB bereits während des (spät-)exponentiellen Wachstums akkumulieren. Allerdings steigert sich die Biosyntheserate bei post-exponentiellem Wachstum nochmals und findet auch über das Wachstum hinaus statt. *In vivo* ist PHB ein bekanntes Charakteristikum des MIF- (*mature intracellular form*) Stadiums von *L. pneumophila*, das nach Verlassen der Wirtszelle, also bei Beendigung eines Lebenszklus auftritt (Garduno et al. 2002). Im Wirtsorganismus kommt es also bereits zur Biosynthese von PHB, das anschließend als Energie- und Kohlenstoffspeicher in nährstoffarmer Umgebung genutzt werden kann.

Der *gamA*-Deletionsstamm zeigte eine dem Wildtyp vergleichbare PHB-Gesamtmenge sowie einen identischen Zeitverlauf des PHB-Auf- und Abbaus. Allerdings besaßen sowohl der *zwf*- als auch der *keto*-Deletionsstamm deutlich veränderte Phänotypen und werden daher im Folgenden diskutiert.

4.3.3 Glukose als Kohlenstoffquelle für PHB in einem *zwf*-Deletionsstamm

Der untersuchte Glukose-6-Phosphat-Dehydrogenase-Deletionsstamm (G6PDH, *zwf*) von *L. pneumophila* Paris ist nicht mehr in der Lage, den EDW sowie den oxidativen PPW zu betreiben. Dieser Stamm wies nur sehr geringe ^{13}C-Anreicherungen in Aminosäuren und PHB aus der Vorstufe [U-$^{13}C_6$]Glukose auf. Die Werte lagen zehnmal unter Wildtypniveau. Bei Verwendung von [1,2-$^{13}C_2$]Glukose als Vorstufe war die ^{13}C-Inkorporation in PHB unverändert gering. Dabei lagen in beiden Fällen [1,2-$^{13}C_2$]- und [3,4-$^{13}C_2$]-PHB-Spezies vor. Diese Markierung ist nur durch die Glykolyse erklärbar, bei der aus 1,2-$^{13}C_2$-markierter Glukose 1,2-$^{13}C_2$-markiertes Acetyl-CoA generiert wird. Der EDW würde hier Acetyl-CoA liefern, das nur an der Position 1 ein ^{13}C-Atom besitzt und somit [1-$^{13}C_1$] und [3-$^{13}C_1$]PHB-Spezies generieren – dies wurde für den Wildtypstamm beobachtet. Die putativen Reaktionen des PPW hätten PHB-Isotopologe mit ^{13}C-Atomen an den Positionen 2 und 4 generiert, die ebenfalls nicht detektiert wurden. Die Ergebnisse zeigen daher eindeutig, dass der *zwf*-Deletionsstamm lediglich die Glykolyse für die Glukoseoxidation verwendet und diese ca. zehnmal seltener abläuft als der EDW im isogenen Wildtypstamm. Hieraus bestätigt sich nochmals die Tatsache, dass der EDW die Hauptroute des Glukosekatabolismus in *L. pneumophila* Paris darstellt. Auch der gesamte, über Infrarot-Spektroskopie bestimmte PHB-Gehalt lag im Deletionsstamm bei maximal 68 % des Wildtypniveaus. Hieraus wird deutlich, dass Glukose eine wichtige Kohlenstoffquelle für diesen Speicherstoff in *L. pneumophila* Paris darstellt. Somit ist es auch nicht überraschend, dass bei Ausschaltung des Hauptabbauwegs die Kohlenstoffquelle Glukose nur noch in marginaler Menge zu Acetyl-CoA umgesetzt wird, das als Ausgangsverbindung für die PHB-Biosynthese dient. Eine unmittelbare Konsequenz dieser Ergebnisse ist außerdem, dass Glukose als PHB-Substrat nur unzureichend durch andere Kohlenstoffquellen ersetzt werden kann. Im Folgenden werden mögliche Ursachen dieser Beobachtung diskutiert.

Neben einer generellen Verringerung des Acetyl-CoA-Pools für die PHB-Biosynthese im *zwf*-Deletionsstamm kann ein weiterer Mechanismus wirksam werden, der aus eben dieser reduzierten Acetyl-CoA-Generierung direkt resultiert. Dieser liegt auf Ebene des ersten Katalyseschritts der Biosynthese, da das katalysierende Enzym β-Ketothiolase durch freies CoenyzmA inhibiert wird (Haywood et al. 1988a; Mothes et al. 1996; Henderson and Jones 1997). Da Glukose in *L. pneumophila* über Pyruvat zu Acetyl-CoA metabolisiert wird (diese Arbeit, siehe Kapitel 4.3.1), sinkt im *zwf*-Deletionsstamm das Verhältnis Acetyl-CoA zu freiem Coenzym A und die PHB-Biosynthese wird gehemmt.

Ein zweiter Erklärungsansatz beruht auf dem in der Zelle vorliegenden NADPH/$NADP^+$-Verhältnis. Für die PHB-Biosynthese ist NADPH ein limitierender Faktor (Lee et al. 1995). In *R. eutropha* vollzieht sich der Kohlenhydratkatabolismus, wie in *L. pneumophila*, über den EDW (Gottschalk et al. 1964; Eylert et al. 2010). Das für die PHB-Biosynthese benötigte NADPH wird dabei durch die Glukose-6-Phosphat-Deyhdrogenase (G6PDH) generiert, die in *R. eutropha* mit den Cofaktoren $NADP^+$ oder NAD^+ katalytisch aktiv ist (Blackkolb and Schlegel 1968; Haywood et al. 1988b). Auch in *E. coli* wird NADPH über die G6PDH im PPW erzeugt (Hanson and Rose 1980; Kabir and Shimizu 2003). Man kann annehmen, dass es durch Fehlen der G6PDH-Aktivität in *L. pneumophila* zu einem Mangel an reduzierten Cofaktoren (NADPH) kommt, die für die Acetoacetyl-CoA-Reduktase-Reaktion im zweiten Schritt der PHB-Biosynthese notwendig sind. Als Folge davon wird die PHB-Akkumulation inhibiert.

Bei dieser These ist zu berücksichtigen, dass NADPH in weiteren Reaktionen generiert werden kann, so zum Beispiel durch das $NADP^+$-abhängige Malatenzym (EC 1.1.1.40, *lpp0705*), das Malat zu Pyruvat decarboxyliert (Kabir and Shimizu 2003; Yeo et al. 2008). In *Corynebacterium glutamicum* sowie *E. coli* kann NADPH, neben dem Pentose-Phosphat-Weg als Hauptquelle, zusätzlich über die Isocitrat-Dehydrogenase generiert werden (Marx et al. 2003; Zhao et al. 2004). Auch in *L. pneumophila* ist für dieses Enzym eine hohe cytoplasmatische Aktivität bekannt, die von $NADP^+$abhängt (Keen and Hoffman 1984). Außerdem existieren $NAD(P)H^+$-Transhydrogenasen (EC 1.6.1.2, *lpp0937-0939*), welche NADH und NADPH ineinander umwandeln können. Dieses Enzym ist in *R. eutrophus* nur von geringer Aktivität (Lee et al. 1995), seine Bedeutung in *L. pneumophila* ist unklar. Die NADPH-Generierung durch die beschriebenen, alternativen Reaktionen scheinen jedoch die Deletion der G6PDH in *L. pneumophila* nicht in dem Maße ausgleichen zu können, das die PHB-Biosynthese auf Wildtypniveau ermöglichen würde.

Folgt man der These eines niedrigen NADPH-Levels im *zwf*-Deletionsstamm, so ergeben sich daraus weitere Konsenquenzen. Im hypothetischen Fall eines erhöhten $NADPH/NADP^+$-Verhältnisses wird der Fluss von Acetyl-CoA in die PHB-Biosynthese über die Aktivierung der β-Ketothiolase stimuliert (Lim et al. 2002). Eine hohes $NADPH/NADP^+$-Verhältnis hemmt zudem in *E. coli* sowie in *R. eutropha* die Citratsynthase und verlangsamt so den Citratzyklus (Lee et al. 1995; Lim et al. 2002). Im Fall einer *zwf*-Deletion, wie in dieser Arbeit untersucht, müsste bei einem verminderten $NADPH/NADP^+$-Verhältnis vorhandenes Acetyl-CoA vermehrt in den Citratzyklus eingehen und weniger davon für die PHB-Biosynthese zur Verfügung stehen. Die in dieser Arbeit gemessenen ^{13}C-Anreicherungen in den Aminosäuren Glutamat und Asparat aus ^{13}C-Glukose liegen jedoch deutlich unter dem jeweiligen Wildtypniveau. Beide Aminosäuren werden aus Citratzyklusintermediaten generiert, und so scheint es, dass in *L. pneumophila* der Citratzyklus wegen fehlendem NADPH nicht stimuliert wird. Allerdings zeigen diese Experimente nur die Verwertung von Glukose, die nachweislich keine Energiequelle sowie nur eine untergeordnete Kohlenstoffquelle für *L. pneumophila* darstellt. Zur Speisung des Citratzyklus dienen neben Glukose noch andere Substrate wie Serin, Glutamat und Glutamin (Warren and Miller 1979; George et al. 1980; Tesh and Miller 1981; Tesh et al. 1983) und diese Arbeit). Glukose scheint weniger für die Aminosäure- als vielmehr für die PHB-Biosynthese von Bedeutung zu sein.

Es existiert noch ein weiteres Argument, das gegen eine verringerte NADPH-Konzentration im *zwf*-Deletionsstamm spricht. Ein – in welche Richtung auch immer – verändertes $NADPH/NADP^+$-Verhältnis stellt eine Imbalance des Reduktionspotentials in der Zelle dar. Dies führt im Allgemeinen zu vermindertem Wachstum (Kabir and Shimizu 2003; Marx et al. 2003). Für den Deletionsstamm war dies jedoch weder *in vitro* noch im Replikationsverhalten in *A. castellanii*-Zellen nachweisbar. Allerdings zeigte der *zwf*-Deletionsstamm in *A. castellanii* einen Replikationsdefekt bei direkter Kompetition mit dem Wildtypstamm, wenn zwischen wiederholten Infektionszyklen jeweils eine

viertägige Inkubationszeit in nährstoffarmer Umgebung lag. Die Ursache dieses Replikations-Überlebens-Defekts könnte in der reduzierten PHB-Menge liegen, die außerhalb der Wirtszellen als Energie- und Kohlenstoffquelle zum Überleben genutzt werden kann. Anhand der vorliegenden Daten kann jedoch nicht vollständig ausgeschlossen werden, dass der beobachtete Phänotyp (auch) auf ein generelles Ungleichgewicht im Energiehaushalt zurückzuführen ist.
Zusammenfassend können für die verminderte PHB-Biosynthese im *zwf*-Deletionsstamm drei Gründe angeführt werden: eine verringerte Konzentration an Acetyl-CoA als Ausgangsverbindung der Biosynthese, eine Hemmung der β-Ketothiolase durch freies Coenyzm A sowie eine verminderte Verfügbarkeit von NADPH für die Acetoacetyl-CoA-Reduktase. Die verminderte Fitness des Deletionsstamms im Replikations-Überlebens-Modell kann schließlich aus der verringerten Menge an PHB erklärt werden.

4.3.4 Glukose als Kohlenstoffquelle für PHB in einem *keto*-Deletionsstamm

Zur näheren Charakterisierung der PHB-Biosynthese in *L. pneumophila* Paris wurde ein β-Ketothiolase-Deletionsstamm (*keto*, EC 2.3.1.9) erstellt und dessen PHB-Biosynthese untersucht. Hier stellte sich die Situation komplexer dar: Die Infrarotdaten zeigten, dass der *keto*-Deletionsstamm deutlich größere Mengen PHB akkumuliert und diese über längere Zeit speichert. Gleichzeitig wird aus [U-$^{13}C_6$]Glukose als Substrat nur ein geringer Teil des PHB aufgebaut. Im Vergleich zum Wildtypstamm wurde demnach Glukose in geringerem Umfang und verstärkt andere Ausgangsverbindungen für die PHB-Biosynthese genutzt. Im Gegensatz dazu zeigten die Aminosäuren Alanin, Glutamat und Aspartat im *keto*-Deletionsstamm leicht erhöhte ^{13}C-Excesswerte. Zudem wies der Deletionsstamm ein verlangsamtes Wachstum *in vitro* auf, ein Defekt der schon für einen β-Ketothiolase-Deletionsstamm von *Methylobacterium extorquens* beschrieben wurde (Korotkova and Lidstrom 2001). Im Folgenden wird der *keto*-Phänotyp von *L. pneumophila* Paris im Zusammenhang mit der Funktion der deletierten β-Ketothiolase diskutiert.

Der durch die β-Ketothiolase katalysierte erste Schritt der PHB-Biosynthese ist theoretisch reversibel. Dennoch sind für Kondensation und Spaltung von Acetoactyl-CoA jeweils unterschiedliche Isoenzyme im gut charakterisierten Proteobacterium *R. eutropha* sowie *Azotobacter vinelandii* zuständig (Haywood et al. 1988a; Peoples and Sinskey 1989; Segura et al. 2000). Eine der β-Ketothiolasen (Acetyl-CoA-Acetyltransferase, EC 2.3.1.9) agiert dabei Substrat-spezifisch für die Biosynthese von Acetoacetyl-CoA (C4-Substrat) (Haywood et al. 1988a). Im Genom von *L. pneumophila* Paris sind für dieses Enzym zwei homologe Gene vorhanden: *lpp1555* und *lpp1788*. Ob beide Gene funktionelle Enzyme kodieren, ist nicht bekannt. Der in dieser Arbeit erzeugte Deletionsstamm von *lpp1788* (*keto*) wies allerdings einen deutlich veränderten Phänotyp im PHB-Metabolismus auf, so dass das von diesem Gen kodierte Protein als funktionell anzusehen ist. Zusätzlich existiert eine weitere β-

Ketothiolase (EC 2.3.1.16), die degradativ für die β-Oxidation von Fettsäuren Bedeutung hat (Haywood et al. 1988a; Steinbuchel and Schlegel 1991) und weniger Substrat-spezifisch reagiert (C4- bis C10-Substrate; Abb. 60). Dieses Enzym kann in *R. eutropha* auch die Kondensationsreaktion zweier Acetyl-CoA-Moleküle katalysieren (Haywood et al. 1988b, a; Steinbuchel and Schlegel 1991). In *L. pneumophila* Paris existiert ein Gen mit Ähnlichkeit zu dieser Enzymklasse (*lpp1307*). Auch für dieses Gen ist bisher nicht charakterisiert, für welchen Stoffwechselweg es erforderlich ist und inwieweit die kodierten Enzyme der drei Gene redundante Funktionen übernehmen können. In natürlich PHB-produzierenden Bakterien mit mehreren homologen Genen ist jedoch meist nur eine β-Ketothiolase an der PHB-Biosynthese beteiligt (Segura et al. 2000; Ayub et al. 2006). Im Folgenden werden zwei Szenarien diskutiert, die die möglichen Funktionen der untersuchten β-Ketothiolase in degradativer bzw. biosynthetischer Richtung beleuchten sollen.

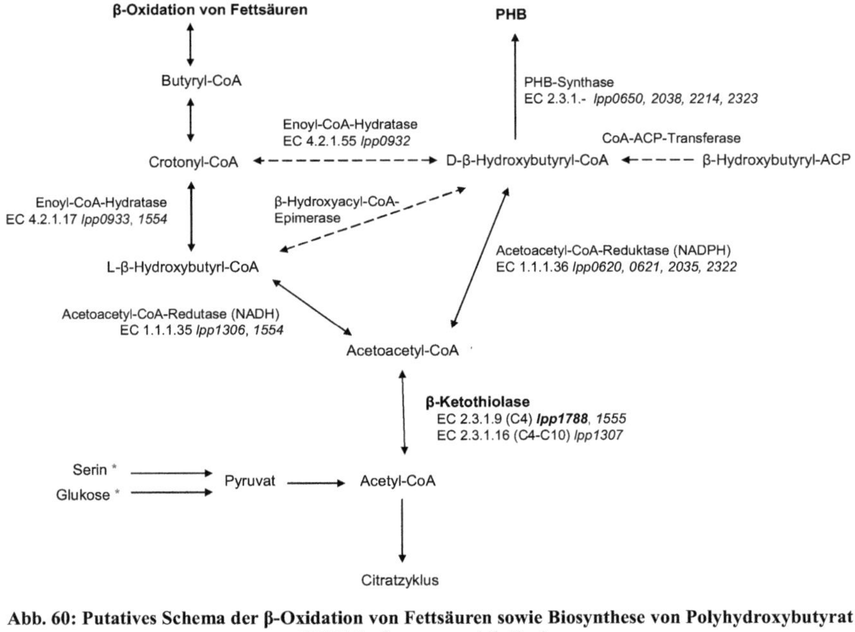

Abb. 60: Putatives Schema der β-Oxidation von Fettsäuren sowie Biosynthese von Polyhydroxybutyrat (PHB) in *L. pneumophila* Paris.
Putative Gene sind kursiv eingezeichet; das deletierte Gen ist zudem fett markiert. Ein Stern kennzeichnet die verwendeten ^{13}C-markierten Substrate, gestrichelte Pfeile zeigen hypothetische Reaktionen,die in anderen Organismen beschrieben wurden. C4, C10, Substrate mit 4 bzw. 10 Kohlenstoffatomen.

L. pneumophila metabolisiert Fettsäuren, die als Acetyl-CoA in den Citratzyklus eingehen (Hoffman 2008). Ausgehend von der Annahme, dass das Enzymprodukt von *lpp1788* (*keto*) hauptsächlich in degradativer Richtung aktiv ist, muss ein Mangel dieses Enzyms eine Verminderung der intrazellulären Acetyl-CoA-Konzentration bewirken. Um den Citratzklus und somit die Biosynthese der Vorstufen wichtiger Zellbestandteile aufrecht zu erhalten, muss es also eine andere Quelle für Acetyl-CoA geben. Glukose könnte (neben Aminosäuren) hierfür ein Substrat sein, bei dessen Abbau über den Entner-Doudoroff-Weg Pyruvat generiert wird, das in Acetyl-CoA überführt wird und als Substrat für den Citratzyklus dient (siehe Kapitel 4.1.2). Dadurch lassen sich die beobachteten erhöhten ^{13}C-Excesswerte in den Aminosäuren Alanin (aus Pyruvat), Glutamat und Aspartat (aus Intermediaten des Citratzyklus) erklären, die demnach zu einem größeren Anteil als im Wildtypstamm aus [U-$^{13}C_6$]Glukose stammen.

Das Enzym Acetoacetyl-CoA-Reduktase (EC 1.1.1.36), das den zweiten Schritt der PHB-Synthese katalysiert, verwendet als Cofaktor NADPH. Zusätzlich existiert eine NADH-abhängige Acetoacetyl-CoA-Reduktase (EC 1.1.1.35), deren Substratspezifität nicht auf die L-Enantiomere von β-Hydroxyacyl-CoA beschränkt sein könnte und die somit neben ihrer Rolle in der Fettsäureoxidation auch an der PHB-Biosynthese beteiligt wäre (Haywood et al. 1988b; Steinbuchel and Schlegel 1991). Für beide Enyzme sind in *L. pneumophila* Paris mehrere homologe Gene beschrieben (Abb. 60). Durch die Reaktion der G6PDH wird NADPH generiert. Da erhöhte Mengen an NADPH zur nicht-allosterischen Hemmung der G6PDH und einem generellen Redox-Ungleichgewicht in der Bakterienzelle führen, muss es reoxidiert werden (Blackkolb and Schlegel 1968). Hierfür stellt die PHB-Biosynthese einen geeigneten Mechanismus dar (Steinbuchel and Schlegel 1991; Kabir and Shimizu 2003). Bei der β-Oxidation von Fettsäuren entsteht der reduzierte Cofaktor NADH. Bei Blockierung des letzten Schritts der β-Oxidation kommt es zugleich zu einer Akkumulation von Acetoacetyl-CoA. Diese Verbindung kann nun für die PHB-Biosynthese mittels NADPH- oder NADH-abhängiger Acetoacetyl-CoA-Reduktase reduziert werden. Die PHB-Biosynthese in *R. eutropha* wird sowohl von einem hohen NADPH/NADP$^+$- als auch NADH/NAD$^+$-Verhältnis stimuliert (Lee et al. 1995). Ein Teil des in der β-Oxidation erzeugten NADH würde dabei möglicherweise bei der PHB-Biosynthese reoxidiert.

Zusätzlich zu dem beschriebenen PHB-Biosyntheseweg existiert eine Querverbindung der Fettsäureoxidation zum PHB-Aufbau auf Höhe von Crotonyl-CoA oder längerkettiger Enoyl-CoA-Verbindungen, die beispielsweise in *Pseudomonas aeruginosa* und *Aeromonas caviae* beschrieben wurde (Langenbach et al. 1997; Fukui et al. 1998; Tsuge et al. 2000; Steinbuchel and Hein 2001); Abb. 60). Während in der β-Oxidation Crotonyl-CoA zu L-β-Hydroxybutyryl-CoA hydratisiert wird, katalysiert durch eine L-spezifische Enoyl-CoA-Hydratase (Crotonase, EC 4.2.1.17), existiert in dieser Spezies ein D-spezifisches Enzym (EC 4.2.1.55), das demnach aus Crotonyl-CoA die Verbindung D-β-Hydroxybutyryl-CoA synthetisiert, die letzte Vorstufe von PHB (Fukui et al. 1998; Steinbuchel and Hein 2001). In *L. pneumophila* Paris findet man ein putatives Homolog dieses Enzyms (*lpp0932,* Abb. 60). Durch diese Reaktion würde ebenfalls die Umwandlung von Acetoacetyl-CoA zu Acetyl-CoA durch die β-Ketothiolase umgangen. Dieser Biosyntheseweg würde statt NADPH den Cofaktor NADH

verwerten (Sato et al. 2007). Die erhöhte Menge an PHB im *keto*-Deletionsstamm könnte nun erklärt werden, da Fettsäuren nicht mehr vollständig zu Acetyl-CoA oxidiert werden und Intermediate der β-Oxidation in den PHB-Aufbau eingehen. Unterstützt wird diese These durch zwei Arbeiten von Qi *et al.* (Qi et al. 1998) bzw. Davis *et al.* (Davis et al. 2008), die nach Blockierung der degradativen β-Ketothiolase eine vermehrte PHB-Biosynthese in rekombinanten *E. coli*-Stämmen nachwiesen. Im Genom von *L. pneumophila* Paris sind für den beschriebenen Seitenweg drei Gene innerhalb eines Operons kodiert (*lpp0931-0933*). Somit könnten β-Oxidation und PHB-Biosynthese regulatorisch verknüpft sein (Abb. 60). Die Herstellung eines Deletionsstamms dieser Gene war bis zum Abschluss der Arbeit nicht erfolgreich, daher lässt sich spekulieren, dass dieses Gencluster möglicherweise essentiell für das Überleben der Bakterien ist.
Im NMR-Spektrum befanden sich keine ^{13}C-Signale von Lipiden oder Fettsäuren. Aus Glukose generiertes Acetyl-CoA wird also nicht für die Biosynthese von Fettsäuren verwendet, da durch die blockierte β-Oxidation möglicherweise kaum oder kein Bedarf an *de novo*-synthetisierten Fettsäuren besteht und/oder da Acetyl-CoA vorrangig für den Citratzyklus verwendet wird (Lee et al. 1995). Dies steht im Einklang mit der Tatsache, dass hohe Konzentrationen an langkettigen, CoenzymA-veresterten Fettsäuren zur Inhibierung der Fettsäurebiosynthese in *E. coli, Saccharomyces cerevisiae* sowie Säugetieren führen (DiRusso et al. 1992; Faergeman and Knudsen 1997; Black et al. 2000). Außerdem ist aus *Pseudomonas cepacia* und *Leuconostoc mesenteroides* die Hemmung von G6PDH-Isoenzymen durch langkettige Fettsäuren bzw. deren CoA-Ester bekannt (Coe and Hsu 1973; Cacciapuoti and Lessie 1977). Zugleich wird vorhandenes Acetyl-CoA mit höherer Priorität in den Citratzyklus geschleust. Der beobachtete Wachstumsdefekt des *keto*-Deletionstamms lässt vermuten, dass der Glukosekatabolismus über den Entner-Doudoroff-Weg den Mangel an Acetyl-CoA wegen Störung des Fettsäuremetabolismus und/oder daraus folgender Inhibierung der G6PDH nicht vollständig ausgleichen kann. Diese Tatsache kann natürlich auch in der kinetischen Limitierung des EDW selbst begündet sein, der keine höheren Fluxraten zulässt, oder in der limitierten Fähigkeit der Bakterien zur Reoxidation von NADPH (Canonaco et al. 2001; Marx et al. 2003). Neben der PHB-Biosynthese kann die Reoxidation von NADPH zwar durch membranständige oder cytoplasmatische Transhydrogenasen erfolgen (Canonaco et al. 2001). Welche Rolle diese Enzyme in *L. pneumophila* spielen, ist bisher jedoch nicht bekannt. Somit scheint die gesteigerte PHB-Biosynthese in *L. pneumophila* Paris die notwendige Elektronensenke zu sein, die es dem Deletionsstamm – wenn auch verspätet – ermöglicht, die Wachstumsdichte des wildtypischen Stamms zu erreichen (Kabir and Shimizu 2003). Das dargelegte Szenario erklärt somit gleichzeitig die geringe ^{13}C-Inkorporation in PHB aus Glukose sowie die stark erhöhte PHB-Konzentration im untersuchten *keto*-Deletionsstamm.

Auf der anderen Seite kann man spekulieren, dass die deletierte β-Ketothiolase eine biosynthetische Funktion für PHB besitzt, also die Kondensation von zwei Acetyl-CoA-Molekülen katalysiert. Somit lassen sich im Deletionsstamm die geringeren Anreicherungen von ^{13}C-Atomen aus Glukose in PHB direkt erklären. Die PHB-Akkumulation über Crotonyl-CoA findet auch in diesem Szenario statt. Durch jenen Seitenweg würden die ersten beiden Katalyseschritte der PHB-Synthese schließlich umgangen und Intermediate der Fettsäureoxidation als PHB-Vorstufen genutzt. Ein natürliches Beispiel hierfür liefert der Organismus *Pseudomonas sp.* 14-3, der aufgrund einer nicht funktionellen, biosynthetischen β-Ketothiolase PHB lediglich aus Fettsäuren und nicht aus Glukose generiert (Ayub et al. 2006). In Übereinstimmung damit zeigten auch Arbeiten von Reich-Slotky *et al.* (Reich-Slotky et al. 2009), dass eine Blockierung der Fettsäurebiosynthese zur PHB-Akkumulierung führt, was durch eine Kompetition um Acetyl-CoA für beide Wege erklärt wird. Bei Blockierung der PHB-Biosynthese durch Deletion der biosynthetischen β-Ketothiolase könnte Acetyl-CoA verstärkt in den Citratzyklus eingehen und somit die ^{13}C-Anreicherung in den Aminosäuren Glutamat und Aspartat erhöhen. Eine durch blockierte PHB-Biosynthese möglicherweise erhöhte Konzentration an Acetyl-CoA könnte zudem einen Mechanismus zur Aktivierung der PHB-Polymerase in Gang setzen, der für *Synochococcus sp.* MA13 (*Cyanobacteria*) vorgeschlagen wurde: Acetyl-CoA wird hierbei zu Acetyl-Phosphat umgesetzt, das die PHB-Polymerase post-translationell an einem Serinrest modifiziert und so deren Aktivierung bewirkt (Miyake et al. 1997; Miyake et al. 2000). In *L. pneumophila* könnte der erhöhte Acetyl-CoA-Spiegel die PHB-Biosynthese über Crotonyl-CoA stimulieren.

Eine zusätzliche, putative Verbindung zwischen β-Oxidation und PHB-Biosynthese bildet die Aktivität der β-Hydroxyacyl-CoA-Epimerase (Qi et al. 1998; Poirier 2001; Steinbuchel and Hein 2001), die für *Pseudomonas*-Spezies charakterisiert wurde, für die in *L. pneumophila* jedoch bisher kein homologes Gen identifiziert werden konnte (Abb. 60). Denkbar ist, dass diese Reaktion – wie für *E. coli* gezeigt – durch dasselbe Polypeptid mit β-Hydroxyacyl-CoA-Dehydrogenaseaktivität (*fadB*) katalysiert wird (Yang et al. 1988). Auch kann anhand der in dieser Arbeit erhaltenen Daten nicht ausgeschlossen werden, dass eine Verbindung zur Fettsäurebiosynthese besteht, bei der das Intermediat β-Hydroxybutyryl-ACP für den PHB-Aufbau in β-Hydroxybutyryl-CoA überführt wird (Rehm et al. 1998; Taguchi et al. 1999; Reich-Slotky et al. 2009). Das für diese Reaktion verantwortliche Enzym β-Hydroxyacyl-CoA-ACP-Transferase wurde in einigen *Pseudomonas*-Arten nachgewiesen (Poirier 2001). Darüber hinaus kann Acetyl-CoA auch aus anderen Quellen generiert werden, so zum Beispiel aus Aminosäuren. Auf Höhe von Acetoacetyl-CoA gehen die Kohlenstoffatome von Leucin, Lysin sowie der aromatischen Aminosäuren Tyrosin, Phenylalanin und Tryptophan ein. Für Leucin wurde bereits gezeigt, dass dessen Kohlenstoffatome zu ca. 30 % in die Lipidfraktion (zu der PHB zählt) eingehen (Tesh et al. 1983). Aus Aminosäuren ergeben sich also weitere Möglichkeiten für *L. pneumophila*, einen ausreichenden Acetyl-CoA-Pool für die Biosynthese von PHB zu bilden.

Ob die untersuchte β-Ketothiolase unter physiologischen Bedingungen degradativ in der β-Oxidation und/oder in Richtung der PHB-Biosynthese arbeitet, kann auf Grundlage der bisherigen Ergebnisse nicht abschließend beantwortet werden. Die Ergebnisse sprechen mit einiger Wahrscheinlichkeit für die Beteiligung des Enzyms an beiden Stoffwechselwegen. Die vorliegende Arbeit belegt jedoch in jedem Fall zweifelsfrei, dass es neben Glukose für *L. pneumophila* eine weitere Kohlenstoffquelle für PHB geben muss. Es ist zu vermuten, dass es sich dabei um Fettsäuren oder Aminosäuren handelt. Eine weitere interessante Beobachtung der vorliegenden Arbeit war, dass der *keto*-Deletionsstamm das akkumulierte PHB länger als der Wildtypstamm speicherte. Man kann daher spekulieren, dass die β-Ketothiolase an der PHB-Degradation beteiligt ist. Bisher wurden in den sequenzierten Genomen von *L. pneumophila* keine Homologe zu PHB-Depolymerasen (EC 3.1.1.75) oder Hydroxybutyratdimer-Hydrolasen (EC 3.1.1.22) identifiziert. Diese und andere Arbeiten zeigen jedoch, dass *L. pneumophila* durchaus in der Lage ist, PHB zu metabolisieren (James et al. 1999). Die Deletion der β-Hydroxybutyrat-Dehydrogenase (EC 1.1.1.30) im Stamm Philadelphia, für die auch ein Homolog im Stamm Paris existiert *(lpp226)*, führt außerdem zu verminderter Replikation in *A. castellanii* und humanen Makrophagen sowie verstärkter PHB-Akkumulation, vermutlich durch Hemmung der Degradation des Speicherstoffs (Aurass et al. 2009). Der verminderte Abbau von PHB ließe sich auch durch ein erhöhtes $NADPH/NADP^+$-Verhältnis erklären, das zum Beispiel durch die G6PDH im Glukosekatabolismus entsteht und für das die PHB-Biosynthese als die erforderliche Elektronensenke fungiert.

Abb. 61 zeigt eine vereinfachte Übersicht der in *L. pneumophila* stattfindenden Stoffwechselwege, die in dieser Arbeit identifiziert werden konnten. Die Ergebnisse der vorliegenden Studie belegen, dass *L. pneumophila* neben Aminosäuren auch Glukose sowie die in natürlichen Habitaten vorhandenen Glukosepolymere Glykogen und Stärke als Kohlenstoffquellen zur Biosynthese von Aminosäuren und PHB nutzt und dass die Glukoseverwertung zur Fitness der Spezies beiträgt.

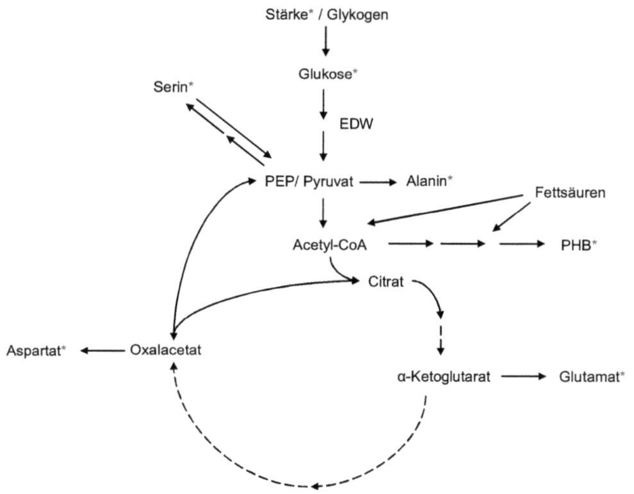

Abb. 61: Schematische Übersicht der Stoffwechselwege von Stärke-, Glykogen-, Glukose- sowie Serin-Verwertung in *L. pneumophila* Paris bestimmt über ^{13}C-angereicherte Substrate.
*, Verbindung wurde als ^{13}C-angereicherte Vorstufe eingesetzt oder eindeutig mittels GS/MS bzw. NMR-Spektroskopie als ^{13}C-angereichert identifiziert.

5 Ausblick

Diese Arbeit hat gezeigt, dass neben Aminosäuren auch Glukose eine Kohlenstoffquelle für Aminosäuren sowie Polyhydroxybutyrat (PHB) in *L. pneumophila* darstellt. Dabei wird Glukose hauptsächlich über den Entner-Doudoroff-Weg metabolisiert. Eine interessante Tatsache ist die verminderte Fitness eines *zwf*-Deletionsstamms, der diesen Stoffwechselweg nicht mehr beschreiten kann. Die vorliegende Arbeit hat hierfür mit der verminderten PHB-Biosynthese in diesem Stamm eine mögliche Erklärung geliefert. In weiteren Arbeiten wäre zu untersuchen, ob sich diese geringere Akkumulation des Energie- und Kohlenstoffspeichers auch *in vivo* nachweisen lässt und ob dieser Aspekt die einzige Ursache der verminderten Fitness darstellt. Hierfür wäre auch die Bestimmung des intrazellulären $NADPH/NADP^+$-Verhältnisses von Bedeutung, um Aussagen über den Energiehaushalt des Deletionsstamms treffen zu können.

Bei der in dieser Arbeit erstmalig charakterisierten Glukoamylase GamA existieren ebenfalls noch offene Fragen. Hier ist vor allem interessant, in welchen natürlichen Habitaten die Stärke- und Glykogenhydrolyse durch dieses Enzym von Bedeutung für die Fitness von *L. pneumophila* ist. Im Tiermodell könnten hier Hinweise auf die Bedeutung von GamA für die Virulenz der Spezies erhalten werden. Ein besonders spannender Aspekt liegt auch in der Regulation von GamA durch das im selben Operon kodierte Protein YozG. Diese Arbeit hat deutliche Hinweise auf dessen Funktion als Transkriptionsaktivator geliefert. Allerdings scheint noch ein zweiter Mechanismus an der Regulation von GamA beteiligt zu sein. Diesen aufzuklären stellt sicher ein motivierendes Ziel weiterer Forschungen dar. Zu diesem Zweck könnte GamA von rekombinanten Vektoren exprimiert werden, welche die putativen Regulationselemente (komplementäre RBS, putative YozG-Bindestellen) in verschiedenen Kombinationen bzw. mit Nuleotidsubstitutionen enthalten.

Weitere offene Fragestellungen ergeben sich auch aus dem beobachteten Phänotyp eines β-Ketothiolase-Deletionsstamms. Obwohl hier Glukose in geringerem Maß als Kohlenstoffquelle für die PHB-Biosynthese dient, akkumuliert dieser Stamm deutlich größere Mengen an PHB, die demnach aus mindestens einem anderen Substrat stammen müssen. Es ist zu klären, um welche Vorstufen es sich hierbei handelt und wie die metabolischen Umsetzungen dieser Verbindungen stattfinden. Hierbei könnten ^{13}C-angereicherte Fettsäuren zum Einsatz kommen, die bereits kommerziell zur Verfügung stehen. Besonders interessant ist dabei eine putative Querverbindung zwischen β-Oxidation und PHB-Biosynthese auf der Ebene von Crotonyl-CoA, durch welche Fettsäuren in den PHB-Aufbau gelangen könnten. Die Rolle der deletierten β-Ketothiolase ist ebenfalls noch nicht abschließend geklärt. Hierbei könnten Messungen der entsprechenden Enzymaktivitäten entscheiden, in welcher Richtung das Enzym unter physiologischen Bedingungen aktiv ist.

In dieser Arbeit wurde zudem begonnen, den *in vivo*-Stoffwechsel von *L. pneumophila* im natürlichen Wirtsorganismus *A. castellanii* zu charakterisieren. Die entwickelte Methode zur Fraktionierung einer

Cokultur kann in weiteren Arbeiten genutzt werden, um den Metabolismus der Bakterien in anderen Protozoen, Makrophagen und möglicherweise sogar im Tiermodell zu untersuchen.

Literaturverzeichnis

Abu Kwaik, Y. (1996). The phagosome containing Legionella pneumophila within the protozoan Hartmannella vermiformis is surrounded by the rough endoplasmic reticulum. *Appl Environ Microbiol, 62*, 2022-2028. In eng.

Albert-Weissenberger, C., Cazalet, C., & Buchrieser, C. (2007). Legionella pneumophila - a human pathogen that co-evolved with fresh water protozoa. *Cell Mol Life Sci, 64*, 432-448. In eng.

Albert-Weissenberger, C., Sahr, T., Sismeiro, O., Hacker, J., Heuner, K., & Buchrieser, C. (2010). Control of flagellar gene regulation in Legionella pneumophila and its relation to growth phase. *J Bacteriol, 192*, 446-455. In eng.

Aleshin, A.E., Feng, P.H., Honzatko, R.B., & Reilly, P.J. (2003). Crystal structure and evolution of a prokaryotic glucoamylase. *J Mol Biol, 327*, 61-73. In eng.

Allard, K.A., Viswanathan, V.K., & Cianciotto, N.P. (2006). lbtA and lbtB are required for production of the Legionella pneumophila siderophore legiobactin. *J Bacteriol, 188*, 1351-1363. In eng.

Anand, C.M., Skinner, A.R., Malic, A., & Kurtz, J.B. (1983). Interaction of L. pneumophilia and a free living amoeba (Acanthamoeba palestinensis). *J Hyg (Lond), 91*, 167-178. In eng.

Anderson, A.J., & Dawes, E.A. (1990). Occurrence, metabolism, metabolic role, and industrial uses of bacterial polyhydroxyalkanoates. *Microbiol Rev, 54*, 450-472. In eng.

Anderson, I.J., Watkins, R.F., Samuelson, J., Spencer, D.F., Majoros, W.H., Gray, M.W., & Loftus, B.J. (2005). Gene discovery in the Acanthamoeba castellanii genome. *Protist, 156*, 203-214. In eng.

Aneja, P., Dziak, R., Cai, G.Q., & Charles, T.C. (2002). Identification of an acetoacetyl coenzyme A synthetase-dependent pathway for utilization of L-(+)-3-hydroxybutyrate in Sinorhizobium meliloti. *J Bacteriol, 184*, 1571-1577. In eng.

Aragon, V., Kurtz, S., & Cianciotto, N.P. (2001). Legionella pneumophila major acid phosphatase and its role in intracellular infection. *Infect Immun, 69*, 177-185. In eng.

Aragon, V., Kurtz, S., Flieger, A., Neumeister, B., & Cianciotto, N.P. (2000). Secreted enzymatic activities of wild-type and pilD-deficient Legionella pneumophila. *Infect Immun, 68*, 1855-1863. In eng.

Aragon, V., Rossier, O., & Cianciotto, N.P. (2002). Legionella pneumophila genes that encode lipase and phospholipase C activities. *Microbiology, 148*, 2223-2231. In eng.

Aurass, P., Pless, B., Rydzewski, K., Holland, G., Bannert, N., & Flieger, A. (2009). bdhA-patD operon as a virulence determinant, revealed by a novel large-scale approach for identification of Legionella pneumophila mutants defective for amoeba infection. *Appl Environ Microbiol, 75*, 4506-4515. In eng.

Ayub, N.D., Julia Pettinari, M., Mendez, B.S., & Lopez, N.I. (2006). Impaired polyhydroxybutyrate biosynthesis from glucose in Pseudomonas sp. 14-3 is due to a defective beta-ketothiolase gene. *FEMS Microbiol Lett, 264*, 125-131. In eng.

Bachman, M.A., & Swanson, M.S. (2001). RpoS co-operates with other factors to induce Legionella pneumophila virulence in the stationary phase. *Mol Microbiol, 40*, 1201-1214. In eng.

LITERATURVERZEICHNIS

Baine, W.B. (1988). A phospholipase C from the Dallas 1E strain of Legionella pneumophila serogroup 5: purification and characterization of conditions for optimal activity with an artificial substrate. *J Gen Microbiol, 134*, 489-498. In eng.

Baine, W.B., & Rasheed, J.K. (1979). Aromatic substrate specificity of browning by cultures of the Legionnaires' disease bacterium. *Ann Intern Med, 90*, 619-620. In eng.

Banerji, S., Bewersdorff, M., Hermes, B., Cianciotto, N.P., & Flieger, A. (2005). Characterization of the major secreted zinc metalloprotease- dependent glycerophospholipid:cholesterol acyltransferase, PlaC, of Legionella pneumophila. *Infect Immun, 73*, 2899-2909. In eng.

Baskerville, A., Dowsett, A.B., Fitzgeorge, R.B., Hambleton, P., & Broster, M. (1983). Ultrastructure of pulmonary alveoli and macrophages in experimental Legionnaires' disease. *J Pathol, 140*, 77-90. In eng.

Bender, J., Rydzewski, K., Broich, M., Schunder, E., Heuner, K., & Flieger, A. (2009). Phospholipase PlaB of Legionella pneumophila represents a novel lipase family: protein residues essential for lipolytic activity, substrate specificity, and hemolysis. *J Biol Chem, 284*, 27185-27194. In eng.

Berdal, B.P., Bovre, K., Olsvik, O., & Omland, T. (1983). Patterns of extracellular proline-specific endopeptidases in Legionella and Flavobacterium spp. demonstrated by use of chromogenic peptides. *J Clin Microbiol, 17*, 970-974. In eng.

Berger, K.H., & Isberg, R.R. (1993). Two distinct defects in intracellular growth complemented by a single genetic locus in Legionella pneumophila. *Mol Microbiol, 7*, 7-19. In eng.

Berger, K.H., Merriam, J.J., & Isberg, R.R. (1994). Altered intracellular targeting properties associated with mutations in the Legionella pneumophila dotA gene. *Mol Microbiol, 14*, 809-822. In eng.

Berk, S.G., Ting, R.S., Turner, G.W., & Ashburn, R.J. (1998). Production of respirable vesicles containing live Legionella pneumophila cells by two Acanthamoeba spp. *Appl Environ Microbiol, 64*, 279-286. In eng.

Bischoff, K.M., Shi, L., & Kennelly, P.J. (1998). The Detection of Enzyme Activity Following Sodium Dodecyl Sulfate-Polyacrylamide Gel Electrophoresis. *Analytical Biochemistry, 260*, 1-17.

Black, P.N., Faergeman, N.J., & DiRusso, C.C. (2000). Long-chain acyl-CoA-dependent regulation of gene expression in bacteria, yeast and mammals. *J Nutr, 130*, 305S-309S. In eng.

Blackkolb, F., & Schlegel, H.G. (1968). [Regulation of glucose-6-phosphate dehydrogenase from Hydrogenomonas by ATP and reduced pyridine nucleotides]. *Arch Mikrobiol, 63*, 177-196. In ger.

Blädel, I. (2008). Untersuchungen zum Metabolismus von Glukose bei Legionella pneumophila. Diplomarbeit.Universität Würzburg.

Bowers, B., & Korn, E.D. (1968). The fine structure of Acanthamoeba castellanii. I. The trophozoite. *J Cell Biol, 39*, 95-111. In eng.

Bowers, B., & Korn, E.D. (1969). The fine structure of Acanthamoeba castellanii (Neff strain). II. Encystment. *J Cell Biol, 41*, 786-805. In eng.

Braeken, K., Moris, M., Daniels, R., Vanderleyden, J., & Michiels, J. (2006). New horizons for (p)ppGpp in bacterial and plant physiology. *Trends Microbiol, 14*, 45-54. In eng.

LITERATURVERZEICHNIS

Brenner, D.J., Steigerwalt, A.G., & McDade, J.E. (1979). Classification of the Legionnaires' disease bacterium: Legionella pneumophila, genus novum, species nova, of the family Legionellaceae, familia nova. *Ann Intern Med, 90*, 656-658. In eng.

Bruggemann, H., Hagman, A., Jules, M., Sismeiro, O., Dillies, M.A., Gouyette, C., Kunst, F., Steinert, M., Heuner, K., Coppee, J.Y., & Buchrieser, C. (2006). Virulence strategies for infecting phagocytes deduced from the in vivo transcriptional program of Legionella pneumophila. *Cell Microbiol, 8*, 1228-1240. In eng.

Byrd, T.F., & Horwitz, M.A. (2000). Aberrantly low transferrin receptor expression on human monocytes is associated with nonpermissiveness for Legionella pneumophila growth. *J Infect Dis, 181*, 1394-1400. In eng.

Byrne, B., & Swanson, M.S. (1998). Expression of Legionella pneumophila virulence traits in response to growth conditions. *Infect Immun, 66*, 3029-3034. In eng.

Cacciapuoti, A.F., & Lessie, T.G. (1977). Characterization of the fatty acid-sensitive glucose 6-phosphate dehydrogenase from Pseudomonas cepacia. *J Bacteriol, 132*, 555-563. In eng.

Canonaco, F., Hess, T.A., Heri, S., Wang, T., Szyperski, T., & Sauer, U. (2001). Metabolic flux response to phosphoglucose isomerase knock-out in Escherichia coli and impact of overexpression of the soluble transhydrogenase UdhA. *FEMS Microbiol Lett, 204*, 247-252. In eng.

Cantarel, B.L., Coutinho, P.M., Rancurel, C., Bernard, T., Lombard, V., & Henrissat, B. (2009). The Carbohydrate-Active EnZymes database (CAZy): an expert resource for Glycogenomics. *Nucleic Acids Res, 37*, D233-238. In eng.

Cazalet, C., Rusniok, C., Bruggemann, H., Zidane, N., Magnier, A., Ma, L., Tichit, M., Jarraud, S., Bouchier, C., Vandenesch, F., Kunst, F., Etienne, J., Glaser, P., & Buchrieser, C. (2004). Evidence in the Legionella pneumophila genome for exploitation of host cell functions and high genome plasticity. *Nat Genet, 36*, 1165-1173. In eng.

Chatfield, C.H., & Cianciotto, N.P. (2007). The secreted pyomelanin pigment of Legionella pneumophila confers ferric reductase activity. *Infect Immun, 75*, 4062-4070. In eng.

Chien, M., Morozova, I., Shi, S., Sheng, H., Chen, J., Gomez, S.M., Asamani, G, Hill, K., Nuara, J., Feder, M., Rineer, J., Greenberg, J.J., Steshenko, V., Park, S.H., Zhao, B., Teplitskaya, E., Edwards, J.R., Pampou, S., Georghiou, A., Chou, I.C., Iannuccilli, W., Ulz, M.E., Kim, D.H., Geringer-Sameth, A., Goldsberry, C., Morozov, P., Fischer, S.G., Segal, G., Qu, X., Rzhetsky, A., Zhang, P., Cayanis, E., De Jong, P.J., Ju, J., Kalachikov, S., Shuman, H.A., & Russo, J.J. (2004). The genomic sequence of the accidental pathogen Legionella pneumophila. *Science, 305*, 1966-1968. In eng.

Christie, P.J., & Vogel, J.P. (2000). Bacterial type IV secretion: conjugation systems adapted to deliver effector molecules to host cells. *Trends Microbiol, 8*, 354-360. In eng.

Cianciotto, N.P. (2005). Type II secretion: a protein secretion system for all seasons. *Trends Microbiol, 13*, 581-588. In eng.

Cianciotto, N.P. (2009). Many substrates and functions of type II secretion: lessons learned from Legionella pneumophila. *Future Microbiol, 4*, 797-805. In eng.

Coe, E.L., & Hsu, L.H. (1973). Acyl coenzyme A inhibition of Leuconostoc mesenteroides glucose-6-phosphate dehydrogenase: a comparison of the TPN and DPN linked reactions. *Biochem Biophys Res Commun, 53*, 66-69. In eng.

LITERATURVERZEICHNIS

Cornelis, G.R. (2002). Yersinia type III secretion: send in the effectors. *J Cell Biol, 158*, 401-408. In eng.

Dahiya, N., Tewari, R., & Hoondal, G.S. (2006). Biotechnological aspects of chitinolytic enzymes: a review. *Appl Microbiol Biotechnol, 71*, 773-782. In eng.

Dalebroux, Z.D., Edwards, R.L., & Swanson, M.S. (2009). SpoT governs Legionella pneumophila differentiation in host macrophages. *Mol Microbiol, 71*, 640-658. In eng.

Dalebroux, Z.D., Yagi, B.F., Sahr, T., Buchrieser, C., & Swanson, M.S. (2010). Distinct roles of ppGpp and DksA in Legionella pneumophila differentiation. *Mol Microbiol, 76*, 200-219. In eng.

Davies, G., & Henrissat, B. (1995). Structures and mechanisms of glycosyl hydrolases. *Structure, 3*, 853-859. In eng.

Davis, R., Anilkumar, P.K., Chandrashekar, A., & Shamala, T.R. (2008). Biosynthesis of polyhydroxyalkanoates co-polymer in E. coli using genes from Pseudomonas and Bacillus. *Antonie Van Leeuwenhoek, 94*, 207-216. In eng.

Dawes, E.A., & Senior, P.J. (1973). The role and regulation of energy reserve polymers in micro-organisms. *Adv Microb Physiol, 10*, 135-266. In eng.

De Buck, E., Anne, J., & Lammertyn, E. (2007). The role of protein secretion systems in the virulence of the intracellular pathogen Legionella pneumophila. *Microbiology, 153*, 3948-3953. In eng.

De Buck, E., Hoper, D., Lammertyn, E., Hecker, M., & Anne, J. (2008). Differential 2-D protein gel electrophoresis analysis of Legionella pneumophila wild type and Tat secretion mutants. *Int J Med Microbiol, 298*, 449-461. In eng.

DebRoy, S., Dao, J., Soderberg, M., Rossier, O., & Cianciotto, N.P. (2006). Legionella pneumophila type II secretome reveals unique exoproteins and a chitinase that promotes bacterial persistence in the lung. *Proc Natl Acad Sci U S A, 103*, 19146-19151. In eng.

Diederen, B.M. (2008). Legionella spp. and Legionnaires' disease. *J Infect, 56*, 1-12. In eng.

DiRusso, C.C., Heimert, T.L., & Metzger, A.K. (1992). Characterization of FadR, a global transcriptional regulator of fatty acid metabolism in Escherichia coli. Interaction with the fadB promoter is prevented by long chain fatty acyl coenzyme A. *J Biol Chem, 267*, 8685-8691. In eng.

Edwards, R.L., Dalebroux, Z.D., & Swanson, M.S. (2009). Legionella pneumophila couples fatty acid flux to microbial differentiation and virulence. *Mol Microbiol, 71*, 1190-1204. In eng.

Eisenreich, W., & Bacher, A. (2007). Advances of high-resolution NMR techniques in the structural and metabolic analysis of plant biochemistry. *Phytochemistry, 68*, 2799-2815. In eng.

Eisenreich, W., Dandekar, T., Heesemann, J., & Goebel, W. (2010). Carbon metabolism of intracellular bacterial pathogens and possible links to virulence. *Nat Rev Microbiol, 8*, 401-412. In eng.

Eisenreich, W., Ettenhuber, C., Laupitz, R., Theus, C., & Bacher, A. (2004). Isotopolog perturbation techniques for metabolic networks: metabolic recycling of nutritional glucose in Drosophila melanogaster. *Proc Natl Acad Sci U S A, 101*, 6764-6769. In eng.

Eisenreich, W., Slaghuis, J., Laupitz, R., Bussemer, J., Stritzker, J., Schwarz, C., Schwarz, R., Dandekar, T., Goebel, W., & Bacher, A. (2006). 13C isotopologue perturbation studies of Listeria monocytogenes carbon metabolism and its modulation by the virulence regulator PrfA. *Proc Natl Acad Sci U S A, 103*, 2040-2045. In eng.

Elbein, A.D., Pan, Y.T., Pastuszak, I., & Carroll, D. (2003). New insights on trehalose: a multifunctional molecule. *Glycobiology, 13*, 17R-27R. In eng.

Ensminger, A.W., & Isberg, R.R. (2009). Legionella pneumophila Dot/Icm translocated substrates: a sum of parts. *Curr Opin Microbiol, 12*, 67-73. In eng.

Entner, N., & Doudoroff, M. (1952). Glucose and gluconic acid oxidation of Pseudomonas saccharophila. *J Biol Chem, 196*, 853-862. In eng.

Eylert, E. (2009). Isotopologprofile zur Bestimmung von Stoffwechselwegen und -flüssen in Mikroorganismen und Insekten. Dissertation.Technische Universität München.

Eylert, E., Herrmann, V., Jules, M., Gillmaier, N., Lautner, M., Buchrieser, C., Eisenreich, W., & Heuner, K. (2010). Isotopologue profiling of Legionella pneumophila: role of serine and glucose as carbon substrates. *J Biol Chem, 285*, 22232-22243. In eng.

Eylert, E., Schar, J., Mertins, S., Stoll, R., Bacher, A., Goebel, W., & Eisenreich, W. (2008). Carbon metabolism of Listeria monocytogenes growing inside macrophages. *Mol Microbiol, 69*, 1008-1017. In eng.

Faergeman, N.J., & Knudsen, J. (1997). Role of long-chain fatty acyl-CoA esters in the regulation of metabolism and in cell signalling. *Biochem J, 323 (Pt 1)*, 1-12. In eng.

Faulkner, G., Berk, S.G., Garduno, E., Ortiz-Jimenez, M.A., & Garduno, R.A. (2008). Passage through Tetrahymena tropicalis triggers a rapid morphological differentiation in Legionella pneumophila. *J Bacteriol, 190*, 7728-7738. In eng.

Feeley, J.C., Gorman, G.W., Weaver, R.E., Mackel, D.C., & Smith, H.W. (1978). Primary isolation media for Legionnaires disease bacterium. *J Clin Microbiol, 8*, 320-325. In eng.

Fettes, P.S., Forsbach-Birk, V., Lynch, D., & Marre, R. (2001). Overexpresssion of a Legionella pneumophila homologue of the E. coli regulator csrA affects cell size, flagellation, and pigmentation. *Int J Med Microbiol, 291*, 353-360. In eng.

Fields, B.S., Barbaree, J.M., Shotts, E.B., Jr., Feeley, J.C., Morrill, W.E., Sanden, G.N., & Dykstra, M.J. (1986). Comparison of guinea pig and protozoan models for determining virulence of Legionella species. *Infect Immun, 53*, 553-559. In eng.

Fields, B.S., Benson, R.F., & Besser, R.E. (2002). Legionella and Legionnaires' disease: 25 years of investigation. *Clin Microbiol Rev, 15*, 506-526. In eng.

Flannery, B., Gelling, L.B., Vugia, D.J., Weintraub, J.M., Salerno, J.J., Conroy, M.J., Stevens, V.A., Rose, C.E., Moore, M.R., Fields, B.S., & Besser, R.E. (2006). Reducing Legionella colonization in water systems with monochloramine. *Emerg Infect Dis, 12*, 588-596. In eng.

Flieger, A., Gongab, S., Faigle, M., Mayer, H.A., Kehrer, U., Mussotter, J., Bartmann, P., & Neumeister, B. (2000). Phospholipase A secreted by Legionella pneumophila destroys alveolar surfactant phospholipids. *FEMS Microbiol Lett, 188*, 129-133. In eng.

Flieger, A., Neumeister, B., & Cianciotto, N.P. (2002). Characterization of the gene encoding the major secreted lysophospholipase A of Legionella pneumophila and its role in detoxification of lysophosphatidylcholine. *Infect Immun, 70*, 6094-6106. In eng.

Flieger, A., Rydzewski, K., Banerji, S., Broich, M., & Heuner, K. (2004). Cloning and characterization of the gene encoding the major cell-associated phospholipase A of Legionella pneumophila, plaB, exhibiting hemolytic activity. *Infect Immun, 72*, 2648-2658. In eng.

Fliermans, C.B., Cherry, W.B., Orrison, L.H., Smith, S.J., Tison, D.L., & Pope, D.H. (1981). Ecological distribution of Legionella pneumophila. *Appl Environ Microbiol, 41*, 9-16. In eng.

Fonseca, M.V., Sauer, J., & Swanson, M.S. (2008). Nutrient Acqisition and Assimilation Strategies of Legionella pneumophila. In Heuner, K. & Swanson, M.S. (Eds.), *Legionella - Molecular Microbiology* (pp. 213-226).

Fraser, D.W., Tsai, T.R., Orenstein, W., Parkin, W.E., Beecham, H.J., Sharrar, R.G., Harris, J., Mallison, G.F., Martin, S.M., McDade, J.E., Shepard, C.C., & Brachman, P.S. (1977). Legionnaires' disease: description of an epidemic of pneumonia. *N Engl J Med, 297*, 1189-1197. In eng.

Freundlieb, S., & Boos, W. (1986). Alpha-amylase of Escherichia coli, mapping and cloning of the structural gene, malS, and identification of its product as a periplasmic protein. *J Biol Chem, 261*, 2946-2953. In eng.

Fukui, T., Shiomi, N., & Doi, Y. (1998). Expression and characterization of (R)-specific enoyl coenzyme A hydratase involved in polyhydroxyalkanoate biosynthesis by Aeromonas caviae. *J Bacteriol, 180*, 667-673. In eng.

Gao, L.Y., Harb, O.S., & Abu Kwaik, Y. (1997). Utilization of similar mechanisms by Legionella pneumophila to parasitize two evolutionarily distant host cells, mammalian macrophages and protozoa. *Infect Immun, 65*, 4738-4746. In eng.

Gao, L.Y., & Kwaik, Y.A. (2000). The mechanism of killing and exiting the protozoan host Acanthamoeba polyphaga by Legionella pneumophila. *Environ Microbiol, 2*, 79-90. In eng.

Garduno, R.A., Garduno, E., Hiltz, M., & Hoffman, P.S. (2002). Intracellular growth of Legionella pneumophila gives rise to a differentiated form dissimilar to stationary-phase forms. *Infect Immun, 70*, 6273-6283. In eng.

Gebran, S.J., Newton, C., Yamamoto, Y., Widen, R., Klein, T.W., & Friedman, H. (1994). Macrophage permissiveness for Legionella pneumophila growth modulated by iron. *Infect Immun, 62*, 564-568. In eng.

George, J.R., Pine, L., Reeves, M.W., & Harrell, W.K. (1980). Amino acid requirements of Legionella pneumophila. *J Clin Microbiol, 11*, 286-291. In eng.

Gerlach, R.G., & Hensel, M. (2007). Protein secretion systems and adhesins: the molecular armory of Gram-negative pathogens. *Int J Med Microbiol, 297*, 401-415. In eng.

Glick, T.H., Gregg, M.B., Berman, B., Mallison, G., Rhodes, W.W., Jr., & Kassanoff, I. (1978). Pontiac fever. An epidemic of unknown etiology in a health department: I. Clinical and epidemiologic aspects. *Am J Epidemiol, 107*, 149-160. In eng.

Glockner, G., Albert-Weissenberger, C., Weinmann, E., Jacobi, S., Schunder, E., Steinert, M., Hacker, J., & Heuner, K. (2008). Identification and characterization of a new conjugation/type IVA secretion system (trb/tra) of Legionella pneumophila Corby localized on two mobile genomic islands. *Int J Med Microbiol, 298*, 411-428. In eng.

Gomez-Valero, L., Rusniok, C., & Buchrieser, C. (2009). Legionella pneumophila: population genetics, phylogeny and genomics. *Infect Genet Evol, 9*, 727-739. In eng.

Gottschalk, G., Eberhardt, U., & Schlegel, H.G. (1964). [Utilization of Fructose by Hydrogenomonas H 16. (I)]. *Arch Mikrobiol, 48*, 95-108. In ger.

Hales, L.M., & Shuman, H.A. (1999). Legionella pneumophila contains a type II general secretion pathway required for growth in amoebae as well as for secretion of the Msp protease. *Infect Immun, 67*, 3662-3666. In eng.

Hammer, B.K., & Swanson, M.S. (1999). Co-ordination of legionella pneumophila virulence with entry into stationary phase by ppGpp. *Mol Microbiol, 33*, 721-731. In eng.

Hanahan, D. (1983). Studies on transformation of Escherichia coli with plasmids. *J Mol Biol, 166*, 557-580. In eng.

Hanson, R.L., & Rose, C. (1980). Effects of an insertion mutation in a locus affecting pyridine nucleotide transhydrogenase (pnt::Tn5) on the growth of Escherichia coli. *J Bacteriol, 141*, 401-404. In eng.

Harada, E., Iida, K., Shiota, S., Nakayama, H., & Yoshida, S. (2010). Glucose metabolism in Legionella pneumophila: dependence on the Entner-Doudoroff pathway and connection with intracellular bacterial growth. *J Bacteriol, 192*, 2892-2899. In eng.

Harrison, T.G., Doshi, N., Fry, N.K., & Joseph, C.A. (2007). Comparison of clinical and environmental isolates of Legionella pneumophila obtained in the UK over 19 years. *Clin Microbiol Infect, 13*, 78-85. In eng.

Hayashi, T., Nakamichi, M., Naitou, H., Ohashi, N., Imai, Y., & Miyake, M. (2010). Proteomic analysis of growth phase-dependent expression of Legionella pneumophila proteins which involves regulation of bacterial virulence traits. *PLoS One, 5*, e11718. In eng.

Haywood, G.W., Anderson, A.J., Chu, L., & Dawes, E.A. (1988a). Characterization of two 3-ketothiolases possessing differing substrate specificities in the polyhydroxyalkanoate synthesizing organism Alcaligenes eutrophus. *FEMS Microbiology Letters, 52*, 91-96.

Haywood, G.W., Anderson, A.J., Chu, L., & Dawes, E.A. (1988b). The role of NADH- and NADPH-linked acetoacetyl-CoA reductases in the poly-3-hydroxybutyrate synthesizing organism Alcaligenes eutrophus. *FEMS Microbiology Letters, 52*, 259-264.

Henderson, R.A., & Jones, C.W. (1997). Poly-3-hydroxybutyrate production by washed cells of Alcaligenes eutrophus; purification, characterisation and potential regulatory role of citrate synthase. *Arch Microbiol, 168*, 486-492. In eng.

Hermawan, S., & Jendrossek, D. (2007). Microscopical investigation of poly(3-hydroxybutyrate) granule formation in Azotobacter vinelandii. *FEMS Microbiol Lett, 266*, 60-64. In eng.

Herrmann, V. (2007). Molekularbiologische Untersuchungen zum Metabolismus von *Legionella pneumophila*. Diplomarbeit.Universität Würzburg.

Herrmann, V., Eidner, A., Rydzewski, K., Bladel, I., Jules, M., Buchrieser, C., Eisenreich, W., & Heuner, K. (2011). GamA is a eukaryotic-like glucoamylase responsible for glycogen- and starch-degrading activity of Legionella pneumophila. *Int J Med Microbiol, 301*, 133-139. In Eng.

Heuner, K., Dietrich, C., Skriwan, C., Steinert, M., & Hacker, J. (2002). Influence of the alternative sigma(28) factor on virulence and flagellum expression of Legionella pneumophila. *Infect Immun, 70*, 1604-1608. In eng.

Heuner, K., & Steinert, M. (2003). The flagellum of Legionella pneumophila and its link to the expression of the virulent phenotype. *Int J Med Microbiol, 293*, 133-143. In eng.

Hoffman, P.S. (1984). Bacterial Physiology. In Thornsberry, A., Bawlows, A., Feeley, J.C. & Jakubowski, W. (Eds.) *Proceedings of the 2nd International Symposium on Legionella*, (pp. 61-67).

Hoffman, P.S. (2008). Microbial Physiology. In Hoffman, P.S., Friedman, H. & Bendinelli, M. (Eds.), *Legionella pneumophila: Pathogenesis and Immunity* (pp. 113-131). Springer Science + Business Media.

Hoffman, P.S., Friedman, H., & Bendinelli, M. (2008). *Legionella pneumophila: Pathogenesis and Immunity*.Springer.

Hoffman, P.S., & Pine, L. (1982). Respiratory Physiology and Cytochrome Content of Legionella pneumophila. *Current Microbiology, 7*, 351-356.

Hoffman, P.S., Pine, L., & Bell, S. (1983). Production of superoxide and hydrogen peroxide in medium used to culture Legionella pneumophila: catalytic decomposition by charcoal. *Appl Environ Microbiol, 45*, 784-791. In eng.

Horwitz, M.A., & Silverstein, S.C. (1980). Legionnaires' disease bacterium (Legionella pneumophila) multiples intracellularly in human monocytes. *J Clin Invest, 66*, 441-450. In eng.

Hovel-Miner, G., Faucher, S.P., Charpentier, X., & Shuman, H.A. (2010). ArgR-regulated genes are derepressed in the Legionella-containing vacuole. *J Bacteriol, 192*, 4504-4516. In eng.

Hua, Q., Yang, C., Baba, T., Mori, H., & Shimizu, K. (2003). Responses of the central metabolism in Escherichia coli to phosphoglucose isomerase and glucose-6-phosphate dehydrogenase knockouts. *J Bacteriol, 185*, 7053-7067. In eng.

Hubber, A., & Roy, C.R. (2010). Modulation of host cell function by Legionella pneumophila type IV effectors. *Annu Rev Cell Dev Biol, 26*, 261-283. In eng.

Jackson, D.W., Suzuki, K., Oakford, L., Simecka, J.W., Hart, M.E., & Romeo, T. (2002). Biofilm formation and dispersal under the influence of the global regulator CsrA of Escherichia coli. *J Bacteriol, 184*, 290-301. In eng.

Jacobi, S., & Heuner, K. (2003). Description of a putative type I secretion system in Legionella pneumophila. *Int J Med Microbiol, 293*, 349-358. In eng.

Jacobi, S., Schade, R., & Heuner, K. (2004). Characterization of the alternative sigma factor sigma54 and the transcriptional regulator FleQ of Legionella pneumophila, which are both involved in the regulation cascade of flagellar gene expression. *J Bacteriol, 186*, 2540-2547. In eng.

James, B.W., Mauchline, W.S., Dennis, P.J., Keevil, C.W., & Wait, R. (1999). Poly-3-hydroxybutyrate in Legionella pneumophila, an energy source for survival in low-nutrient environments. *Appl Environ Microbiol, 65*, 822-827. In eng.

James, B.W., Mauchline, W.S., Fitzgeorge, R.B., Dennis, P.J., & Keevil, C.W. (1995). Influence of iron-limited continuous culture on physiology and virulence of Legionella pneumophila. *Infect Immun, 63*, 4224-4230. In eng.

Jendrossek, D. (2005). Fluorescence microscopical investigation of poly(3-hydroxybutyrate) granule formation in bacteria. *Biomacromolecules, 6*, 598-603. In eng.

Jepras, R.I., Fitzgeorge, R.B., & Baskerville, A. (1985). A comparison of virulence of two strains of Legionella pneumophila based on experimental aerosol infection of guinea-pigs. *J Hyg (Lond), 95*, 29-38. In eng.

Johnson, T.L., Abendroth, J., Hol, W.G., & Sandkvist, M. (2006). Type II secretion: from structure to function. *FEMS Microbiol Lett, 255*, 175-186. In eng.

Kabir, M.M., & Shimizu, K. (2003). Gene expression patterns for metabolic pathway in pgi knockout Escherichia coli with and without phb genes based on RT-PCR. *J Biotechnol, 105*, 11-31. In eng.

Kagan, J.C., & Roy, C.R. (2002). Legionella phagosomes intercept vesicular traffic from endoplasmic reticulum exit sites. *Nat Cell Biol, 4*, 945-954. In eng.

Kansiz, M., Billman-Jacobe, H., & McNaughton, D. (2000). Quantitative determination of the biodegradable polymer Poly(beta-hydroxybutyrate) in a recombinant Escherichia coli strain by use of mid-infrared spectroscopy and multivariative statistics. *Appl Environ Microbiol, 66*, 3415-3420. In eng.

Kaufmann, A.F., McDade, J.E., Patton, C.M., Bennett, J.V., Skaliy, P., Feeley, J.C., Anderson, D.C., Potter, M.E., Newhouse, V.F., Gregg, M.B., & Brachman, P.S. (1981). Pontiac fever: isolation of the etiologic agent (Legionella pneumophilia) and demonstration of its mode of transmission. *Am J Epidemiol, 114*, 337-347. In eng.

Keen, M.G., & Hoffman, P.S. (1984). Metabolic pathways and nitrogen metabolism in Legionella pneumophila. *Current Microbiology, 11*, 81-88.

Kim, S.W., Kim, P., Lee, H.S., & Kim, J.H. (1996). High production of Poly-β-hydroxybutyrate (PHB) from Methylobacterium organophilum under potassium limitation. *Biotechnology Letters, 18*, 25-30.

Korotkova, N., & Lidstrom, M.E. (2001). Connection between poly-beta-hydroxybutyrate biosynthesis and growth on C(1) and C(2) compounds in the methylotroph Methylobacterium extorquens AM1. *J Bacteriol, 183*, 1038-1046. In eng.

Lambert, M.A., & Moss, C.W. (1989). Cellular fatty acid compositions and isoprenoid quinone contents of 23 Legionella species. *J Clin Microbiol, 27*, 465-473. In eng.

Lammertyn, E., & Anne, J. (2004). Protein secretion in Legionella pneumophila and its relation to virulence. *FEMS Microbiol Lett, 238*, 273-279. In eng.

Langenbach, S., Rehm, B.H., & Steinbuchel, A. (1997). Functional expression of the PHA synthase gene phaC1 from Pseudomonas aeruginosa in Escherichia coli results in poly(3-hydroxyalkanoate) synthesis. *FEMS Microbiol Lett, 150*, 303-309. In eng.

Lee, I.Y., Kim, M.K., Chang, H.N., & Park, Y.H. (1995). Regulation of poly-β-hydroxybutyrate biosynthesis by nicotinamide nucleotide in Alcaligenes eutrophus. *FEMS Microbiology Letters, 131*, 35-39.

Lee, S.Y., Lee, K.M., Chan, H.N., & Steinbuchel, A. (1994). Comparison of recombinant Escherichia coli strains for synthesis and accumulation of poly-(3-hydroxybutyric acid) and morphological changes. *Biotechnol Bioeng, 44*, 1337-1347. In eng.

Lee, V.T., & Schneewind, O. (1999). Type III secretion machines and the pathogenesis of enteric infections caused by Yersinia and Salmonella spp. *Immunol Rev, 168*, 241-255. In eng.

Liles, M.R., Edelstein, P.H., & Cianciotto, N.P. (1999). The prepilin peptidase is required for protein secretion by and the virulence of the intracellular pathogen Legionella pneumophila. *Mol Microbiol, 31*, 959-970. In eng.

Liles, M.R., Scheel, T.A., & Cianciotto, N.P. (2000). Discovery of a nonclassical siderophore, legiobactin, produced by strains of Legionella pneumophila. *J Bacteriol, 182*, 749-757. In eng.

Lim, S.J., Jung, Y.M., Shin, H.D., & Lee, Y.H. (2002). Amplification of the NADPH-related genes zwf and gnd for the oddball biosynthesis of PHB in an E. coli transformant harboring a cloned phbCAB operon. *J Biosci Bioeng, 93*, 543-549. In eng.

Lucas, C.E., Brown, E., & Fields, B.S. (2006). Type IV pili and type II secretion play a limited role in Legionella pneumophila biofilm colonization and retention. *Microbiology, 152*, 3569-3573. In eng.

Magnusson, L.U., Farewell, A., & Nystrom, T. (2005). ppGpp: a global regulator in Escherichia coli. *Trends Microbiol, 13*, 236-242. In eng.

Marra, A., Blander, S.J., Horwitz, M.A., & Shuman, H.A. (1992). Identification of a Legionella pneumophila locus required for intracellular multiplication in human macrophages. *Proc Natl Acad Sci U S A, 89*, 9607-9611. In eng.

Marx, A., Hans, S., Mockel, B., Bathe, B., de Graaf, A.A., McCormack, A.C., Stapleton, C., Burke, K., O'Donohue, M., & Dunican, L.K. (2003). Metabolic phenotype of phosphoglucose isomerase mutants of Corynebacterium glutamicum. *J Biotechnol, 104*, 185-197. In eng.

Mauchline, W.S., Araujo, R., Wait, R., Dowsett, A.B., Dennis, P.J., & Keevil, C.W. (1992). Physiology and morphology of Legionella pneumophila in continuous culture at low oxygen concentration. *J Gen Microbiol, 138*, 2371-2380. In eng.

Mauchline, W.S., & Keevil, C.W. (1991). Development of the BIOLOG substrate utilization system for identification of Legionella spp. *Appl Environ Microbiol, 57*, 3345-3349. In eng.

McDade, J.E., Shepard, C.C., Fraser, D.W., Tsai, T.R., Redus, M.A., & Dowdle, W.R. (1977). Legionnaires' disease: isolation of a bacterium and demonstration of its role in other respiratory disease. *N Engl J Med, 297*, 1197-1203. In eng.

McDonnell, G.E., & McConnell, D.J. (1994). Overproduction, isolation, and DNA-binding characteristics of Xre, the repressor protein from the Bacillus subtilis defective prophage PBSX. *J Bacteriol, 176*, 5831-5834. In eng.

Mintz, C.S., Chen, J.X., & Shuman, H.A. (1988). Isolation and characterization of auxotrophic mutants of Legionella pneumophila that fail to multiply in human monocytes. *Infect Immun, 56*, 1449-1455. In eng.

Misra, A.K., Thakur, M.S., Srinivas, P., & Karanth, N.G. (2000). Screening of poly-β-hydroxybutyrate-producing microorganisms using Fourier transform infrared spectroscopy. *Biotechnology Letters, 22*, 1217-1219.

Miyake, M., Kataoka, K., Shirai, M., & Asada, Y. (1997). Control of poly-beta-hydroxybutyrate synthase mediated by acetyl phosphate in cyanobacteria. *J Bacteriol, 179*, 5009-5013. In eng.

Miyake, M., Schnackenberg, J., Kurane, R., & Asada, Y. (2000). Phosphotransacetylase as a key factor in biological production of polyhydroxybutyrate. *Applied Biochemistry and Biotechnology, 84-86*, 1039-1044.

Molmeret, M., Santic, M., Asare, R., Carabeo, R.A., & Abu Kwaik, Y. (2007). Rapid escape of the dot/icm mutants of Legionella pneumophila into the cytosol of mammalian and protozoan cells. *Infect Immun, 75*, 3290-3304. In eng.

Molofsky, A.B., & Swanson, M.S. (2003). Legionella pneumophila CsrA is a pivotal repressor of transmission traits and activator of replication. *Mol Microbiol, 50*, 445-461. In eng.

Molofsky, A.B., & Swanson, M.S. (2004). Differentiate to thrive: lessons from the Legionella pneumophila life cycle. *Mol Microbiol, 53*, 29-40. In eng.

Moore, M.R., Pryor, M., Fields, B., Lucas, C., Phelan, M., & Besser, R.E. (2006). Introduction of monochloramine into a municipal water system: impact on colonization of buildings by Legionella spp. *Appl Environ Microbiol, 72*, 378-383. In eng.

Morris, G.K., Steigerwalt, A., Feeley, J.C., Wong, E.S., Martin, W.T., Patton, C.M., & Brenner, D.J. (1980). Legionella gormanii sp. nov. *J Clin Microbiol, 12*, 718-721. In eng.

Moss, C.W., Weaver, R.E., Dees, S.B., & Cherry, W.B. (1977). Cellular fatty acid composition of isolates from Legionnaires disease. *J Clin Microbiol, 6*, 140-143. In eng.

Mothes, G., Rivera, I.S., & Babel, W. (1996). Competition between beta-ketothiolase and citrate synthase during poly(beta-hydroxybutyrate) synthesis in Methylobacterium rhodesianum. *Arch Microbiol, 166*, 405-410. In eng.

Munoz-Elias, E.J., & McKinney, J.D. (2006). Carbon metabolism of intracellular bacteria. *Cell Microbiol, 8*, 10-22. In eng.

Ngo Thi, N.A., & Naumann, D. (2007). Investigating the heterogeneity of cell growth in microbial colonies by FTIR microspectroscopy. *Anal Bioanal Chem, 387*, 1769-1777. In eng.

Ninio, S., & Roy, C.R. (2007). Effector proteins translocated by Legionella pneumophila: strength in numbers. *Trends Microbiol, 15*, 372-380. In eng.

O'Shaughnessy, J.B., Chan, M., Clark, K., & Ivanetich, K.M. (2003). Primer design for automated DNA sequencing in a core facility. *Biotechniques, 35*, 112-116, 118-121. In eng.

Ohnishi, H., Kitamura, H., Minowa, T., Sakai, H., & Ohta, T. (1992). Molecular cloning of a glucoamylase gene from a thermophilic Clostridium and kinetics of the cloned enzyme. *Eur J Biochem, 207*, 413-418. In eng.

Oldham, L.J., & Rodgers, F.G. (1985). Adhesion, penetration and intracellular replication of Legionella pneumophila: an in vitro model of pathogenesis. *J Gen Microbiol, 131*, 697-706. In eng.

Pao, S.S., Paulsen, I.T., & Saier, M.H., Jr. (1998). Major facilitator superfamily. *Microbiol Mol Biol Rev, 62*, 1-34. In eng.

Pearce, M.M., & Cianciotto, N.P. (2009). Legionella pneumophila secretes an endoglucanase that belongs to the family-5 of glycosyl hydrolases and is dependent upon type II secretion. *FEMS Microbiol Lett, 300*, 256-264. In eng.

Peoples, O.P., & Sinskey, A.J. (1989). Poly-beta-hydroxybutyrate biosynthesis in Alcaligenes eutrophus H16. Characterization of the genes encoding beta-ketothiolase and acetoacetyl-CoA reductase. *J Biol Chem, 264*, 15293-15297. In eng.

Pine, L., George, J.R., Reeves, M.W., & Harrell, W.K. (1979). Development of a chemically defined liquid medium for growth of Legionella pneumophila. *J Clin Microbiol, 9*, 615-626. In eng.

Poirier, Y. (2001). Polyhydroxyalkonate synthesis in plants as a tool for biotechnology and basic studies of lipid metabolism. *Progress in Lipid Research, 41*, 131-155.

Potrykus, K., & Cashel, M. (2008a). (p)ppGpp: still magical? *Annu Rev Microbiol, 62*, 35-51. In eng.

Potrykus, K., & Cashel, M. (2008b). (p)ppGpp: Still Magical?*. *Annual Review of Microbiology, 62*, 35-51.

Pribnow, D. (1975). Nucleotide sequence of an RNA polymerase binding site at an early T7 promoter. *Proc Natl Acad Sci U S A, 72*, 784-788. In eng.

Qi, Q., Steinbuchel, A., & Rehm, B.H. (1998). Metabolic routing towards polyhydroxyalkanoic acid synthesis in recombinant Escherichia coli (fadR): inhibition of fatty acid beta-oxidation by acrylic acid. *FEMS Microbiol Lett, 167*, 89-94. In eng.

Raha, M., Kawagishi, I., Muller, V., Kihara, M., & Macnab, R.M. (1992). Escherichia coli produces a cytoplasmic alpha-amylase, AmyA. *J Bacteriol, 174*, 6644-6652. In eng.

Reeves, M.W., Pine, L., Hutner, S.H., George, J.R., & Harrell, W.K. (1981). Metal requirements of Legionella pneumophila. *J Clin Microbiol, 13*, 688-695. In eng.

Rehm, B.H., Kruger, N., & Steinbuchel, A. (1998). A new metabolic link between fatty acid de novo synthesis and polyhydroxyalkanoic acid synthesis. The PHAG gene from Pseudomonas putida KT2440 encodes a 3-hydroxyacyl-acyl carrier protein-coenzyme a transferase. *J Biol Chem, 273*, 24044-24051. In eng.

Reich-Slotky, R., Kabbash, C.A., Della-Latta, P., Blanchard, J.S., Feinmark, S.J., Freeman, S., Kaplan, G., Shuman, H.A., & Silverstein, S.C. (2009). Gemfibrozil inhibits Legionella pneumophila and Mycobacterium tuberculosis enoyl coenzyme A reductases and blocks intracellular growth of these bacteria in macrophages. *J Bacteriol, 191*, 5262-5271. In eng.

Reinecke, F. (2005). Biosyntheseweg von Polyhydroxybuttersäure (PHB). In: http://commons.wikimedia.org/.

Ridenour, D.A., Cirillo, S.L., Feng, S., Samrakandi, M.M., & Cirillo, J.D. (2003). Identification of a gene that affects the efficiency of host cell infection by Legionella pneumophila in a temperature-dependent fashion. *Infect Immun, 71*, 6256-6263. In eng.

Ristroph, J.D., Hedlund, K.W., & Gowda, S. (1981). Chemically defined medium for Legionella pneumophila growth. *J Clin Microbiol, 13*, 115-119. In eng.

Robey, M., & Cianciotto, N.P. (2002). Legionella pneumophila feoAB promotes ferrous iron uptake and intracellular infection. *Infect Immun, 70*, 5659-5669. In eng.

Rodionov, D.A. (2007). Comparative genomic reconstruction of transcriptional regulatory networks in bacteria. *Chem Rev, 107*, 3467-3497. In eng.

Romeo, T. (1998). Global regulation by the small RNA-binding protein CsrA and the non-coding RNA molecule CsrB. *Mol Microbiol, 29*, 1321-1330. In eng.

Romeo, T., Gong, M., Liu, M.Y., & Brun-Zinkernagel, A.M. (1993). Identification and molecular characterization of csrA, a pleiotropic gene from Escherichia coli that affects glycogen biosynthesis, gluconeogenesis, cell size, and surface properties. *J Bacteriol, 175*, 4744-4755. In eng.

Rosenberg, M., & Court, D. (1979). Regulatory sequences involved in the promotion and termination of RNA transcription. *Annu Rev Genet, 13*, 319-353. In eng.

Rossier, O., & Cianciotto, N.P. (2001). Type II protein secretion is a subset of the PilD-dependent processes that facilitate intracellular infection by Legionella pneumophila. *Infect Immun, 69*, 2092-2098. In eng.

Rossier, O., & Cianciotto, N.P. (2005). The Legionella pneumophila tatB gene facilitates secretion of phospholipase C, growth under iron-limiting conditions, and intracellular infection. *Infect Immun, 73*, 2020-2032. In eng.

Rossier, O., Dao, J., & Cianciotto, N.P. (2008). The type II secretion system of Legionella pneumophila elaborates two aminopeptidases, as well as a metalloprotease that contributes to differential infection among protozoan hosts. *Appl Environ Microbiol, 74*, 753-761. In eng.

Rossier, O., Starkenburg, S.R., & Cianciotto, N.P. (2004). Legionella pneumophila type II protein secretion promotes virulence in the A/J mouse model of Legionnaires' disease pneumonia. *Infect Immun, 72*, 310-321. In eng.

Rowbotham, T.J. (1980). Preliminary report on the pathogenicity of Legionella pneumophila for freshwater and soil amoebae. *J Clin Pathol, 33*, 1179-1183. In eng.

Roy, C.R., Berger, K.H., & Isberg, R.R. (1998). Legionella pneumophila DotA protein is required for early phagosome trafficking decisions that occur within minutes of bacterial uptake. *Mol Microbiol, 28*, 663-674. In eng.

Sabnis, N.A., Yang, H., & Romeo, T. (1995). Pleiotropic regulation of central carbohydrate metabolism in Escherichia coli via the gene csrA. *J Biol Chem, 270*, 29096-29104. In eng.

Sato, S., Nomura, C.T., Abe, H., Doi, Y., & Tsuge, T. (2007). Poly[(R)-3-hydroxybutyrate] formation in Escherichia coli from glucose through an enoyl-CoA hydratase-mediated pathway. *J Biosci Bioeng, 103*, 38-44. In eng.

Sauer, J., Sigurskjold, B.W., Christensen, U., Frandsen, T.P., Mirgorodskaya, E., Harrison, M., Roepstorff, P., & Svensson, B. (2000). Glucoamylase: structure/function relationships, and protein engineering. *Biochim Biophys Acta, 1543*, 275-293. In eng.

Sauer, J.D., Bachman, M.A., & Swanson, M.S. (2005). The phagosomal transporter A couples threonine acquisition to differentiation and replication of Legionella pneumophila in macrophages. *Proc Natl Acad Sci U S A, 102*, 9924-9929. In eng.

Schaller, H., Gray, C., & Herrmann, K. (1975). Nucleotide sequence of an RNA polymerase binding site from the DNA of bacteriophage fd. *Proc Natl Acad Sci U S A, 72*, 737-741. In eng.

Schunder, E., Adam, P., Higa, F., Remer, K.A., Lorenz, U., Bender, J., Schulz, T., Flieger, A., Steinert, M., & Heuner, K. (2010). Phospholipase PlaB is a new virulence factor of Legionella pneumophila. *Int J Med Microbiol, 300*, 313-323. In eng.

Schwarz, W.H., Bronnenmeier, K., Grabnitz, F., & Staudenbauer, W.L. (1987). Activity staining of cellulases in polyacrylamide gels containing mixed linkage beta-glucans. *Anal Biochem, 164*, 72-77. In eng.

Segal, G., & Shuman, H.A. (1999). Legionella pneumophila utilizes the same genes to multiply within Acanthamoeba castellanii and human macrophages. *Infect Immun, 67*, 2117-2124. In eng.

Segura, D., Vargas, E., & Espin, G. (2000). Beta-ketothiolase genes in Azotobacter vinelandii. *Gene, 260*, 113-120. In eng.

Sexton, J.A., & Vogel, J.P. (2002). Type IVB secretion by intracellular pathogens. *Traffic, 3*, 178-185. In eng.

Sexton, J.A., & Vogel, J.P. (2004). Regulation of hypercompetence in Legionella pneumophila. *J Bacteriol, 186*, 3814-3825. In eng.

Shin, S., & Roy, C.R. (2008). Host cell processes that influence the intracellular survival of Legionella pneumophila. *Cell Microbiol, 10*, 1209-1220. In eng.

Shine, J., & Dalgarno, L. (1974). The 3'-terminal sequence of Escherichia coli 16S ribosomal RNA: complementarity to nonsense triplets and ribosome binding sites. *Proc Natl Acad Sci U S A, 71*, 1342-1346. In eng.

Sierks, M.R., Ford, C., Reilly, P.J., & Svensson, B. (1990). Catalytic mechanism of fungal glucoamylase as defined by mutagenesis of Asp176, Glu179 and Glu180 in the enzyme from Aspergillus awamori. *Protein Eng, 3*, 193-198. In eng.

Slater, S., Houmiel, K.L., Tran, M., Mitsky, T.A., Taylor, N.B., Padgette, S.R., & Gruys, K.J. (1998). Multiple beta-ketothiolases mediate poly(beta-hydroxyalkanoate) copolymer synthesis in Ralstonia eutropha. *J Bacteriol, 180*, 1979-1987. In eng.

Soderberg, M.A., & Cianciotto, N.P. (2010). Mediators of lipid A modification, RNA degradation, and central intermediary metabolism facilitate the growth of Legionella pneumophila at low temperatures. *Curr Microbiol, 60*, 59-65. In eng.

Soderberg, M.A., Dao, J., Starkenburg, S.R., & Cianciotto, N.P. (2008). Importance of type II secretion for survival of Legionella pneumophila in tap water and in amoebae at low temperatures. *Appl Environ Microbiol, 74*, 5583-5588. In eng.

Soderberg, M.A., Rossier, O., & Cianciotto, N.P. (2004). The type II protein secretion system of Legionella pneumophila promotes growth at low temperatures. *J Bacteriol, 186*, 3712-3720. In eng.

Sonnleitner, B., Heinzle, E., Braunegg, G., & Lafferty, R.M. (1979). Formal kinetics of poly-<i>β</i>-hydroxybutyric acid (PHB) production in <i>Alcaligenes eutrophus H 16</i> and <i>Mycoplana rubra R 14</i> with respect to the dissolved oxygen tension in ammonium-limited batch cultures. *Applied Microbiology and Biotechnology, 7*, 1-10.

Spiekermann, P., Rehm, B.H.A., Kalscheuer, R., Baumeister, D., & Steinbüchel, A. (1999). A sensitive, viable-colony staining method using Nile red for direct screening of bacteria that accumulate polyhydroxyalkanoic acids and other lipid storage compounds. *Archives of Microbiology, 171*, 73-80.

Srivatsan, A., & Wang, J.D. (2008). Control of bacterial transcription, translation and replication by (p)ppGpp. *Curr Opin Microbiol, 11*, 100-105. In eng.

Steinbuchel, A., & Hein, S. (2001). Biochemical and molecular basis of microbial synthesis of polyhydroxyalkanoates in microorganisms. *Adv Biochem Eng Biotechnol, 71*, 81-123. In eng.

Steinbuchel, A., & Schlegel, H.G. (1991). Physiology and molecular genetics of poly(beta-hydroxy-alkanoic acid) synthesis in Alcaligenes eutrophus. *Mol Microbiol, 5*, 535-542. In eng.

Steinert, M., Emody, L., Amann, R., & Hacker, J. (1997). Resuscitation of viable but nonculturable Legionella pneumophila Philadelphia JR32 by Acanthamoeba castellanii. *Appl Environ Microbiol, 63*, 2047-2053. In eng.

Stone, B.J., & Kwaik, Y.A. (1999). Natural competence for DNA transformation by Legionella pneumophila and its association with expression of type IV pili. *J Bacteriol, 181*, 1395-1402. In eng.

Sudharhsan, S., Senthilkumar, S., & Ranjith, K. (2007). Physical and nutritional factors affecting the production of amylase from species of bacillus isolated from spoiled food waste. *African Journal of Biotechnology, 6*, 430-435.

Svensson, B., Clarke, A.J., Svendsen, I., & Moller, H. (1990). Identification of carboxylic acid residues in glucoamylase G2 from Aspergillus niger that participate in catalysis and substrate binding. *Eur J Biochem, 188*, 29-38. In eng.

Swanson, M.S., & Hammer, B.K. (2000). Legionella pneumophila pathogesesis: a fateful journey from amoebae to macrophages. *Annu Rev Microbiol, 54*, 567-613. In eng.

Swanson, M.S., & Isberg, R.R. (1995). Association of Legionella pneumophila with the macrophage endoplasmic reticulum. *Infect Immun, 63*, 3609-3620. In eng.

Taguchi, K., Aoyagi, Y., Matsusaki, H., Fukui, T., & Doi, Y. (1999). Co-expression of 3-ketoacyl-ACP reductase and polyhydroxyalkanoate synthase genes induces PHA production in Escherichia coli HB101 strain. *FEMS Microbiol Lett, 176*, 183-190. In eng.

Teather, R.M., & Wood, P.J. (1982). Use of Congo red-polysaccharide interactions in enumeration and characterization of cellulolytic bacteria from the bovine rumen. *Appl Environ Microbiol, 43*, 777-780. In eng.

Tesh, M.J., & Miller, R.D. (1981). Amino acid requirements for Legionella pneumophila growth. *J Clin Microbiol, 13*, 865-869. In eng.

Tesh, M.J., & Miller, R.D. (1983). Arginine biosynthesis in Legionella pneumophila: absence of N-acetylglutamate synthetase. *Can J Microbiol, 29*, 1230-1233. In eng.

Tesh, M.J., Morse, S.A., & Miller, R.D. (1983). Intermediary metabolism in Legionella pneumophila: utilization of amino acids and other compounds as energy sources. *J Bacteriol, 154*, 1104-1109. In eng.

Thorpe, T.C., & Miller, R.D. (1981). Extracellular enzymes of Legionella pneumophila. *Infect Immun, 33*, 632-635. In eng.

Tilney, L.G., Harb, O.S., Connelly, P.S., Robinson, C.G., & Roy, C.R. (2001). How the parasitic bacterium Legionella pneumophila modifies its phagosome and transforms it into rough ER: implications for conversion of plasma membrane to the ER membrane. *J Cell Sci, 114*, 4637-4650. In eng.

Tsuge, T., Fukui, T., Matsusaki, H., Taguchi, S., Kobayashi, G., Ishizaki, A., & Doi, Y. (2000). Molecular cloning of two (R)-specific enoyl-CoA hydratase genes from Pseudomonas aeruginosa and their use for polyhydroxyalkanoate synthesis. *FEMS Microbiol Lett, 184*, 193-198. In eng.

Uchino, K., Saito, T., Gebauer, B., & Jendrossek, D. (2007). Isolated poly(3-hydroxybutyrate) (PHB) granules are complex bacterial organelles catalyzing formation of PHB from acetyl coenzyme A (CoA) and degradation of PHB to acetyl-CoA. *J Bacteriol, 189*, 8250-8256. In eng.

Viswanathan, V.K., Edelstein, P.H., Pope, C.D., & Cianciotto, N.P. (2000). The Legionella pneumophila iraAB locus is required for iron assimilation, intracellular infection, and virulence. *Infect Immun, 68*, 1069-1079. In eng.

Warren, W.J., & Miller, R.D. (1979). Growth of Legionnaires disease bacterium (Legionella pneumophila) in chemically defined medium. *J Clin Microbiol, 10*, 50-55. In eng.

Wei, B., Shin, S., LaPorte, D., Wolfe, A.J., & Romeo, T. (2000). Global regulatory mutations in csrA and rpoS cause severe central carbon stress in Escherichia coli in the presence of acetate. *J Bacteriol, 182*, 1632-1640. In eng.

Wei, B.L., Brun-Zinkernagel, A.M., Simecka, J.W., Pruss, B.M., Babitzke, P., & Romeo, T. (2001). Positive regulation of motility and flhDC expression by the RNA-binding protein CsrA of Escherichia coli. *Mol Microbiol, 40*, 245-256. In eng.

Weiss, E., Peacock, M., & Williams, J. (1980). Glucose and glutamate metabolism *Legionella pneumophila*. *Current Microbiology, 4*, 1-6.

White, D. (2007). *The Physiology and Biochemistry of Prokaryotes*. New York: Oxford University Press, Inc.

Wieland, H., Ullrich, S., Lang, F., & Neumeister, B. (2005). Intracellular multiplication of Legionella pneumophila depends on host cell amino acid transporter SLC1A5. *Mol Microbiol, 55*, 1528-1537. In eng.

Williamson, B.D., Favis, R., Brickey, D.A., & Rutherford, C.L. (1996). Isolation and characterization of glycogen synthase in Dictyostelium discoideum. *Developmental Genetics, 19*, 350-364.

Winkler, W.C., & Breaker, R.R. (2005). Regulation of bacterial gene expression by riboswitches. *Annu Rev Microbiol, 59*, 487-517. In eng.

Wood, H.E., Devine, K.M., & McConnell, D.J. (1990). Characterisation of a repressor gene (xre) and a temperature-sensitive allele from the Bacillus subtilis prophage, PBSX. *Gene, 96*, 83-88. In eng.

Wood, I.S., & Trayhurn, P. (2003). Glucose transporters (GLUT and SGLT): expanded families of sugar transport proteins. *Br J Nutr, 89*, 3-9. In eng.

Xiao, Z., Storms, R., & Tsang, A. (2006). A quantitative starch-iodine method for measuring alpha-amylase and glucoamylase activities. *Anal Biochem, 351*, 146-148. In eng.

Yang, H., Liu, M.Y., & Romeo, T. (1996). Coordinate genetic regulation of glycogen catabolism and biosynthesis in Escherichia coli via the CsrA gene product. *J Bacteriol, 178*, 1012-1017. In eng.

Yang, S.Y., Li, J.M., He, X.Y., Cosloy, S.D., & Schulz, H. (1988). Evidence that the fadB gene of the fadAB operon of Escherichia coli encodes 3-hydroxyacyl-coenzyme A (CoA) epimerase, delta 3-cis-delta 2-trans-enoyl-CoA isomerase, and enoyl-CoA hydratase in addition to 3-hydroxyacyl-CoA dehydrogenase. *J Bacteriol, 170*, 2543-2548. In eng.

Yeo, J.S., Park, J.Y., Yeom, S.H., & Yoo, Y.J. (2008). Enhancement of Poly-3-hydroxybutyrate (PHB) Productivity by the Two-Stage-Supplementation of Carbon Sources and Continuous Feeding of NH4Cl. *Biotechnology and Bioprocess Engineering, 13*, 14-24.

Zhao, F.Q., & Keating, A.F. (2007). Functional properties and genomics of glucose transporters. *Curr Genomics, 8*, 113-128. In eng.

Zhao, J., Baba, T., Mori, H., & Shimizu, K. (2004). Effect of zwf gene knockout on the metabolism of Escherichia coli grown on glucose or acetate. *Metab Eng, 6*, 164-174. In eng.

Zink, S.D., Pedersen, L., Cianciotto, N.P., & Abu-Kwaik, Y. (2002). The Dot/Icm type IV secretion system of Legionella pneumophila is essential for the induction of apoptosis in human macrophages. *Infect Immun, 70*, 1657-1663. In eng.

Zusman, T., Gal-Mor, O., & Segal, G. (2002). Characterization of a Legionella pneumophila relA insertion mutant and toles of RelA and RpoS in virulence gene expression. *J Bacteriol, 184*, 67-75. In eng.

Tab. 32: ^{13}C-Überschuss in [mol %] von proteinogenenAminosäuren aus *L. pneumophila* Paris Wildtyp-Kulturen versetzt mit 3 mM [U-$^{13}C_3$]Serin in YEB-Medium bzw. CDM.

	YEB (Eylert 2009)	CDM
Alanin	12,18 ± 0,41	11,80 ± 0,18
Aspartat	3,28 ± 0,19	3,22 ± 0,06
Glutamat	4,95 ± 0,08	2,43 ± 0,03
Glycin	3,68 ± 0,18	4,41 ± 0,10
Histidin	-	0,16 ± 0,04
Isoleucin	0,05 ± 0,02	0,20 ± 0,00
Leucin	0,04 ± 0,03	0,15 ± 0,02
Lysin	-	0,09 ± 0,03
Phenylalanin	0,14 ± 0,04	0,11 ± 0,02
Prolin	0,83 ± 0,11	3,81 ± 0,69
Serin	25,62 ± 0,54	14,95 ± 0,52
Threonin	1,16 ± 0,59	0,44 ± 0,09
Tyrosin	0,52 ± 0,17	0,11 ± 0,07
Valin	0,15 ± 0,10	0,02 ± 0,02
PHB	3,39	2,70

Jede Probe wurde jeweils dreimal mit GC/MS vermessen, gezeigt sind die Mittelwerte mit Standardabweichungen.

Tab. 33: ^{13}C-Überschuss in [mol %] in proteinogenen Aminosäuren aus *L. pneumophila* Paris Wildtyp-Kulturen versetzt mit 11 mM [U-$^{13}C_6$]Glukose in YEB-Medium und CDM.

	[U-$^{13}C_6$]Glukose				[1,2-$^{13}C_2$]Glukose
	CDM	**CDM**	**YEB**	**YEB**	**YEB**
Alanin	6,70 ± 0,15	6,56 ± 0,20	5,95 ± 0,26	3,75 ± 0,34	3,80 ± 0,01
Aspartat	0,57 ± 0,05	0,57 ± 0,02	1,47 ±0,11	1,30 ± 0,02	0,54 ± 0,01
Glutamat	1,28 ± 0,07	1,13 ± 0,06	2,22 ± 0,12	1,92 ± 0,09	1,41 ± 0,04
Glycin	0,15 ± 0,10	0,17 ± 0,04	0,31 ± 0,06	0,37 ± 0,06	0,14 ± 0,02
Histidin	0,09 ± 0,01	0,00 ± 0,03	-	-	0,13 ± 0,04
Isoleucin	0,04 ± 0,02	0,00 ± 0,02	0,04 ± 0,03	0,03 ± 0,01	0,02 ± 0,02
Leucin	0,01 ± 0,01	0,00 ± 0,00	0,29 ± 0,50	0,38 ± 0,07	0,01 ± 0,00
Lysin	0,01 ± 0,02	0,00 ± 0,01	0,19 ± 0,33	0,34 ± 0,24	0,16 ± 0,01
Phenylalanin	0,16 ± 0,02	0,00 ± 0,04	0,06 ± 0,05	0,04 ± 0,02	0,10 ± 0,04
Prolin	0,47 ± 0,09	0,32 ± 0,04	1,68 ± 0,63	0,82 ± 0,02	0,33 ± 0,09
Serin	0,17 ± 0,06	0,25 ± 0,09	0,30 ± 0,06	0,76 ± 0,31	0,06 ± 0,01
Threonin	0,51 ± 0,16	0,10 ± 0,14	0,05 ± 0,04	0,64 ± 0,23	0,34 ± 0,07
Tyrosin	0,09 ± 0,03	0,44 ± 0,04	0,01 ± 0,01	0,16 ± 0,05	0,25 ± 0,17
Valin	0,03 ± 0,03	0,03 ± 0,02	0,08 ± 0,11	0,15 ± 0,13	0,01 ± 0,01
PHB	1,85	2,16	6,19	6,37	1,15

Jede Probe wurde jeweils dreimal mit GC/MS vermessen, gezeigt sind die Mittelwerte mit Standardabweichungen.

Tab. 34: ^{13}C-Überschuss in [mol %] in proteinogenen Aminosäuren aus *L. pneumophila* Paris Wildtyp-Kulturen versetzt mit 11 mM [U-$^{13}C_6$]Glukose in YEB-Medium zu verschiedenen Zeitpunkten.

	< OD 1			OD 1–1,5	
Alanin	1,41 ± 0,05	1,77 ± 0,04	0,66 ± 0,03	1,69 ± 0,13	2,76 ± 0,03
Aspartat	0,14 ± 0,07	0,28 ± 0,03	0,05 ± 0,00	0,34 ± 0,10	0,33 ± 0,10
Glutamat	0,20 ± 0,16	0,98 ± 0,05	0,40 ± 0,07	0,79 ± 0,23	1,00 ± 0,11
Glycin	0,00 ± 0,00	0,26 ± 0,05	0,42 ± 0,18	0,01 ± 0,02	0,11 ± 0,12
Histidin	0,69 ± 0,16	0,07 ± 0,05	0,27 ± 0,37	0,28 ± 0,23	0,79 ± 0,06
Isoleucin	0,02 ± 0,01	0,00 ± 0,00	0,02 ± 0,02	0,36 ± 0,11	0,39 ± 0,06
Leucin	0,04 ± 0,02	0,04 ± 0,04	0,12 ± 0,02	0,01 ± 0,00	0,02 ± 0,01
Lysin	1,87 ± 1,21	0,00 ± 0,00	0,07 ± 0,01	0,66 ± 0,70	1,71 ± 1,69
Phenylalanin	0,23 ± 0,11	0,15 ± 0,03	0,15 ± 0,04	0,09 ± 0,04	0,14 ± 0,05
Prolin	0,47 ± 0,31	0,80 ± 0,33	0,30 ± 0,03	0,47 ± 0,08	0,36 ± 0,07
Serin	1,57 ± 1,53	0,28 ± 0,06	0,29 ± 0,07	0,54 ± 0,30	0,35 ± 0,29
Threonin	1,04 ± 0,35	0,63 ± 0,18	0,07 ± 0,06	0,37 ± 0,11	0,68 ± 0,48
Tyrosin	0,62 ± 0,28	0,03 ± 0,02	0,07 ± 0,03	2,55 ± 1,54	0,46 ± 0,47
Valin	0,08 ± 0,08	0,01 ± 0,00	0,03 ± 0,02	0,07 ± 0,04	0,03 ± 0,02
PHB	-	-	-	2,40 ± 0,06	2,71 ± 0,02

Jede Probe wurde jeweils dreimal mit GC/MS vermessen, gezeigt sind die Mittelwerte mit Standardabweichungen.

Tab. 35: ^{13}C-Überschuss in [mol %] in proteinogenen Aminosäuren aus *L. pneumophila* Paris Wildtyp-Kulturen versetzt mit 11 mM [U-$^{13}C_6$]Glukose in YEB-Medium zu verschiedenen Zeitpunkten.

	OD 1,5–1,9		> OD 1,9	
Alanin	4,71 ± 0,23	5,53 ± 0,54	7,61 ± 0,03	4,34 ± 0,04
Aspartat	1,26 ± 0,22	1,01 ± 0,35	1,85 ± 0,06	0,78 ± 0,08
Glutamat	2,71 ± 0,28	2,57 ± 0,14	3,22 ± 0,05	1,83 ± 0,03
Glycin	0,09 ± 0,08	0,13 ± 0,13	1,38 ± 0,07	0,67 ± 0,09
Histidin	0,78 ± 0,18	0,49 ± 0,25	0,97 ± 0,05	0,50 ± 0,00
Isoleucin	0,36 ± 0,04	0,32 ± 0,06	0,19 ± 0,11	0,09 ± 0,01
Leucin	0,01 ± 0,01	0,03 ± 0,04	0,20 ± 0,05	0,10 ± 0,01
Lysin	3,56 ± 2,47	1,04 ± 0,68	0,53 ± 0,02	0,46 ± 0,03
Phenylalanin	0,18 ± 0,08	0,13 ± 0,13	0,10 ± 0,04	0,11 ± 0,04
Prolin	0,34 ± 0,13	0,36 ± 0,08	1,40 ± 0,14	0,53 ± 0,04
Serin	0,87 ± 0,47	0,44 ± 0,21	1,24 ± 0,09	0,50 ± 0,05
Threonin	0,43 ± 0,39	0,66 ± 0,08	0,93 ± 0,05	0,42 ± 0,36
Tyrosin	1,79 ± 1,75	1,30 ± 0,85	0,22 ± 0,19	0,87 ± 0,04
Valin	0,09 ± 0,02	0,06 ± 0,01	1,10 ± 0,07	0,33 ± 0,02
PHB	6,56 ± 0,01	5,74 ± 0,10	3,97 ± 0,06	5,12 ± 0,05

Es wurden zwei Replikate durchgeführt, die jeweils dreimal mit GC/MS vermessen wurden, gezeigt sind die Mittelwerte mit Standardabweichungen.

Tab. 36: ^{13}C-Überschuss in [mol %] in proteinogenen Aminosäuren aus *L. pneumophila* Paris Δ*zwf*- bzw. Δ*keto*-Kulturen versetzt mit 11 mM [U-$^{13}C_6$]Glukose bzw. 11 mM [1,2-$^{13}C_2$]Glukose in YEB-Medium.

	L.p. Δ*zwf*			*L.p.* Δ*keto*	
	[1,2-$^{13}C_2$]Glukose		[U-$^{13}C_6$]Glukose		
Alanin	0,28 ± 0,03	0,22 ± 0,02	0,42 ± 0,19	5,48 ± 0,01	9,74 ± 0,10
Aspartat	0,01 ± 0,01	0,01 ± 0,01	0,14 ± 0,07	2,31 ± 0,10	2,98 ± 0,09
Glutamat	0,25 ± 0,03	0,21 ± 0,05	0,20 ± 0,16	3,72 ± 0,14	5,20 ± 0,06
Glycin	0,05 ± 0,04	0,01 ± 0,02	0,00 ± 0,00	0,11 ± 0,07	0,10 ± 0,03
Histidin	0,17 ± 0,08	0,06 ± 0,01	0,69 ± 0,16	0,85 ± 1,51	0,30 ± 0,05
Isoleucin	0,03 ± 0,02	0,10 ± 0,02	0,16 ± 0,10	0,00 ± 0,00	0,12 ± 0,01
Leucin	0,04 ± 0,06	0,04 ± 0,06	0,13 ± 0,06	0,22 ± 0,07	0,00 ± 0,00
Lysin	0,12 ± 0,01	0,11 ± 0,01	1,87 ± 1,21	0,09 ± 0,06	0,23 ± 0,01
Phenylalanin	0,09 ± 0,01	0,06 ± 0,02	0,79 ± 0,48	0,10 ± 0,02	0,07 ± 0,03
Prolin	0,02 ± 0,02	0,62 ± 0,13	0,72 ± 0,41	2,48 ± 1,81	0,45 ± 0,09
Serin	0,00 ± 0,00	0,19 ± 0,01	1,57 ± 1,53	0,04 ± 0,03	0,25 ± 0,06
Threonin	1,88 ± 0,32	0,44 ± 0,05	0,00 ± 0,00	0,45 ± 0,16	0,50 ± 0,13
Tyrosin	0,13 ± 0,10	0,06 ± 0,03	1,36 ± 0,54	0,18 ± 0,10	0,10 ± 0,07
Valin	0,01 ± 0,01	0,02 ± 0,01	0,30 ± 0,24	0,02 ± 0,02	0,01 ± 0,01
PHB	-	-	0,60	-	1,05

Jede Probe wurde jeweils dreimal mit GC/MS vermessen, gezeigt sind die Mittelwerte mit Standardabweichungen.

Tab. 37: ^{13}C-Überschuss in [mol %] in proteinogenen Aminosäuren aus *L. pneumophila* Paris Wildtyp- bzw. Δ*gamA*-Kulturen versetzt mit 0,1 g/l[U-^{13}C]Stärke in YEB-Medium.

	L.p. Wildtyp		*L. p.* Δ*gam*	
Alanin	1,63 ± 0,18	1,32 ± 0,22	0,29 ± 0,11	0,26 ± 0,03
Aspartat	0,13 ± 0,02	0,31 ± 0,10	0,05 ± 0,06	0,09 ± 0,08
Glutamat	0,24 ± 0,11	0,49 ± 0,04	0,28 ± 0,06	0,32 ± 0,17
Glycin	0,06 ± 0,10	0,52 ± 0,37	0,26 ± 0,23	0,29 ± 0,27
Histidin	0,11 ± 0,02	0,32 ± 0,30	0,13 ± 0,05	0,61 ± 0,45
Isoleucin	0,02 ± 0,01	0,20 ± 0,13	0,05 ± 0,01	0,04 ± 0,00
Leucin	0,17 ± 0,01	0,37 ± 0,10	0,17 ± 0,03	0,13 ± 0,00
Lysin	0,11 ± 0,07	0,11 ± 0,20	0,13 ± 0,05	0,01 ± 0,00
Phenylalanin	0,13 ± 0,07	0,61 ± 0,30	0,29 ± 0,13	0,16 ± 0,08
Prolin	0,56 ± 0,08	0,59 ± 0,14	0,38 ± 0,06	0,70 ± 0,12
Serin	0,72 ± 0,21	0,90 ± 0,38	0,72 ± 0,66	0,86 ± 0,08
Threonin	0,48 ± 0,15	0,18 ± 0,30	0,74 ± 0,61	0,42 ± 0,17
Tyrosin	0,41 ± 0,09	1,22 ± 0,66	0,21 ± 0,01	0,17 ± 0,00
Valin	0,16 ± 0,01	0,44 ± 0,26	0,29 ± 0,19	0,19 ± 0,09

Es wurden zwei Replikate durchgeführt, die jeweils dreimal mit GC/MS vermessen wurden, gezeigt sind die Mittelwerte mit Standardabweichungen.

Tab. 38: ^{13}C-Überschuss in [mol %] in proteinogenen Aminosäuren aus *A. castellanii*-Kulturen (ATCC 30010) versetzt mit 11 mM [U-$^{13}C_6$]Glukose und 88 mM natürlicher Glukose in PYG-Medium.

	20 °C	20 °C	37 °C
Alanin	7,74 ± 0,20	7,24 ± 0,48	2,80 ± 0,12
Aspartat	2,62 ± 0,14	2,01 ± 0,45	0,40 ± 0,05
Glutamat	3,90 ± 0,14	3,55 ± 0,22	0,90 ± 0,09
Glycin	1,11 ± 0,72	0,28 ± 0,27	0,51 ± 0,07
Histidin	0,00 ± 0,00	2,08 ± 2,86	1,21 ± 0,39
Isoleucin	0,02 ± 0,03	1,12 ± 0,11	0,02 ± 0,02
Leucin	0,17 ± 0,08	0,03 ± 0,04	0,11 ± 0,00
Lysin	0,11 ± 0,07	1,40 ± 0,83	0,08 ± 0,09
Phenylalanin	0,84 ± 0,10	1,51 ± 0,39	2,19 ± 0,29
Prolin	1,66 ± 0,05	1,89 ± 0,11	0,51 ± 0,03
Serin	0,98 ± 0,21	1,97 ± 0,46	0,55 ± 0,06
Threonin	0,81 ± 0,04	0,83 ± 0,46	0,92 ± 0,24
Tyrosin	1,66 ± 2,26	2,52 ± 0,38	2,37 ± 0,89
Valin	0,09 ± 0,10	0,11 ± 0,04	0,23 ± 0,05

Jeder Versuch wurde dreimal mit GC/MS vermessen, gezeigt sind die Mittelwerte mit Standardabweichungen.

Tab. 39: ^{13}C-Überschuss in [mol%] in proteinogenen Aminosäuren der getrennten Fraktionen der Cokultur von *L. pneumophila* Paris Wildtyp und *A. castellanii* versetzt mit 11 mM [U-$^{13}C_6$]Glukose.

	L.p. WT-Fraktion			*A.c.*-Fraktion			Cytosolische Proteine		
Alanin	5,37 ± 0,03	4,51 ± 0,01	4,34 ± 0,11	5,55 ± 0,00	3,65 ± 0,10	4,90 ± 0,19	5,14 ± 0,25	3,76 ± 0,02	4,46 ± 0,08
Aspartat	2,13 ± 0,06	1,67 ± 0,07	1,46 ± 0,02	2,34 ± 0,03	1,42 ± 0,11	2,24 ± 0,12	2,35 ± 0,04	1,04 ± 0,06	2,03 ± 0,21
Glutamat	3,66 ± 0,10	3,08 ± 0,09	2,66 ± 0,05	3,87 ± 0,02	2,52 ± 0,11	3,62 ± 0,59	3,83 ± 0,07	2,63 ± 0,03	3,09 ± 0,22
Glycin	0,70 ± 0,05	0,57 ± 0,02	1,69 ± 0,05	0,71 ± 0,03	0,43 ± 0,06	2,02 ± 0,63	0,66 ± 0,04	0,41 ± 0,04	0,96 ± 0,08
Histidin	0,38 ± 0,21	0,14 ± 0,00	0,53 ± 0,18	0,13 ± 0,01	0,06 ± 0,06	0,00 ± 0,00	0,09 ± 0,03	0,10 ± 0,03	0,25 ± 0,22
Isoleucin	0,21 ± 0,00	0,19 ± 0,01	0,01 ± 0,02	0,13 ± 0,00	0,01 ± 0,02	0,06 ± 0,10	0,20 ± 0,02	0,02 ± 0,03	0,00 ± 0,00
Leucin	0,09 ± 0,01	0,19 ± 0,06	0,02 ± 0,01	0,18 ± 0,05	0,95 ± 0,09	0,11 ± 0,01	0,18 ± 0,02	0,14 ± 0,01	0,01 ± 0,01
Lysin	0,12 ± 0,02	0,14 ± 0,02	0,04 ± 0,04	0,08 ± 0,07	0,32 ± 0,38	0,02 ± 0,03	0,16 ± 0,03	0,11 ± 0,03	0,55 ± 0,79
Phenylalanin	2,13 ± 0,01	1,63 ± 0,03	1,45 ± 0,10	2,36 ± 0,01	1,67 ± 0,20	2,09 ± 0,91	2,32 ± 0,05	0,51 ± 0,02	2,06 ± 0,22
Prolin	2,54 ± 0,65	4,72 ± 0,43	1,29 ± 0,41	8,54 ± 1,00	4,19 ± 0,64	1,59 ± 0,60	5,22 ± 0,05	8,66 ± 1,92	1,86 ± 0,61
Serin	1,21 ± 0,06	0,98 ± 0,08	1,17 ± 0,03	1,14 ± 0,10	0,81 ± 0,02	1,12 ± 0,20	1,06 ± 0,02	0,79 ± 0,03	1,27 ± 0,21
Threonin	0,51 ± 0,04	0,43 ± 0,03	0,93 ± 0,13	0,47 ± 0,05	0,41 ± 0,02	0,84 ± 0,22	0,42 ± 0,02	0,51 ± 0,10	0,75 ± 0,33
Tyrosin	1,27 ± 0,05	0,43 ± 0,03	1,09 ± 0,15	1,36 ± 0,09	1,11 ± 0,05	0,75 ± 0,68	1,34 ± 0,08	0,96 ± 0,08	3,08 ± 3,16
Valin	0,08 ± 0,02	0,12 ± 0,17	0,06 ± 0,03	0,08 ± 0,11	0,13 ± 0,09	0,09 ± 0,05	0,01 ± 0,01	0,02 ± 0,00	0,13 ± 0,19

Es wurden drei Replikate durchgeführt, die jeweils dreimal mit GC/MS vermessen wurden, gezeigt sind die Mittelwerte mit Standardabweichungen.

Tab. 40: ^{13}C-Überschuss in [mol%] in proteinogenen Aminosäuren der getrennten Fraktionen der Cokultur von *L. pneumophila* Paris Δ*zwf* und *A.a castellanii* versetzt mit 11 mM [U-$^{13}C_6$]Glukose.

	L.p. zwf-Fraktion			*A.c.*-Fraktion			Cytosolische Proteine		
Alanin	4,85 ± 0,02	3,98 ± 0,05	4,71 ± 0,12	4,30 ± 0,10	2,07 ± 0,09	5,06 ± 0,02	4,13 ± 0,04	2,47 ± 0,06	4,85 ± 0,06
Aspartat	1,61 ± 0,21	0,66 ± 0,20	1,13 ± 0,17	1,71 ± 0,25	0,54 ± 0,21	1,53 ± 0,00	1,74 ± 0,04	0,64 ± 0,02	1,28 ± 0,25
Glutamat	3,01 ± 0,06	1,57 ± 0,16	2,17 ± 0,22	3,05 ± 0,05	1,01 ± 0,20	2,54 ± 0,07	2,90 ± 0,01	1,39 ± 0,06	2,41 ± 0,03
Glycin	0,75 ± 0,01	0,57 ± 0,02	0,74 ± 0,12	0,60 ± 0,24	0,42 ± 0,13	0,88 ± 0,06	0,66 ± 0,06	0,47 ± 0,05	0,91 ± 0,01
Histidin	0,23 ± 0,07	0,07 ± 0,01	0,29 ± 0,02	0,08 ± 0,01	0,09 ± 0,06	0,12 ± 0,03	0,07 ± 0,01	0,12 ± 0,02	0,17 ± 0,01
Isoleucin	0,02 ± 0,03	0,32 ± 0,00	0,33 ± 0,03	0,33 ± 0,02	0,00 ± 0,00	0,63 ± 0,02	0,34 ± 0,00	0,33 ± 0,01	0,32 ± 0,01
Leucin	0,32 ± 0,01	0,06 ± 0,07	0,09 ± 0,04	0,00 ± 0,01	0,06 ± 0,03	0,09 ± 0,01	0,07 ± 0,00	0,07 ± 0,00	0,07 ± 0,00
Lysin	0,62 ± 0,58	0,06 ± 0,03	0,01 ± 0,02	0,03 ± 0,05	0,17 ± 0,28	0,07 ± 0,08	0,00 ± 0,00	0,00 ± 0,00	0,00 ± 0,00
Phenylalanin	1,83 ± 0,04	1,14 ± 0,10	1,56 ± 0,18	1,68 ± 0,22	0,73 ± 0,06	1,95 ± 0,10	1,63 ± 0,04	1,04 ± 0,03	1,67 ± 0,17
Prolin	1,25 ± 0,22	0,59 ± 0,06	1,32 ± 0,15	1,55 ± 0,19	0,68 ± 0,06	1,51 ± 0,34	1,58 ± 0,04	0,65 ± 0,20	1,23 ± 0,28
Serin	1,28 ± 0,11	0,91 ± 0,09	0,94 ± 0,24	1,21 ± 0,05	0,62 ± 0,31	1,33 ± 0,20	1,05 ± 0,05	0,60 ± 0,06	1,22 ± 0,09
Threonin	0,65 ± 0,41	0,25 ± 0,10	0,87 ± 0,63	0,42 ± 0,10	0,54 ± 0,33	0,22 ± 0,11	0,43 ± 0,21	0,48 ± 0,30	0,44 ± 0,09
Tyrosin	1,09 ± 0,12	0,76 ± 0,12	0,85 ± 0,11	1,19 ± 0,06	0,57 ± 0,14	1,22 ± 0,04	1,04 ± 0,07	0,73 ± 0,13	1,05 ± 0,08
Valin	0,05 ± 0,08	0,01 ± 0,01	0,02 ± 0,01	0,02 ± 0,01	0,04 ± 0,04	0,01 ± 0,02	0,01 ± 0,01	0,01 ± 0,00	0,02 ± 0,01

Es wurden drei Replikate durchgeführt, die jeweils dreimal mit GC/MS vermessen wurden, gezeigt sind die Mittelwerte mit Standardabweichungen.

Tab. 41: Optische Dichte bei 600 nm von *L. pneumophila* Paris Wildtyp sowie der Deletionsstämme *zwf*, *gamA* und *keto* in YEB-Medium.

ΔZeit [h]	*L.p.* Wildtyp		*L.p. zwf*		*L.p. gam*		*L.p. keto*	
12,0	0,372	0,436	0,297	0,314	0,392	0,430	0,080	0,092
24,0	1,904	1,934	1,947	1,950	1,986	1,976	1,496	1,574
32,5	1,991	2,005	2,031	2,036	2,053	2,061	1,895	1,873
48,0	1,837	1,826	1,867	1,876	1,871	1,825	1,880	1,873
56,0	1,773	1,763	1,818	1,828	1,796	1,777	1,848	1,833
80,0	1,742	1,723	1,793	1,804	1,770	1,748	1,726	1,719
108,0	1,698	1,662	1,690	1,700	1,679	1,611	1,717	1,706

Gezeigt sind Doppelansätze.

Tab. 42: Kolonie-bildende Einheiten (cfu) /ml von *L. pneumophila* Paris Wildtyp sowie der Deletionsstämme *zwf*, *gamA* und *keto* in YEB-Medium.

ΔZeit [h]	*L.p.* Wildtyp		*L.p. zwf*		*L.p. gam*		*L.p. keto*	
12,0	2,0E+08	1,0E+08	2,6E+08	1,2E+08	1,4E+08	2,0E+08	6,9E+07	8,0E+07
24,0	2,0E+09	1,5E+09	2,3E+09	2,0E+09	1,9E+09	1,9E+09	1,0E+09	1,3E+09
32,5	2,2E+09	2,3E+09	3,7E+09	3,9E+09	3,4E+09	2,9E+09	3,0E+09	2,9E+09
48,0	3,5E+09	6,8E+09	6,0E+09	4,1E+09	3,6E+09	3,4E+09	4,7E+09	3,7E+09
56,0	1,8E+09	1,6E+09	1,5E+09	1,0E+09	1,2E+09	6,4E+08	2,5E+09	2,5E+09
80,0	0,0	100,0	0,0	0,0	440,0	20,0	11200,0	25000,0
108,0	0,0	0,00	0,0	0,0	0,0	0,0	0,0	0,0

Gezeigt sind Doppelansätze.

Tab. 43: Anzahl der Bakterien von *L. pneumophila* Paris Wildtyp sowie der Deletionsstämme *zwf*, *gamA* und *keto* in YEB-Medium mit intakten Zellmembranen, bestimmt durch Fluoreszenzmikroskopie.

ΔZeit [h]	*L.p.* Wildtyp		*L.p. zwf*		*L.p. gam*		*L.p. keto*	
48	98,0	98,5	98,5	99,0	98,0	97,5	100,0	99,5
56	94,0	95,0	94,5	95,0	96,0	96,0	95,0	95,5
80	83,5	86,5	86,0	83,5	85,0	84,0	92,0	95,5
108	75,0	78,5	78,0	76,0	73,5	76,5	94,0	89,5

Gezeigt sind Doppelansätze.

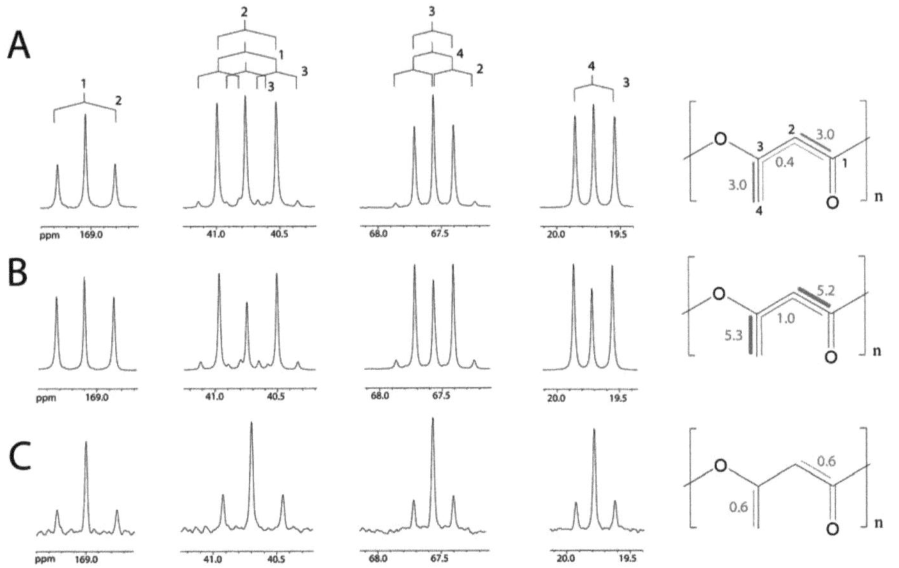

Abb. 62: ^{13}C-NMR-Signale von PHB aus dem Dichlormethanextrakt von *L. pneumophila*.
(A) *L. pneumophila* Wildtyp kultiviert in YEB-Medium mit 3 mM [U-$^{13}C_3$]Serin; (B) *L. pneumophila* Wildtyp kultiviert in YEB-Medium mit 11 mM [U-$^{13}C_6$]Glukose; (C) *L. pneumophila* Δ*zwf* kultiviert in YEB-Medium mit 11 mM [U-$^{13}C_6$]Glukose. ^{13}C^{13}C-Kopplungen sind dargestellt. Die Strukturen zeigen multiple ^{13}C-markierte PHB-Isotopologe als Balken, die ^{13}C-Atome verbinden. Die Zahlen beziffern die jeweiligen molaren Häufigkeiten.

Tab. 44: Integrale der 2. Ableitung im IR-Spektrum im Bereich 1750-1725 cm^{-1} zur PHB-Bestimmung verschiedener *L. pneumophila* Paris-Stämme zu unterschiedlichen Zeitpunkten in YEB-Flüssigkultur.

	12 h	24 h	36 h	48 h	60 h	84 h	108 h
Wt 1	0,1452762615414	0,8564727629419	0,8416993062669	0,2946686525235	0,1539396084655	0,0948963786408	0,0342753423624
Wt 2	0,1502035089602	0,8162153085103	0,8313177624304	0,2780042046260	0,1464233242740	0,0915138896417	0,0252897290240
zwf 1	0,1642464023255	0,8561149238467	0,8915379579373	0,3354664913132	0,1761235756716	0,1052033369207	0,0380026638969
zwf 2	0,1655070248961	0,8083148758637	0,8684472677696	0,3082642607514	0,1683503565057	0,1190503985925	0,0402548304164
gam 1	0,1268881024218	0,4159252576706	0,5794503350191	0,2159378127750	0,1868478837590	0,1355904396012	0,0966400795789
gam 2	0,1291937478938	0,4303732149683	0,5568597280095	0,2354472511020	0,2133949029130	0,1945397525652	0,0564524476406
keto 1	0,4536293662699	0,6781989660619	1,5370417683380	1,7067183535949	1,6199068589417	1,5044330444356	1,5018550240439
keto 2	-	0,6836734315382	1,5395631900187	1,6868499454138	1,6509005681563	1,5424511384239	1,5268072156203

Wt, Wildtyp; zwf, *zwf*-Deletionsstamm; gam, *gamA*-Deletionsstamm; keto, *keto*-Deletionsstamm. Es wurden jeweils Doppelansätze durchgeführt.

Tab. 45: Integrale der 2. Ableitung im IR-Spektrum im Bereich 1750-1725 cm^{-1} in % zum Maximalwert zur PHB-Bestimmung verschiedener *L. pneumophila* Paris-Stämme zu unterschiedlichen Zeitpunkten in YEB-Flüssigkultur.

	12 h	24 h	36 h	48 h	60 h	84 h	108 h
Wt 1	17,3	101,8	100,0	35,0	18,3	11,3	4,1
Wt 2	17,8	97,0	98,8	33,0	17,4	10,9	3,0
zwf 1	19,5	101,7	105,9	39,9	20,9	12,5	4,5
zwf 2	19,7	96,0	103,2	36,6	20,0	14,1	4,8
gam 1	15,1	49,4	68,8	25,7	22,2	16,1	11,5
gam 2	15,3	51,1	66,2	28,0	25,4	23,1	6,7
keto 1	53,9	80,6	182,6	202,8	192,5	178,7	178,4
keto 2	-	81,2	182,9	200,4	196,1	183,3	181,4

Wt, Wildtyp; zwf, *zwf*-Deletionsstamm; gam, *gamA*-Deletionsstamm; keto, *keto*-Deletionsstamm, jeweils Doppelansätze.

Tab. 46: Integrale der 2. Ableitung im IR-Spektrum im Bereich 1750-1725 cm^{-1} zur PHB-Bestimmung verschiedener *L. pneumophila* Paris-Stämme zu unterschiedlichen Zeitpunkten in Agarkultur.

	36 h	60 h	72 h	84 h	96 h	108 h	120 h	144 h	168 h
Wt 1	0,4559488870	0,1600441277	0,1296213234	0,1286715432	0,1084554028	0,1191320254	0,1094727483	0,1204642485	0,1159594620
Wt 2	0,5665961622	0,1376943807	0,1229524770	0,1274518227	0,1054980298	0,1182113201	0,1079639403	0,1206501046	0,1143208050
zwf 1	0,6059135080	0,1385275507	0,1280256940	0,1212237428	0,1013052405	0,1157178389	0,1068168519	0,1204898974	0,1185627162
zwf 2	0,6730338890	0,1376097383	0,1365296806	0,1219732121	0,1021607425	0,1176451317	0,1064758131	0,1191589844	0,1126019058
gam 1	0,4968696226	0,1693708579	0,1268111691	0,1301018499	0,1151570405	0,1246616479	0,1164831765	0,1225143280	0,1184437435
gam 2	0,4879401354	0,1444219977	0,1249864697	0,1268536386	0,1118562055	0,1217089248	0,1156987915	0,1203536108	0,1166624455
keto 1	1,0452711157	1,4177646452	1,1955510334	0,7469658970	0,6069588948	0,3187179198	0,3205015606	0,2579863153	0,2206982162
keto 2	1,1218289586	1,3952480466	1,3375775509	0,7242444132	0,7447836282	0,3875261840	0,3775721251	0,2712332917	0,2259764048

Wt, Wildtyp; zwf, *zwf*-Deletionsstamm; gam, *gamA*-Deletionsstamm; keto, *keto*-Deletionsstamm. Es wurden jeweils Doppelansätze durchgeführt.

Tab. 47: Integrale der 2. Ableitung im IR-Spektrum im Bereich 1750-1725 cm^{-1} in % zum Maximalwert zur PHB-Bestimmung verschiedener *L. pneumophila* Paris-Stämme zu unterschiedlichen Zeitpunkten in Agarkultur.

	36 h	60 h	72 h	84 h	96 h	108 h	120 h	144 h	168 h
Wt 1	80,5	28,2	22,9	22,7	19,1	21,0	19,3	21,3	20,5
Wt 2	100,0	24,3	21,7	22,5	18,6	20,9	19,1	21,3	20,2
zwf 1	106,9	24,4	22,6	21,4	17,9	20,4	18,9	21,3	20,9
zwf 2	118,8	24,3	24,1	21,5	18,0	20,8	18,8	21,0	19,9
gam 1	87,7	29,9	22,4	23,0	20,3	22,0	20,6	21,6	20,9
gam 2	86,1	25,5	22,1	22,4	19,7	21,5	20,4	21,2	20,6
keto 1	184,5	250,2	211,0	131,8	107,1	56,3	56,6	45,5	39,0
keto 2	198,0	246,3	236,1	127,8	131,4	68,4	66,6	47,9	39,9

WT, Wildtyp; zwf, *zwf*-Deletionsstamm; gam, *gamA*-Deletionsstamm; keto, *keto*-Deletionsstamm, jeweils Doppelansätze.

Publikationsliste

Forschungsartikel

Herrmann V, Eidner A, Rydzewski K, Blädel I, Jules M, Buchrieser C, Eisenreich W, Heuner K. GamA is a eukaryotic-like glucoamylase responsible for glycogen- and starch-degradaing activity of *Legionella pneumophila.* International Journal of Medical Microbiology, 301, 133–139 (2011).

Eylert E[1], **Herrmann V**[1], Jules M, Gillmaier N, Lautner M, Buchrieser C, Eisenreich W, Heuner K. Isotopologue Profiling of *Legionella pneumophila* – Role of Serine and Glucose as Carbon Substrates. Journal of Biological Chemistry, 285, 22232 – 22243 (2010).

[1] Beide Autoren haben gleichermaßen zu dieser Arbeit beigetragen.

Konferenzbeiträge

Vorträge

Herrmann V, Eyert E, Eisenreich W, Lautner M, Heuner K. Investigations into the metabolism of *Legionella pneumophila.* Gemeinsame Jahrestagung der DGHM und VAAM, Hannover, 2010

Posterpräsentationen

Herrmann V, Gillmaier N, Lautner M, Eisenreich W, Heuner K. The host-adapted metabolism of *Legionella pneumophila*. VAAM-Jahrestagung, Karlsruhe, 2011

Herrmann V, Eyert E, Eisenreich W, Lautner M, Heuner K. The intracellular *metabolism of Legionella pneumophila.* Metabolism Meets Virulence-Tagung, Hohenkammer, 2009

Herrmann V, Eyert E, Eisenreich W, Lautner M, Heuner K. Investigations into the metabolism of *Legionella pneumophila*. *Legionella*-Tagung, Paris, 2009

Herrmann V, Eyert E, Eisenreich W, Heuner K. Investigations into the metabolism of *Legionella pneumophila* and its regulation. DGHM-Jahrestagung, Dresden, 2008

MIX
Papier aus verantwortungsvollen Quellen
Paper from responsible sources
FSC® C105338

Printed by Books on Demand GmbH, Norderstedt / Germany